ANGRIFFS- UND ABFANGJÄGER

MICHAEL SHARPE

ANGRIFFS- UND ABFANGJÄGER

GONDROM

Lizenzausgabe für Gondrom Verlag GmbH, Bindlach 2000
© Brown Packaging Books Ltd., 1999
Farbtafeln © Instituto Geografico De Agostini S.p.A., 1999
und © Aerospace Publishing 1999

Bearbeitung und Koordination der deutschen Ausgabe:
akapit Verlagsservice, Berlin – Saarbrücken
Übersetzung: Vera Lohrbacher, Andreas Göbel (akapit Verlagsservice)

ISBN 3-8112-1738-0

Bildnachweise:
Alle Bilder von TRH und Aerospace Publishing, außer die von Bob Garwood auf den Seiten:
73, 75, 193, 259, 296, 300, 309, 311

Covervorderseite (von oben): *Lockheed F-117, Canadair CF-5, Sukhoi SU-27UB,*
BAe Sea Harrier, AIDC Ching-Kuo
Coverrückseite: *BAe/McDonnell Douglas Harrier GR.Mk 7*

Inhalt

Einleitung   7

AIDC AT-3A Tzu Chung bis Avro Vulcan B.Mk 2A   14

BAC (English Electric) Canberra B.Mk 2 bis Boeing RC-135V   36

Canadair CF-5 Freedom Fighter bis Convair F-106 Delta Dart   60

Dassault/Dornier Alpha Jet A bis Douglas F4D-1 Skyray   70

Eurofighter EF-2000 Typhoon   99

FMA IA 27 Pulquí bis Fuji T-1A   100

General Dynamics F-16A bis Grumman F-14D Tomcat   105

Handley-Page Victor K.Mk 2 bis Horton Ho IX V2   119

IAI Kfir C1 bis Iljuschin Il-76MD „Candid-B"   134

Kawasaki C-1   140

Lockheed C-141B StarLifter bis Lockheed TR-1A   141

McDonnell FH-1 Phantom bis Myasischtschew M-50
„Bounder"   156

Nanchang Q-5 „Fantan" bis Northrop/McDonell Douglas
YF-23A   217

PZL Mielec TS-11 Iskra-bis B bis Panavia Tornado ADV   233

Republic F-84G Thunderjet bis Ryan XV-5A   238

SEPECAT Jaguar A bis Supermarine Scimitar F.Mk 1   250

Tupolew Tu-16 „Badger-A" bis Tupolew Tu-160 „Blackjack-A"   287

VFW-Fokker Vak 191B bis Vought F-8H Crusader   299

Xian H-6IV   307

Yakowlew Yak-26 „Mandrake" bis Yakowlew Yak-41 „Freestyle" 308

Glossar   312

Register   313

Einleitung

Die ersten zaghaften Gehversuche des militärisch nutzbaren Düsenantriebs fanden vor etwa 70 Jahren in der Ära der Dampfmaschinen statt. 1928 ließ sich ein Offizier der britischen Luftwaffe, Frank Whittle, einen Antrieb patentieren, der das Verkehrswesen revolutionieren sollte. Doch damals ahnte noch niemand, welche Folgen die ersten Flugversuche einer düsenangetriebenen Flugmaschine oder der erste Flug der Heinkel He 178 haben würde. Der Düsenantrieb sollte das Flugwesen verändern.

Mit Hilfe des Düsenantriebs wurde es möglich, viel höher und viel schneller zu fliegen. Er wurde nicht nur von einem einzigen Menschen erfunden, sondern ist sozusagen eine Koproduktion verschiedener Länder und politischer Systeme. Die treibende Kraft dahinter war jedoch bei allen ein militärisches Interesse. Die Motivation für die Entwicklung eines Düsenjägers war der Bau schnellerer Flugzeuge, die höher fliegen und mehr Ladung aufnehmen konnten, und

Oben: Die Me 262 *war der erste einsatzbereite Düsenjäger. Wäre er im 1. Weltkrieg früher eingesetzt worden, wäre der Luftkrieg eventuell anders verlaufen.*

Oben: Die USA wurden im Koreakrieg von der MiG-15 unangenehm überrascht.

zwar hauptsächlich für den militärischen Einsatz. Whittle wusste auch um die Möglichkeiten seiner Maschine für den transatlantischen Postverkehr.

Während der 30er Jahre kämpfte er vergeblich um eine angemessene Förderung seiner Erfindung. Erst als sich der Krieg in Europa ankündigte, wurden ihm die erforderlichen Mittel zur Verfügung gestellt. 1941 arbeitete Whittle ununterbrochen mit nur wenigen Leuten im Team des alliierten Düsenforschungsprogramms. Die Entwicklung des Düsenantriebs in Deutschland hatte etwas später begonnen. Trotzdem wurde hier der erste Düsenjet produziert. So arbeiteten 1941 sechs unabhängige Teams – von der nationalsozialistischen Regierung gut ausgerüstet – an der Entwicklung der neuen Technologie.

Als deutlich wurde, dass Deutschland das erste Düsenflugzeug bauen würde, wurde es immer wahrscheinlicher, dass auch der erste Düsenjäger aus Deutschland kommen würde. 1944 kam die Messerschmitt Me 262-A1 heraus und zeigte, dass sie leistungsstärker war als die Kampfflieger der Alliierten. Der Kolbenmotor kam bei Flugzeugen ganz plötzlich außer Mode. Die Auswirkung der Me 262 auf den Luftkrieg war allerdings nicht so verheerend, wie befürchtet, da Hitler darauf bestand, dass die Me 262-1a nur als Bomber eingesetzt werden sollte. Einen Einsatz als Abfangjäger zog er nicht in Betracht. Einheiten, die mit der Me 262 operierten, mussten von Stützpunkten aus starten, die unter ständigem Beschuss der Alliierten standen. Die Alliierten hatten nichts anzubieten, was der Me 262 gleichgekommen wäre. Die Gloster Meteor F.Mk 1 wurde im Juli 1944 zum ersten Mal eingesetzt, doch mit ihrer geringen Flughöhe und -weite war sie nicht für den Gefechtseinsatz geeignet. Das britische Luftfahrtministerium hatte den US-Streitkräften einen umfassenden Einblick in den Stand ihrer Forschung in der Düsenantriebs-Technologie gestattet, um durch die Zusammenarbeit den Vorsprung der Deutschen ausgleichen zu können. Doch am Ende des 2. Weltkriegs hatte Deutschland immer noch die Nase vorn.

Nach dem Kriegsende demontierten die Alliierten die Rüstungsindustrie und eigneten sich so auch das Wissen über die Jetforschung an. Großbritannien besaß ein ähnlich großes Wissen über die Düsenantriebs-Technologie, konnte es aber nicht umsetzen. Die Briten verkleinerten ihre Flugzeugindustrie bis zur Stagnation und verloren die Führung in der Düsenantriebs-Technologie. Der Einfluss der deutschen Forschung wird in amerikanischen und sowjetischen Flugzeugen des nächsten Jahrzehnts deutlich (die Rakete, die den Mensch auf den Mond brachte, basierte auf der deutschen V-2-Rakete). Das wohl bedeutendste Gebiet der deutschen Forschung war die Aerodynamik, besonders hinsichtlich der Tragflächenform. Die Verbindung einer geänderten Stellung des Pfeilflügels mit dem Düsenantrieb eröffnete völlig neue Möglichkeiten für eine Generation von Hochgeschwindigkeits- und Überschallflugkörpern.

MIG-15 GEGEN SABRE

Der Sommer 1944 kann als Zeitpunkt der Taufe des Jets angesehen werden. Seine ersten Sporen verdiente er sich im Koreakrieg. Die amerikanischen Luftstreitkräfte (USAF) waren zu Beginn der Kampfhandlungen überzeugt, die fortschrittlichste Flugzeugtechnologie der Welt zu besitzen. Zu Beginn des Kriegs sah es auch ganz danach aus. Dann aber wurden sie vom Einsatz der sowjetischen MiG-15 vollkommen überrascht. Dieses wendige, schnelle Jagdflugzeug zeigte den Westmächten, dass die Sowjetunion durchaus in der Lage war, fortschrittliche Flugzeuge zu bauen. In den USA brach hektische Aktivität aus. Daraus ging u.a. die F-84 Sabre hervor. Sie wurde im Koreakrieg eingesetzt und war dort von großer strategischer Bedeutung. Dieser Krieg zeigte auch die Defizite der Düsenflugzeuge auf. Die Manövrierfähigkeit wurde auf Kosten der Schnelligkeit erhöht, die Startzeiten waren länger als bei den Fliegern mit Kolbenmotor, und auch der Kerosinverbrauch war sehr hoch. Damit wurden längere Transitflüge zum Gefechtseinsatz unmöglich. In den frühen 50er Jahren bemühten sich sowohl die Amerikaner als auch die Russen, strategische Angriffsflugzeuge zur so genannten atomaren Abschreckung zu entwickeln. Die späten 50er Jahre waren die Glanzzeit der strategischen Kampfflieger: große, kraftvolle Flugzeuge, die in der Lage sein sollten, nukleare oder konventionelle Waffen zu einem weit entfernten Ziel zu bringen.

Die USA und die damalige UdSSR setzten schon in den frühen 50er Jahren düsenangetriebene Bomber ein – die Boeing B-52 Stratofortress und die Tupolew Tu-16 „Badger" sind nur zwei davon. Großbritannien, mit seiner Insel-Lage in Europa, konzentrierte sich zwar auf die Verteidigung, war aber die einzige weitere Nation, die ein strategisches Kampfflugzeug entwickelte – die V-Bomber. Diese Bomber gehören zu den belastbarsten Militärjets, die je gebaut wurden. Der Einsatz der B-52 ist bis ins nächste Jahrhundert geplant, dann allerdings als Raketenbasis.

Die Entwicklung des Abfangjägers

Um der Bedrohung durch die neue Generation von Bomberjets zu begegnen, waren sowohl der Osten als auch der Westen gezwungen, der Rolle des Abfangjägers mehr Bedeutung beizumessen. Also baute man schnelle, mit Radar ausgestattete Flugzeuge, die ebenso komplex waren wie die Bomber, die sie zerstören sollten. Zum ersten Mal kam der Begriff „Avionik" auf. Mit ihren infrarot- und radargesteuerten Raketen waren diese Flugzeuge die Vorläufer der heutigen Kampfflugzeuge. Die englische Electric Lightning, der Convair Delta Dagger und der Lockheed Starfighter wurden aus der Notwendigkeit konzipiert, feindliche Bomber auszuschalten. Um die Belastung des Piloten zu verringern, wurden viele Abfangjäger zusätzlich mit einem Radar- oder Waffenoffizier bemannt. Auch Frankreich war an der Entwicklung der militärischen Düsentechnologie beteiligt. Damit schloss das Land, vor allem dank des großen Einsatzes Marcel Dassaults, zu den führenden militärischen Flugzeugindustrienationen der Welt auf. Hinzu kam, dass Frankreich aufgrund seines Misstrauens gegenüber der amerikanischen Außenpolitik keine US-Flugzeuge einkaufte und so gezwungen war, eigene Flugzeuge weiterzuentwickeln. Aber gerade das brachte Frankreich in der Düsentechnologie rasch voran. Die Flugzeuge aus französischer Produktion weisen eine große Vielfalt auf. Dadurch gewannen sie Länder als Kunden, die nicht über eine eigene Flugzeugproduktion oder Düsenantriebstechnologie verfügten. Die USA, die UdSSR, Großbritannien und Frankreich produzierten die meisten Militärjets in den 50er und 60er Jahren und exportierten diese teilweise kostenlos an befreundete Nationen. In diesem Buch finden Sie aus diesem Grund auch die unbekannteren Versionen von

Oben: Drei Lightning-F.Mk-6-*Abfangjäger über der Ostküste Englands. Die* Lightning *wurde zum Abfangen von strategischen Langstreckenbombern konstruiert.*

Flugzeugen wie die Havilland Vampire, die Hawker Sea Hawk oder die Mirage-Serie von Dassault unter der Herkunftsbezeichnung der Länder, in denen sie geflogen wurden.

Eine der großen Ausnahmen hinsichtlich der Dominanz der vorher genannten Nationen ist Schweden. Hier wurden bereits seit den frühen 50er Jahren fortschrittliche, kostengünstige und leistungsfähige Militärflugzeuge entwickelt und gebaut. Doch alles in allem wurde die militärische Flugzeugindustrie von den Großmächten dominiert. Die Investitionen dieser Supermächte in Forschung und Entwicklung waren in den frühen 60ern sehr hoch. Sowohl die Testphasen als auch die Entwicklung der amerikanischen B-70 Valkyrie verschlangen wahre Unsummen. Als die USA 1965 in den Vietnamkrieg eintraten, besaßen sie die fortschrittlichste Luftwaffe der Welt. Die Weiterentwicklung wird deutlich, wenn man die Valkyrie einmal mit der Bell P-59A Airacomet vergleicht, dem ersten Jet, den die USA bereits zwanzig Jahre zuvor gebaut hatten.

Luftkämpfe gab es während des Vietnamkriegs nicht so häufig, die Bedrohung für die Piloten ging eher von Boden-Luft-Raketen (SAMs) aus. Man glaubte damals schon an das Ende des bemannten Jagdflugzeugs. Die Amerikaner verloren mehr Maschinen durch sowjetische SAMs als bei Luftkämpfen mit vietnamesischen Flugzeugen. Als Reaktion wurde ein elektronisches Abwehrsystem (ECM) entwickelt. Die Veränderungen im Luftkampf kann man am besten an der lang gedienten F-4 Phantom II illustrieren. Zunächst als Transportjäger geplant, wurde sie zu einem Kampfflugzeug umgeändert, mit Fotoaufklärung ausgerüstet und dann als F-4G „Wild Weasel" ECM gebaut. Der Krieg hatte sich wieder als Hauptmotivation für die Entwicklung der militärischen Düsentechnologie erwiesen. In der amerikanischen Armee hatten Militärjets aber eigentlich keine so große Bedeutung, man setzte mehr auf den Hubschrauber.

KAMPFERFAHRUNG

In den späten 60er Jahren verlangsamte sich das Wettrüsten. Diese Situation erlaubte es der damaligen UdSSR, die sich bisher eher auf eine zahlenmäßige als auf technische Überlegenheit verlassen hatte, höher entwickelte Flugzeugtypen zu produzieren. Die MiG-23, -25 und -27 bedeuten einen großen Fortschritt für die sowjetische Kampffähigkeit; dazu gehört auch die Tupolew-Tu-22-„Backfire"-Serie, die bis heute Bestand hat. Die UdSSR verkaufte viele dieser Jets beispielsweise nach Ägypten, Libyen und den Irak. In den späten 60er Jahren wurde dann ein völlig neuer Typ von Flugzeug entwickelt – der Senkrechtstarter (V/STOL) Hawker Siddley Harrier, der bis heute keinen ernsthaften Konkurrenten auf der Welt hat.

Die Kürzung der Verteidigungshaushalte und weniger Aufträge in den 70er Jahren zwangen viele Hersteller zur Zusammenarbeit. In dieser Zeit wurde eine Generation von Militärjets produziert, die noch heute im Einsatz ist. Die Firma McDonnell hatte sich mit Douglas zusammengetan und baute den erfolgreichen Jäger F-15. Aus einer Allianz zwischen Großbritannien, Italien und Deutschland entsprang der Tornado. Diese Nationen arbeiten auch heute noch zusammen. Einige neue Hersteller sind auf den Plan getreten, viele von ihnen aus kleineren Ländern wie Taiwan, Japan, Argentinien und Südafrika, die sich von Importen unabhängig machen und ihre eigene Flugzeugindustrie aufbauen wollen. Das Ende des Kalten Krieges hat die strategische Überlegungen geändert und eine Verlagerung hin zu schnell einsatzfähigen Truppen und vielseitig einsetzbaren Kampfjägern für den Eingriff in Krisenherde überall auf der Welt gebracht. Doch nach wie vor gelten Militärjets als der Stolz und als Vorzeigeobjekt jeder Militärmacht.

Oben: Ein Blick auf die B-2 Spirit. *Ihre Entwicklung war sehr teuer, und auch heute noch ist sie eine bemerkenswerte Maschine.*

AIDC AT-3A Tzu Chung

In Zusammenarbeit mit Northrop erarbeitete das Luftfahrtentwicklungzetrum der taiwanesischen Industrie ein Schulflugzeug mit Zweistromtriebwerk für die taiwanesichen Luftstreitkräfte (CNAF). Die Konstruktion des Flugzeugs begann 1975 und hielt sich an die konventionelle Konstruktion mit niedrigen Tragflächen mit einem dreirädrigen Fahrwerk, Tandemsitz und doppelten Turbotriebwerken in Gehäusen zu beiden Seiten des Rumpfes. Nach der Konstruktionsgenehmigung 1978 wurden die ersten Prototypen gebaut. Im September 1980 fand der erste Jungfernflug statt. Die Auswertung führte zu einem Auftrag Taiwans über den Bau von 60 AT-3A Tzu Chung. Beim Heer dient diese Maschine als Übungsflugzeug. Für ihre gute Manvrövierfähigkeit hat sie einige Preise gewonnen. Sie kann auch zur Übung an der Waffe eingesetzt werden. 45 Stück sind aufgerüstet auf AT-3B Standard mit Radar und HUD.

Herkunftsland:	Taiwan
Typ:	zweisitziges Waffenschulflugzeug
Triebwerk:	zwei 1.588 kg schwere Garrett-TFE731-2-2L-Strahltriebwerke
Leistungen:	Höchstgeschwindigkeit in 11.000 m Höhe 904 km/h; Dienstgipfelhöhe 14.650 m; Tankkapazität intern 2.280km
Gewicht:	leer 3.855 kg; max. Startmasse 7.940 kg
Abmessungen:	Spannweite 10,46 m; Länge 12,9 m; Höhe 4,36 m; Tragflügelfläche 21,93 qm
Bewaffnung:	Aufsatz für zwei 12,7-mm-Maschinengewehre im Heckstand; zwei Flügelstationen für zwei AIM-9-Sidewinder-Luft-Luft-Raketen; fünf weitere Stationen mit Aufsatz bis 2.720 kg, geeignet für Luft-Boden-Raketen, Maschinengewehre, Raketenabschuss und Splitterbomben

AIDC Ching-Kuo IDF

Die Ching-Kuo wurde entwickelt, um die Import-Beschränkungen zu überwinden. Taiwan wollte seine veraltete Luftflotte aus F-104 Starfightern durch die Northrop F-20 Tigershark ersetzen, doch nachdem die US-Regierung über diesen und ähnliche Jäger ein Embargo verhängt hatte, wurde das unmöglich. Also kaufte man amerikanisches Technikwissen von General Dynamics, Garrett, Westinghouse, Bendix/King und Lear ein, die 1985 halfen, einen Entwurf fertig zu stellen. Der Flug des ersten Prototypen fand am 28. Mai 1989 statt. Von Anfang an war klar, dass das Serienflugzeug viel Ähnlichkeit mit der F-16 und der F-18 haben würde. Lieferbeginn war 1994, da Taiwan aber 1992 schon den F-16 Fighting Falcon gekauft hatte, wurden nur 130 Flugzeuge dieses Typs gebaut.

Herkunftsland:	Taiwan
Typ:	leichter Luftverteidigungsjäger mit Zerstörerkapazität
Triebwerk:	zwei 4.291 kg TEC-(Garrett/AIDC)-TFE1042-70-Strahltriebwerke
Leistungen:	Höchstgeschwindigkeit in 10.975 m Höhe 1.275 km/h; Dienstgipfelhöhe 16.670 m
Gewicht:	normale Startmasse 9.072 kg
Abmessungen:	Spannweite 9 m; Länge 14,48 m
Bewaffnung:	ein 20-mm-General-Electric-M61A1-Vulkangeschütz, sechs externe Träger mit Vorrichtungen für 4 Tien-Chien-1-Luft-Luft-Raketen mit kurzer Reichweite oder 2 Tien-Chien-2-Luft-Luft-Raketen mit mittlerer Reichweite oder 4 Tien-Chien-1- und 2 Tien-Chien-2- oder 3 Hsiung-Feng-II-Raketen und 2 Tien-Chien-1-AAMs oder -AGMs oder verschiedene Kombinationen von Waffenaufsätzen

AMX International AMX

Die AMX International AMX ist aus einer Koproduktion von Aeritalia, Aermacchi, beide aus Italien, und der brasilianischen EMBRAER. Beide Länder benötigten in den frühen 80er Jahren einen kleinen taktischen Kampfbomber, um die älteren Modelle Fiat G91, F104G und die EMBRAER AT-26 Xavante ersetzen zu können. Piaggio entwickelte ein Rolls-Royce-Strahltriebwerk für den Antrieb dieses kleinen und kompakten Jägers. Der Prototyp flog erstmals im Mai 1984, und 1990 brachte es die siebte Ausführung im Entwicklungsstadium auf über 2.500 Flugstunden. Aeritalia war für 50 % der Arbeit verantwortlich, ebenso für den größten Teil der Montage, während die anderen Partner sich um die restlichen Komponenten kümmerten. Dieses Flugzeug wurde im April 1989 bei Aeronautica Italia Militare in Dienst genommen.

Herkunftsland:	Italien und Brasilien
Typ:	einsitziges Mehrzweck-Kampfflugzeug
Triebwerk:	ein 5.003 kg schweres Fiat/Piaggio/Alfa-Romeo (Rolls Royce)-Spey Mk-807-Strahltriebwerk
Leistungen:	Höchstgeschwindigkeit 1.047 km/h; Dienstgipfelhöhe 13.000 m; Kampfradius im Tiefflug 556 km
Gewicht:	leer 6.700 kg; max. Startmasse 13.000 kg
Abmessungen:	Spannweite 8,87 m; Länge 13,23 m; Höhe 4,55 m; Tragflügelfläche 21 qm
Bewaffnung:	ein 20-mm-General-Dynamics-M61A1-Geschütz oder zwei 30-mm-DEFA-Geschütze (bei der brasilianischen Ausführung); fünf externe Stationen mit Aufsatz bis 3.800 kg; zwei Flügelstationen für Sidewinder oder ähnliche Luft-Luft-Raketen

Aeritalia G91R/1A

Die Originalmodelle der G91 wurden von Fiat gebaut, die diesen erfolgreichen Entwurf für eine Ausschreibung der NATO einreichten, die für europäische Hersteller 1954 herausgegeben wurde. Die G91 sollte zur Standardausrüstung der Luftstreitkräfte der Mitgliedsländer gehören, doch dieser Gedanke wurde nie realisiert. Das Program wurde gleich zu Beginn wieder verworfen, da der Prototyp im Erstflug aufgrund von Entwurfsproblemen mit dem Vertikalstabilisator verloren ging. Trotzdem wurde dieser Typ häufig gebaut und die Luftwaffen Itaiens und Deutschlands damit ausgerüstet. Er wurde 1958 in Dienst genommen, und bis heute sind noch eine Handvoll über den Globus verteilt im Einsatz. Die G91 hat sich einen Namen als leicht zu fliegendes und verlässliches Flugzeug gemacht. Die Hersteller merkten schnell, dass sich dieses Flugzeug sehr gut als taktisches Aufklärungsflugzeug eignen könnte und wurde Vorläufer der „R"-Serie.

Herkunftsland:	Italien
Typ:	einsitziges taktisches Aufklärungsflugzeug
Triebwerk:	ein 2.268 kg schwerer von Fiat gebauter Bristol-Siddeley-Orpheus-803-Turbojet
Leistungen:	max. Durchschnittsgeschwindigkeit in 1.520 m Höhe 1.086 km/h oder Mach 0,87; Dienstgipfelhöhe 13.100 m; Operationsradius 320 km
Gewicht:	leer 3.100 kg; max. Startmasse 5.500 kg
Abmessungen:	Spannweite 8,56 m; Gesamtlänge 10,3 m; Gesamthöhe 4 m; Tragflügelfläche 16,42 qm
Bewaffnung:	vier 12,7-mm-Maschinengewehre; drei 70-mm-Vinten-Kameras; vier Unterflügelstationen für zwei 227-kg-Bomben, taktische Nuklear waffen, Nord-5103-Luft-Luft-Lenkraketen, Einheiten von sechs 76-mm-Luft-Luft-Raketen, Einheiten von 31 Luft-Boden-Raketen, Station mit einem 12,7-mm-Maschinengewehr mit 250 Schuss

Aeritalia G91R/3

Die R/3 war eine Weiterentwicklung der GR1/B und rühmte sich verbesserter Fähigkeiten dieses Flugzeugs. Darunter waren verbesserte Bremsen, schlauchlose Reifen, ein größere Spannweite des Hauptflügels, die eine höhere Zuladung von Waffen auf der Unterseite erlaubte und einen verstärkten Aufbau. Bei dieser Ausführung wurde auch die Navigationsausrüstung geändert. Die Ausstattung mit Radar und einer Position-Ziel-Ortung ermöglichten es dem Flugzeug, eigenständig und ohne Bodenunterstützung zu operieren. Die R/3 wurde nach einem deutschen Patent gebaut. 344 Stück wurden produziert, 270 wurden von Messerschmitt-Bölkow-Blohm (MBB), Heinkel (später VFW-Fokker) und Dornier in Lizenz gebaut. Die Bristol Siddeley Orpheus wurde von einem anderen europäischen Konsortium in Lizenz gebaut. Die R/3 war der erste Düsenjäger für den Kampfeinsatz, den Deutschland seit dem 2. Weltkrieg baute und wurde 1962 von der deutschen Luftwaffe in Dienst genommen.

Herkunftsland:	Italien
Typ:	einsitziger taktischer Aufklärer
Triebwerk:	ein 2.268 kg schwerer von Fiat gebauter Bristol-Siddeley-Orpheus-803-Turbojet
Leistungen:	max. Durchschnittsgeschwindigkeit in 1.520 m Höhe 1.086 km/h oder Mach 0,87; Dienstgipfelhöhe 13.100 m; Operationsradius 320 km
Gewicht:	leer 3.100 kg; max. Startmasse 5.500 kg
Abmessungen:	Spannweite 8,56 m; Gesamtlänge 10,3 m; Gesamthöhe 4 m; Tragflügelfläche 16,42 qm
Bewaffnung:	zwei DEFA-Geschütze (125 Schuss pro Waffe); drei 70-mm-Vinten-Kameras; vier Unterflügelstationen für zwei 227-kg-Bomben, taktische Nuklearwaffen, Nord-5103-Luft-Luft-Lenkraketen, Einheiten von sechs 76-mm-Luft-Luft-Raketen, Einheiten von 31 Luft-Boden-Raketen, Station mit einem 12,7-mm-MG mit 250 Schuss

Aeritalia G91R/4

Die R/4 Aufklärerversion war hauptsächlich eine Weiterentwicklung aus der R/3 mit einem verbesserten Navigationssystem und einem verstärkten Aufbau für eine höhere Bestückungskapazität. Die amerikanische Regierung hatte zunächst vor, im Rahmen eines Militärhilfeplans fünfzig R/4 an Griechenland und die Türkei zu liefern, doch schließlich wurden die Flugzeuge an die deutsche Luftwaffe abgegeben. Aus derselben Quelle erhielt die portugiesische Luftwaffe 40 Flugzeuge. Im Flug hat die R/4 eine bemerkenswerte Ähnlichkeit mit der amerikanischen F-86K Sabre. Diese G91R/4 hier trägt das Erkennungzeichen der Luftwaffe und das Abzeichen des Leichtkampfgeschwaders 43, das 1970 in Oldenburg in Deutschland stationiert war. Die R/3- und R/4-Aufklärerversionen der G91 waren nur mit zwei fest installierten Geschützen ausgestattet.

Herkunftsland:	Italien
Typ:	einsitziger taktischer Aufklärer
Triebwerk:	ein 2.268 kg schwerer von Fiat gebauter Bristol-Siddeley-Orpheus-803-Turbojet
Leistungen:	max. Durchschnittsgeschwindigkeit in 1.520 m Höhe 1.086 km/h oder Mach 0,87; Dienstgipfelhöhe 13.100 m; Operationsradius 320 km
Gewicht:	leer 3.100 kg; max. Startmasse 5.500 kg
Abmessungen:	Spannweite 8,56 m; Gesamtlänge 10,3 m; Gesamthöhe 4 m; Tragflügelfläche 16,42 qm
Bewaffnung:	zwei 12,7-mm-Maschinengewehre; drei 70-mm-Vinten Kameras; vier Unterflügelstationen für zwei 227-kg-Bomben, taktische Nuklear waffen, Nord-5103-Luft-Luft-Lenkraketen, Einheiten von sechs 76-mm-Luft-Luft-Raketen, Einheiten von 31 Luft-Boden-Raketen, Station mit einem 12,7-mm-Maschinengewehr mit 250 Schuss

Aeritalia G91T/1

Um ein erweitertes Flug- und Waffentraining bei Transschallgeschwindigkeit zu ermöglichen, wurde in den späten 50er Jahren die Ausführung G91T entwickelt. Es war von Anfang an geplant, soviel wie möglich von dem originären Aufbau der G91 und ihrer Ausstattung beizubehalten. Von außen deutlich zu unterscheiden ist sie durch das zweisitzige Cockpit, weswegen der Rumpf um 1,36 m erweitert werden musste. Das Flugzeug konnte rasch in einen Jäger umgewandelt werden, obwohl die Avionik dann etwas eingeschränkt war. Portugal und Deutschland waren die Hauptkunden; an sie wurden 66 T/3 Modelle ausgeliefert. Die T/3 wurde mit neuester Flugausrüstung versehen; 44 Maschinen wurden von Fiat (wurde später in Aeritalia umgewandelt) und 22 von Dornier in Lizenz gebaut. Das Flugzeug wurde zuletzt hauptsächlich von Portugal eingesetzt und nach 25 Jahren Dienst in der italienischen Luftwaffe durch die Aermacchi MB.339 ersetzt.

Herkunftsland:	Italien
Typ:	zweisitziges Transschallgeschwindigkeits-Schulungsflugzeug
Triebwerk:	ein 2.268 kg schwerer von Fiat gebauter Bristol-Siddeley-Orpheus-803-Turbojet
Leistungen:	max. Durchschnittsgeschwindigkeit in 1.520 m Höhe 1.030 km/h Dienstgipfelhöhe 12.200 m; Operationsradius 320 km (normale Tankfüllung)
Gewicht:	Betriebsgewicht 3.865 kg; max. Startmasse 6.050 kg
Abmessungen:	Spannweite 8,56 m; Gesamtlänge 11,67 m; Gesamthöhe 4,45 m; Tragflügelfläche 16,42 qm
Bewaffnung:	zwei 12,7-mm-Maschinengewehre; zwei Unterflügelstationen für leichte Bomben, Raketen oder Extra-Tanks

Aeritalia G91T/3

Die Fiat G91T/3 war eine Version der T/1, die für die deutsche Luftwaffe produziert wurde. Dieses Flugzeug wurde von der Einheit Wattenschule benutzt. Die Entwickler bei Fiat wollten die G91 ausreizen und versprachen eine neue Variante der T/1, bekannt als T/4. Der Grund für diese Entwicklung war klar. In den frühen 60er Jahren hatte die italienische Luftwaffe die europäische Lizenzversion des Lockheed Starfighter F104G gekauft. Um ein angemessenes Training für dieses schwierige Flugzeug zu ermöglichen, versprach Fiat, die Elektronik des Starfighter in die T/1 zu versetzen. Das war ein schwieriges Unterfangen, aber vom technischen Standpunkt aus machbar. Trotzdem kam diese Idee nie über das Projektstadium hinaus. Bemerkenswert ist die gut sichtbare Bemalung, damit das Flugzeug während der Schulung leicht zu erkennen war.

Herkunftsland:	Italien
Typ:	zweisitziges Transschallgeschwindigkeits-Schulungsflugzeug
Triebwerk:	ein 2.268 kg schwerer von Fiat gebauter Bristol-Siddeley-Orpheus-803-Turbojet
Leistungen:	max. Durchschnittsgeschwindigkeit in 1.520 m Höhe 1.030 km/h; Dienstgipfelhöhe 12.200 m; Operationsradius 320 km
Gewicht:	Betriebsgewicht 3.865 kg; max. Startmasse 6.050 kg
Abmessungen:	Spannweite 8,56 m; Gesamtlänge 11,67 m; Gesamthöhe 4,45 m; Tragflügelfläche 16,42 qm
Bewaffnung:	zwei 12,7-mm-Maschinengewehre; zwei Unterflügelstationen für leichte Bomben, Raketen oder Extra-Tanks

Aermacchi M.B.326B

Die 326B ist eines der wichtigsten leichten Angriffs- und Schulflugzeuge der letzten vierzig Jahre. Der Prototyp flog zu ersten Mal 1957. Ermanno Bazzocchi entwarf um einen Rolls-Royce-Viper-Turbojet eine herkömmliche Flugzeugzelle mit einem gut ausgerüsteten Tandemcockpit vor einem leichten Pfeilflügel mit Führungskante. Die italienische Luftwaffe (AMI) erhielt die ersten von 85 produzierten M.B.326ern im Februar 1962. Fehlerlose und relativ leichte Handhabung ermöglichten es der Flotte, diese Flugzeuge für die unterschiedlichsten Flugschulungen einzusetzen. Die M.B.326 diente als Mehrzweck-Schulflugzeug, das vielen Piloten mit Jeterfahrung den Weg zu schnelleren Düsenjägern ermöglichte. Tuensien kaufte 1965 acht bewaffnete Schulflugzeuge, die alle in leuchtendem Orange gestrichen sind.

Herkunftsland:	Italien
Typ:	zweisitziges Schulflugzeug
Triebwerk:	ein 1.134 kg schwerer Rolls-Royce-Viper-11-Turbojet
Leistungen:	Höchstgeschwindigkeit 806 km/h; Standardreichweite 1.665 km
Gewicht:	leer 2.237 kg; max. Startmasse 3.765 kg
Abmessungen:	Entfernung zwischen den Außentanks 10,56 m; Länge 10,65 m; Höhe 3,72 m; Tragflügelfläche 19 qm
Bewaffnung:	wahlweise zwei 7,7-mm-Maschinengewehre, sechs Unterflügelstationen mit Behältern für Maschinengewehre, Raketen und/oder Bomben oder Kameravorrichtungen bis max. 907 kg

Aermacchi M.B.326GB

Das Potential der M.B.326 als leichtes Kampfflugzeug wurde zuerst in der Version 326A realisiert, die mit Unterflügelstationen für verschiedene Waffenzuladungen, z. B. Gewehren oder Raketen, Bomben und Luft-Boden-Raketen ausgestattet war. Obwohl dieser Typ nicht von der italienischen Luftwaffe geordert wurde, fand er Anklang in Ghana (neun M.B.326F) und Tunesien (acht M.B.326B). Der erste Prototyp der Version M.B.326G flog 1967 mit der stärkeren 1.547 kg schweren Rolls Royce Viper 20 als Antrieb. In Zusammenhang mit einer partiell verstärkten Flugzelle erlaubte dies eine Steigerung der maximalen Waffenzuladung um hundert Prozent im Vergleich zu früheren Versionen. Acht Flugzeuge wurde an die argentinische Kriegsmarine, 17 an die Luftwaffe von Zaire und 23 an Sambia geliefert. Diese Ausführung hat die Bezeichnung M.B.326GB.

Herkunftsland:	Italien
Typ:	zweisitziger Kampfjäger
Triebwerk:	ein 1.547 kg schwerer Roll-Royce-Viper-20-Turbojet
Leistungen:	Höchstgeschwindigkeit 867 km/h; Standardreichweite 1.850 km
Gewicht:	leer 2.685 kg; max. Startmasse 4.577 kg
Abmessungen:	Entfernung zwischen den Außentanks 10,85 m; Länge 10,67 m; Höhe 3,72 m; Tragflügelfläche 19,35 qm
Bewaffnung:	wahlweise zwei 7,7-mm-Maschinengewehre; sechs Unterflügelstationen für Maschinengewehrhalterungen, Raketen und/oder Bomben oder Kamerahalterungen; max. externe Zuladung 1.814 kg

Aermacchi M.B.326K

Nachdem die 326 sich hinsichtlich des Entwurfs und als Waffenstation gut bewährt hatte, brauchte die Entwicklungsabteilung von Aermacchi erstaunlich lange, um einen endgültigen Entwurf für eine einsitzige Version zu realisieren. Sie hatte sich einen stärkeren Antrieb zum Ziel gesetzt, und so war der zweite Prototyp mit einer 1.814 kg schweren Rolls Royce Viper 632-43 ausgerüstet, die in der Serienproduktion als Standard eingebaut wurde. Die Installation von zwei elektronisch gesteuerten Geschützen im unteren Vorderrumpf in der MB.326K steigerte die Angriffskraft des Flugzeugs und die maximale Waffenzuladung. Dort, wo sich der hintere Teil des Cockpits befunden hatte, waren jetzt die Munitionsmagazine für die Geschütze, die Avionik und ein zusätzlicher Kerosintank. Exportkunden sind Südafrika, Dubai, Ghana und Tunesien.

Herkunftsland:	Italien
Typ:	einsitziger taktischer Aufklärer und eingeschränkter Luft-Luft-Abfangjäger
Triebwerk:	ein 1.814 kg schwerer Rolls-Royce-Viper-632-43-Turbojet
Leistungen:	Höchstgeschwindigkeit in 1.525 m Höhe 890 km/h; Kampfradius im Tiefflug bei max. Bewaffnung 268 km
Gewicht:	leer 3.123 kg; max. Startmasse 5.895 kg
Abmessungen:	Entfernung zwischen den Außentanks 10,85 m; Länge 10,67 m; Höhe 3,72 m; Tragflügelfläche 19,35 qm
Bewaffnung:	zwei 30-mm-DEFA-553-Geschütze mit 125 Schuss, sechs Unterflügelstationen mit Maschinengewehrhalterungen, Startanlagen für 37-mm-, 68-mm- und 100-mm-Raketen, Matra-550-Magic-Luft-Luft-Raketen und/oder Bomben oder vier Aufklärerkameras; max. externe Zuladung 1.814 kg

Aermacchi M.B.339PAN

Die Wurzeln der Aermacchi M.B.339 sind fest in der frühen 326er-Serie verankert. Dieses Flugzeug ist das Ergebnis aus einem Vertrag, den die Italienische Luftwaffe in den 80er Jahren erteilte, um eine zweite Generation von Jets nach der MB.326 und der Fiat G91T zu entwickeln. Es wurden neun verschiedenen Entwurfstudien mit unterschiedlichen Antriebsmöglichkeiten ausprobiert. Die Luftwaffe entschied sich für die Viper-angetriebene Version. Der vordere Rumpf wurde anders entworfen, um dem Ausbilder im hinteren Teil eine bessere Rundumsicht zu ermöglichen. Eine bedeutende Ausweitung der Avionik erfuhr das Flugzeug mit dem Einbau eines TACAN-Navigationscomputers, von Blindlandefluginstrumenten und von IFF-, VHF- und UHF-Antennen. Argentinien, Peru, Dubai, Ghana, Malaysia und Nigeria kauften dieses Schulflugzeug.

Herkunftsland:	Italien
Typ:	zweisitziges fortgeschrittenes Schulflugzeug
Triebwerk:	ein 1.814 kg schwerer von Piaggio gebauter Rolls-Royce-Viper-632-43-Turbojet
Leistungen:	Höchstgeschwindigkeit in 1.525 m Höhe 890 km/h; Kampfradius im Tiefflug bei max. Bewaffnung 268 km
Gewicht:	leer 3.123 kg; max. Startmasse 5.895 kg
Abmessungen:	Entfernung zwischen den Außentanks 10,85 m; Länge 10,67 m; Höhe 3,72 m; Tragflügelfläche 19,35 qm
Bewaffnung:	zwei 30-mm-DEFA-553-Geschütze mit 125 Schuss, sechs Unterflügelstationen mit Maschinengewehrhalterungen, Startanlagen für 37-mm-, 68-mm- und 100-mm-Raketen, Matra-550-Magic-Luft-Luft-Raketen und/oder Bomben oder vier Aufklärungskameras; max. externe Zuladung 1.814 kg

Aermacchi M.B.339K

Mit einem ähnlichen Ansatz wie beim M.B.-326-Schulflugzeug entschied sich Aeromacchi dafür, eine einsitzige Version der populären M.B.339 zu entwickeln. Doch es gibt noch mehr Ähnlichkeiten mit dem vorherigen Projekt. Der zusätzliche Raum, der beim Umbau in einen Einsitzer frei wurde, erlaubte den Entwicklern, die Avionik aus der Spitze zu nehmen und die Kerosinkapazität um einen Tank zu erweitern. Den Kunden wurde eine große Palette an Optionen zur Auswahl gestellt, eine Ausstattung mit ECM ebenso wie ein HUD. Der Hersteller wollte an der Rolls Royce Viper festhalten, doch die Aufträge für diesen Antrieb waren nicht sehr zahlreich (wahrscheinlich, weil der Prototyp keine signifikante Verbesserung gegenüber der M.B.326K gezeigt hatte), und es wurde entschieden, diesen Turbojet durch die 2.018 kg schwere Viper 680-43 zu ersetzen.

Herkunftsland:	Italien
Typ:	Kampf- und Angriffs-Schulflugzeug
Triebwerk:	eine von Piaggio gebaute 2.018 kg schwere Viper 680-43
Leistungen:	Höchstgeschwindigkeit in 9.150 m Höhe 815 km/h; Dienstgipfelhöhe 14.240 m; Kampfradius im Tiefflug mit max. Bewaffnung 371 km
Gewicht:	leer 3.310 kg; max. Startmasse 6.350 kg
Abmessungen:	Entfernung zwischen den Außentanks 11,22 m; Länge 11,24 m; Höhe 3,99 m; Tragflügelfläche 19,3 qm
Bewaffnung:	zwei 30-mm-DEFA-553-Geschütze mit 125 Schuss, sechs Unterflügelstationen mit Maschinengewehrhalterungen, Startanlagen für 37-mm-, 68-mm- und 100-mm-Raketen, zwei Sidewinder-Luft-Luft-Raketen, zwei Maverick-AGM-65-Luft-Boden-Raketen und/oder Bomben, max. externe Zuladung 1.814 kg

Aero L-29 Delfin

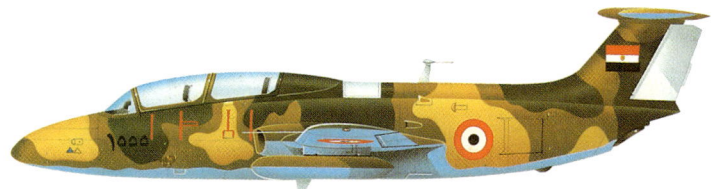

Die von den Tschechen entworfene L-29 Delfin wurde 1961 als Düsenschulflugzeug für die UDSSR ausgesucht. Dort erhielt das Flugzeug von der NATO den Meldenamen „Maya". Die gesamte Produktion bei Aero Vodochodny Narodni Podnik belief sich auf 3.600 Stück. Die L-29 ist ein einfaches, strapazierfähiges Flugzeug, das von Gras, Sand oder feuchtem Boden aus operieren kann. Die Maschine wurde 1963 in Dienst genommen und weitere elf Jahre lang gebaut. Die Sowjetunion erhielt über 2.000 Stück der Gesamtproduktion; dieses Flugzeug wurde an fast alle Länder des kommunistischen Ostblocks geliefert. Es wurde auch an sowjetische Verbündete in Afrika und den Mittleren Osten exportiert; dort sind sie teilweise immer noch im Dienst. Diese Ausführung trägt die Wüstenbemalung der ägyptischen Luftwaffe. Diese ägyptische Ausführung kann zum Angriffsjäger mit der dazugehörigen Ausstattung umgerüstet werden.

Herkunftsland:	Tschecheslowakei
Typ:	zweisitziges Anfänger- und Fortgeschrittenen-Schulflugzeug
Triebwerk:	ein 890 kg schwerer Motorlet-M-701-VC-150-Turbojet
Leistungen:	Höchstgeschwindigkeit in 5.000 m Höhe 655 km/h; Dienstgipfelhöhe 11.000 m; Standardreichweite 640 km
Gewicht:	leer 2.280 kg; max. Startmasse 3.280 kg
Abmessungen:	Spannweite 10,29 m; Länge 10,81 m; Höhe 3,13 m; Tragflügelfläche 19,8 qm

Aero L-39C Albatros

Die L-39 folgte der L-29 als Standarddüsen-Schulflugzeug der Luftstreitkräfte der Tschechoslowakei, der UDSSR und der DDR. Vielfach wird das Flugzeug immer noch in dieser
Funktion genutzt. Der Prototyp der L-39 hatte seinen ersten Flug im November 1968 und
machte schnell deutlich, dass er gegenüber der L-29 eine enorme Verbesserung darstellte.
Dies ging hauptsächlich auf den Einbau des Ivchyenkol-25 Strahltriebwerks zurück, das fast
die doppelte Leistung brachte. Während der Entwicklung wurde das Hauptaugenmerk auf
eine einfache Instandhaltung gelegt. Eine zusätzliche Stromeinheit erlaubte es dem Flugzeug, unabhängig von Bodeneinheiten zu operieren. Die L-39C stellte die Schulflugzeugversion dar. Es wurden viele im privaten Handel verkauft, und man kann sie häufig bei
Flugsporttreffen sehen.

Herkunftsland:	Tschechoslowakei
Typ:	zweisitziges Anfänger- und Fortgeschrittenen-Schulflugzeug
Triebwerk:	ein 1.720 kg schweres Ivchyenko-AI-25TL-Strahltriebwerk
Leistungen:	Höchstgeschwindigkeit in 6.000 m Höhe 780 km/h; Dienstgipfelhöhe 11.500 m; Standardreichweite 1.100 km
Gewicht:	leer 3.330 kg; max. Startmasse 4.700 kg
Abmessungen:	Spannweite 9,46 m; Länge 12,13 m; Höhe 4,77 m; Tragflügelfläche 18,8 qm

Aero L-39ZA Albatros

Von der Flugzelle der L-39 wurden vier Variationen gebaut. Die häufigtse war die des L-39C-Schulflugzeugs, doch der Erfolg dieser Maschine brachte die tschechischen Hersteller dazu, drei weitere Subvarianten zu entwickeln. Ein Grund ist die leichte Instandhaltung der L-39-Flugzelle, die schnell in drei Hauptkomponenten aufgeteilt werden kann: Flügel, Rumpf und hinterer Rumpf. Um einen leichten Zugang zum Triebwerk zu ermöglichen, kann der hintere Rumpf in einem Stück abgebaut werden. Die L-39ZO ist eine einsitzige Version, die sich durch verstärkte Flügel auszeichnet, die es ermöglichen, auf vier Unterflügelstationen eine zusätzliche Bewaffnung an Bord zu nehmen. Sowohl der Irak als auch Libyen haben dieses Flugzeug gekauft und verwenden es als leichten Jäger. Von der zweisitzigen Schulflugzeug-Variante L-39ZA wurde jedoch eine höhere Stückzahl produziert.

Herkunftsland:	Tschecheslowakei
Typ:	einsitziger leichter Angriffsjäger
Triebwerk:	ein 1.720 kg schweres Ivchyenko-AI-25TL-Strahltriebwerk
Leistungen:	Höchstgeschwindigkeit in 5.000 m Höhe 630 km/h; Dienstgipfelhöhe 9.000 m; Standardreichweite 1.750 km
Gewicht:	leer 3.330 kg; max. Startmasse 5.270 kg
Abmessungen:	Spannweite 9,46 m; Länge 12,32 m; Höhe 4,72 m; Tragflügelfläche 18,8 qm
Bewaffnung:	ein 23-mm-GSh-23L zweiläufiges Geschütz mit 150 Schuss; vier Unterflügelstationen mit Behältern für 57- oder 130-mm-Raketen, Kanonen, ein einzelne Einheit mit fünf Kameras , AA-2-Atoll-Luft-Luft-Raketen, Bomben bis 500 kg; max. externe Zuladung bis 1.100 kg

Aerospatiale (Fouga) CM.170 Magister

Als eines der erfolgreichsten und meist benutztesten Schulflugzeuge der Welt wurde der Magister von Castello und Mauboussin für Fouga 1950 erdacht und entworfen. Er war der erste Jet, der von Anfang an als Schulflugzeug geplant worden war. Trotz des ungewöhnlichen Heckflügels in Form eines Schmetterlingsflügels ließ er sich sehr gut fliegen. Nach verlängerten Testläufen wurde der Magister für die französische Luftwaffe in die Serienproduktion geschickt. Die hergestellte Gesamtmenge dieser und der Marineversion (CM.75 Zephyr) belief sich auf 437 Stück. Die Firma Fouga wurde 1958 von Potez aufgekauft, die noch eine Reihe von Varianten für Kunden in aller Welt produzierte. Der Magister wurde 1967 von der israelischen Luftwaffe im Sechs-Tage-Krieg eingesetzt. Er war auch Hauptbestandteil der „Patrouille de France". Sie nutzt heute jedoch den Alpha-Jet von Dassault/Dornier.

Herkunftsland:	Frankreich
Typ:	zweisitziges Schulflugzeug und leichter Angriffsjäger
Triebwerk:	zwei 400 kg schwere Turbomeca-Marbore-IIA-Turbojets
Leistungen:	Höchstgeschwindigkeit in 9.150 m Höhe 715 km/h; Dienstgipfelhöhe 11.000 m; Reichweite 925 km
Gewicht:	leer mit Ausrüstung 2.150 kg; max. Startmasse 3.200 kg
Abmessungen:	Entfernung zwischen den Außentanks 12,12 m; Länge 10,06 m; Höhe 2,8 m; Tragflügelfläche 17,3 qm
Bewaffnung:	zwei 7,5-mm- oder 7,62-mm-Maschinengewehre; Raketen, Bomben oder Nord-AS.11-Raketen auf Unterflügelstationen

Antonow An-72 „Coaler-C"

Der Entwurf des An-72 „Coaler" ist mit einer Senkrechtstarteroption und einigen anderen Extras ausgerüstet. Das bemerkenswerteste ist die Position der Turbinen, hoch oben und sehr weit vorne auf dem Flügel. Wenn die inneren Flügelelemente ausgefahren sind, wird der Ausstoß des Motors abgelenkt und ein erhöhter Abhub ist gegeben. Das Kabinendesign folgt mit einer Heckklappe und ausreichend Stauraum anerkannten Konventionen. Die Maschine flog zum ersten Mal am 22. Dezember 1977, wurde jedoch im Westen erstmals auf der Luftfahrtausstellung in Paris 1979 gezeigt. Das Flugzeug wurde für viele Zwecke genutzt, u.a. als Flugzeug-Frühwarnsystem (AEW). Eine Entwicklung der Flugzelle, bekannt als An-74 wurde für Operationen in der Antarktis entwickelt, komplett mit Anti-Frost-Ausrüstung, verbesserter Avionik und Halterungen für die Befestigung von Skiern.

Herkunftsland:	UDSSR (Ukraine)
Typ:	V/STOL-Transportflugzeug
Triebwerk:	zwei 6.500 kg schwere Zaporozhye/Lotarev-D-36-Turbostrahltriebwerk
Leistungen:	Höchstgeschwindigkeit 705 km/h in 10.000 m Höhe; Dienstgipfelhöhe 11.800 m; Reichweite 800 km mit max. Zuladung
Gewicht:	leer 19.050 kg; max. Startmasse 34.500 kg
Abmessungen:	Spannweite 31,89 m; Länge 28,07 m; Höhe 8,65 m; Tragflügelfläche 98,62 qm

Atlas Cheetah

Die Atlas Cheetah hat große Ähnlichkeit mit der Israeli Kfir. Sie ist in der Tat die südafrikanische Reaktion auf ein internationales Waffenembargo, das dem Land 1977 auferlegt wurde und verhinderte, dass die südafrikanische Luftwaffe (SAAF) ihre veraltete Flotte aus Mirage III Jägern erneuern konnte. Das Entwicklungsprogramm veränderte 50 % der Flugzelle und brachte eine Fülle neuer Einrichtungen. Außen wurden Veränderungen hinsichtlich der Aerodynamik vorgenommen. Das erste Flugzeug war eine modifizierte zweisitzige Mirage IIID2, das Serienflugzeug war zusammengesetzt aus Elementen von Ein- und Zweisitzern, da die Zweisitzer fortschrittlichere Systeme hatten. Alle Varianten sollten mit einer großen Auswahl an einheimischen Waffen ausgerüstet werden können.

Herkunftsland:	Südafrika
Typ:	ein-/zweisitziges Kampf- und Schulflugzeug
Triebwerk:	ein 7.200 kg schwerer SNECMA-Atar-9K-50-Turbojet
Leistungen:	Höchstgeschwindigkeit über 12.000 m 2.337 km/h; Dienstgipfelhöhe 17.000 m
Gewicht:	keine Angaben
Abmessungen:	Spannweite 8,22 m; Länge 15,4 m; Höhe 4,25 m; Tragflügelfläche 35 qm
Bewaffnung:	zwei 30-mm-DEFA-Geschütze, Armscor-V3B- und Armscor-V3C-Kukri-Luft-Luft-Raketen, Behälter für externe Halterungen für Bomben und Raketen

Avro Canada CF-105 Arrow

Die Geschichte der Arrow hat auffallende Ähnlichkeit mit der der BAC TSR.2. Beide Projekte begannen vielversprechend in den frühen 50er Jahren, und beide wurde durch die falsche Annahme von Politikern, die Zeit der bemannten Abfangjäger sei vorbei, zerstört. Die ersten Entwicklungsstadien der Arrow als zweisitziger Allwetter-Abfangjäger begannen 1953 mit einer geplanten Indienstnahme als Ersatz für die CF-100 der gleichen Firma ein Jahrzehnt später. Die Produktion der ersten fünf Prototypen begann im April 1954. Der Entwurf sah einen großen, hochangesetzten Deltaflügel vor. Ihren ersten Flug hatte die Arrow am 25. März 1958, doch nur 10 Monate später wurde das gesamte Projekt gestoppt. Alle Prototypen wurden nach einer Entscheidung der kanadischen Regierung zerstört.

Herkunftsland:	Kanada
Typ:	zweisitziger Allwetter-Abfangjäger mit großer Reichweite und Schallgeschwindigkeit
Triebwerk:	zwei 10.659 kg schwere Pratt- und Whitney-J75-P-3-Turbojets
Leistungen:	Mach 2,3 laut Testergebnissen
Gewicht:	leer 22.244 kg; durchschnittliche Startmasse in Tests 25.855 kg
Abmessungen:	Spannweite 15,24 m; Länge 23,72 m; Höhe 6,48 m; Tragflügelfläche 113,8 qm
Bewaffnung:	acht Sparrow-Luft-Luft-Raketen

Avro Vulcan B.Mk 2

In den frühen 50er Jahren verlangte die britische Luftwaffe nach einem Flugzeug, das in der Lage war, an alle Stützpunkte der Truppe Nuklearwaffen auszuliefern. Also wurde die Avro Vulcan als hochwertiger Nuklearbomber entwickelt. Das erste Serienflugzeug wurde mit der Bezeichnung B.Mk 1 gebaut und trat 1956 in der V-Bomberflotte seinen Dienst an. 1960 wurde ihr die verbesserte Version Vulcan B.Mk 2 zur Seite gestellt. Diese Flugzeuge waren mit Eigentankanlagen ausgestattet, und es war vorgesehen, dass sie Blue-Steel- oder American-Skybolt-Nuklearwaffen an Bord nehmen könnten, doch daraus wurde nichts. In der Zeit von 1962–1964 wurden die bereits bestehenden Vulcanstaffeln mit der B.Mk 2A ausgerüstet. Das abgebildete Flugzeug trägt das Fledermausabzeichen der 9. Staffel und wurde später als B.Mk 2A Standard ausgegeben.

Herkunftsland:	Großbritannien
Typ:	strategischer Bomber mit langer Reichweite
Triebwerk:	vier 7.711 kg schwere Rolls-Royce-Olympus-201-Turbojets
Leistungen:	Höchstgeschwindigkeit 1.038 km/h; Dienstgipfelhöhe 19.810 m; Reichweite mit normaler Bewaffnung 7.403 km
Gewicht:	max. Startmasse 113.398 kg
Abmessungen:	Spannweite 33,83 m; Länge 30,45 m; Höhe 8,28 m; Tragflügelfläche 368,26 qm
Bewaffnung:	interner Bombenschacht mit Aufsatz für bis zu 21.454 kg Bomben

Avro Vulcan B.Mk 2A

Diese Vulcan B.Mk. 2a der 101. Staffel ist in der neusten Tarnfarbenausführung darge-
stellt. Diese Tarnfarbe ist blasser als ihre Vorgänger. Die B.Mk 2A wurde für Tiefflug-
aufgaben optimiert, da die britische Regierung sich entschieden hatte die Polaris-Rakete als
ihre Haupt-Abschreckungswaffe einzusetzen. Dafür musste die B.Mk 2 mit dem stärkeren
Olympus-Mk-301-Motor, einem Bodenüberwachungsradar und ARI-18228-Radarwarnsystemen
an verschiedenen Stellen im Flugzeug ausgestattet werden. Die Luftwaffen-Basis Waddington
war die Heimatbasis der Vulcan. Von dort wurden mehrere Luftangriffe gegen Port Stanley
während des Falklandkrieges 1982 geführt. Die letzte Vulcan von insgesamt 89 B.Mk 2As
wurde am 14. Januar 1965 geliefert.

Herkunftsland:	Großbritannien
Typ:	tief fliegender strategischer Bomber
Triebwerk:	vier 9.072 kg schwere Olympus-Mk.301-Turbojets
Leistungen:	Höchstgeschwindigkeit 1.038 km/h; Dienstgipfelhöhe 19.810 m; Reichweite mit normaler Bewaffnung ca. 7.403 km/h
Gewicht:	max. Startmasse 113.398 kg
Abmessungen:	Spannweite 33,83 m; Länge 30,45 m; Höhe 8,28 m; Tragflügelfläche 368,26 qm
Bewaffnung:	interner Bombenschacht für bis zu 21.454 kg Bomben

BAC (English Electric) Canberra B.Mk 2

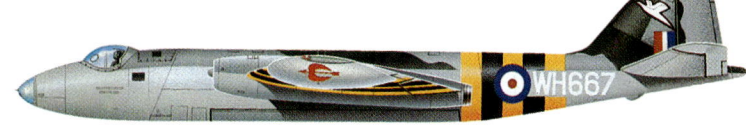

Schon bevor er Westland (die Firma, die seine Familie 1915 gegründet hatte) verließ, hatte W.E.W. Petter den Plan für einen düsenangetriebenen Bomber. Um der Ausschreibung Nr. B.3/45 gerecht zu werden, plante er ein Flugzeug, dessen breite Flügel für Stabilität in großer Flughöhe sorgen sollten. Wie der Mosquito sollte der A.1-Bomber schnell genug sein, um nicht abgefangen werden zu können, auch wenn er eine Ladung von 2.721,6 kg Bomben in einem Radius von 750 Nautischen Meilen beförderte. Er sollte ein Rundumradarsystem haben, mit dem er unter allen Bedingungen Angriffe abwehren könnte. Der Prototyp, der am 13. Mai 1949 von Roland „Bee" Beaumont geflogen wurde, überraschte alle mit seiner guten Manövrierfähigkeit im Tiefflug. Verspätungen bei der Entwicklung der möglichen Bombenmasse führten zu einem Auftrag für einen taktischen Tagbomber, der designierten B.Mk 2. Das erste dieser Flugzeuge trat bei der 101. Staffel am 25. Mai 1951 in Dienst.

Herkunftsland:	Großbritannien
Typ:	zweisitziger leichter Bomber
Triebwerk:	zwei 2.948 kg schwere Rolls-Royce-Avon-Mk-101-Turbojets
Leistungen:	Höchstgeschwindigkeit in 12.192 m Höhe 917 km/h; Dienstgipfelhöhe 14.630 m; Reichweite 4.274 km
Gewicht:	leer ca. 11.790 kg (nicht offiziell); max. Startmasse 24.925 kg
Abmessungen:	Spannweite 29,49 m; Länge 19,96 m; Höhe 4,78 m; Tragflügelfläche 97,08 qm
Bewaffnung:	interner Bombenschacht mit Aufsatz für bis zu 2.727 kg Bomben, plus zusätzliche 909 kg in Unterflügelstationen

BAC (English Electric) Canberra PR.Mk 9

Der düsenangetriebene Canberra-Bomber wurde von Teddy Petter für die English Electric entworfen. Das Flugzeug, das daraus entwickelt wurde, diente über 40 Jahre überall auf der Welt in unterschiedlichsten Variationen. Die PR. Mk 9 ist eine Aufklärerversion dieses Flugzeugs für große Flughöhen, mit einer vergrößerten Spannweite, aufgerüsteten Rolls-Royce-Avon-Maschinen und einem neu gestalteten Cockpit. Die Entwicklungsarbeit wurde von der Firma Short durchgeführt, eine der Tochtergesellschaften der English Electric. Als Hilfsmittel für den in großer Höhe fliegenden Aufklärer wurden die 23 Serienflugzeuge mit Steuerkontrolle, erhöhter Kerosinkapazität, einer modifizierten Avionik und elektronischer Kriegsführung ausgestattet. Dieses Flugzeug diente in der 58. und 39. Staffel bis 1983.

Herkunftsland:	Großbritannien
Typ:	Foto-Aufklärer
Triebwerk:	zwei 4.763 kg schwere Rolls-Royce-Avon-Mk-206-Turbojets
Leistungen:	Höchstgeschwindigkeit ca. 1.050 km/h; Dienstgipfelhöhe 14.630 m; Reichweite 5.842 km
Gewicht:	leer ca. 11.790 kg (inoffiziell); max. Startmasse 24.925 kg
Abmessungen:	Spannweite 20,68 m; Länge 20,32 m; Höhe 4,78 m; Tragflügelfläche 97,08 qm

BAC (English Electric) Lightning F.Mk 1A

Auch hier war W.E.W. „Teddy" Petter die treibende Kraft hinter einem Flugzeug, das während der 60er Jahre einer der besten Abfangjäger der Welt war. Die Lightning war aus einem Prototyp der English Electric, der so genannten P.1 weiterentwickelt worden, der zum ersten Mal im August 1954 geflogen war. Die P.1 wurde von zwei Bristol-Siddeley-Sapphire-Turbinen angetrieben. Die P.1B war eine gänzlich anders konzipierte Version, die sich nach der Ausschreibung Nr. F.23/49 der britischen Regierung richtete. Die Version mit den Avon-Turbinen erreichte Mach 2 im November 1958. Es wurden zwanzig Flugzeuge vorgefertigt, bevor die erste F.Mk 1 1960 ihren Dienst antrat. Die F.Mk 1A war mit einer Tankmöglichkeit während des Fluges und einer UHF Antenne ausgestattet. Die Lightning war ein komplexes Flugzeug und die Instandhaltungszeiten pro Flugstunde waren sehr hoch.

Herkunftsland:	Großbritannien
Typ:	einsitziger Allwetter-Abfangjäger
Triebwerk:	zwei 6.545 kg schwere Rolls-Royce-Avon-Turbojets
Leistungen:	Höchstgeschwindigkeit in 10.970 m Höhe 2.414 km/h; Dienstgipfelhöhe 18.920 m; Reichweite 1.440 km
Gewicht:	leer 12.700 kg; max. Startmasse 22.680 kg
Abmessungen:	Spannweite 10,6 m; Länge 16,25 m; Höhe 5,95 m; Tragflügelfläche 35,31 qm
Bewaffnung:	austauschbare Einheiten zweier Red-Top- oder Firestreak-Luft-Luft-Raketen oder zwei 30-mm-Aden-Kanonen

BAC (English Electric) Lightning F.Mk 6

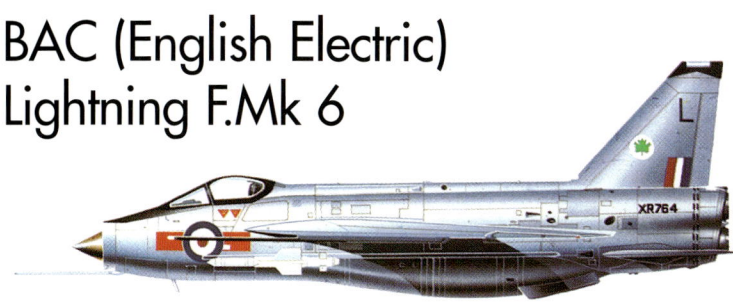

Der letzte einsitziger Jäger, der in der britischen Luftwaffe Dienst tat, wurde 1960 in Betrieb genommen. Die Geschichte dieses Flugzeugs reicht bis 1947 zurück, als Großbritannien mit der English Electric einen Vertrag über den Bau eines mit Schallgeschwindigkeit fliegenden Forschungsflugzeugs abschloss, die P.1B. Nach ca. 10 Entwicklungsjahren, in denen die Firma von der British Aircraft Corporation aufgekauft wurde, wurden die ersten Lightning F.1 geliefert. Im Dienst stellte sich heraus, dass dieses Flugzeug mit allen Allwetter-Aufklärern mithalten konnte, die auf dem Markt waren. Die Höchstgeschwindigkeits- und Steigungswerte waren hervorragend. Es mangelte ihm allerdings an Laufzeit. Auf eine Empfehlung der BAC modifizierte die britische Luftwaffe 1965 die F.3 sehr erfolgreich zum F.6 Standard. Die F.6 hatte einen Spezialtank und eine gewölbte Flügelform, die auch noch gute Operationsfähigkeit mit höherem Gewicht erlaubte.

Herkunftsland:	Großbritannien
Typ:	Allwetter-Abfangjäger, Angriffs- und Aufklärungsjäger mit Schallgeschwindigkeit
Triebwerk:	zwei 7.112 kg schwere nachbrennende Turbojets Rolls-Royce-Avon-302
Leistungen:	Höchstgeschwindigkeit 2.415 km/h bzw. Mach 2,3 in 12.190 m Höhe; Standardreichweite 1.287 km; Steigleistung 15.240 m in der Minute
Gewicht:	leer mit Ausrüstung 12.700 kg; max. Startmasse 22.680 kg
Abmessungen:	Spannweite 10,61 m; Länge 16,84 m; Höhe 5,97 m; Tragflügelfläche 35,31 qm
Bewaffnung:	zwei 30-mm-Aden-Kanonen (120 Schuss), zwei Fire-Streak- oder Red-Top-Luft-Luft-Raketen, oder fünf Vinten-360-70-mm-Kameras oder Kameras für Nachtaufklärung und Unter-/Oberflügelstationen für bis zu 144 Raketen oder sechs 454 kg-Bomben

BAC TSR.2

Man sah die TSR.2 als eine Art Ersatz für die English Electric Canberra an, entsprechend wurde sie 1957 nach den Wünschen der britischen Luftwaffe von English Electric und Vickers Armstrong als schneller tieffliegender Angriffs- und Aufklärungsjäger entworfen. Im Januar 1959 enschied man sich für die Weiterentwicklung. Das daraus hervorgegangene Flugzeug bezeugt einen großen Fortschritt hinsichtlich der Flugzelle, der Avionik, des Antriebs und der Ausrüstungstechnologie. Die XR219 flog zum ersten Mal am 27. September 1964. Es wurden insgesamt nur vier Flugzeuge gebaut.

Herkunftsland:	Großbritannien
Typ:	zweisitziger Angriffs- und Aufklärungsjäger
Triebwerk:	zwei 13.884 kg schwere Schub-Bristol-Siddeley-Olympus-320-Turbo - jets
Leistungen:	Höchstgeschwindigkeit 2.390 km/h; Höchstgeschwindigkeit 1.345 km/h in 61 m Höhe; Operationshöhe 16.460 m; Reichweite im Tiefflug 1.287 km
Gewicht:	durchschnittliche Startmasse 36.287 kg; max. Startmasse 43.545 kg
Abmessungen:	Spannweite 11,28 m; Länge 27,13 m; Höhe 7,32 m; Tragflügelfläche 65,03 qm
Bewaffnung:	bis zu 2.722 kg konventioneller oder nuklearer Waffen in einem internen Bombenschacht; vier Unterflügelstationen für bis zu 1.814 kg Waffengewicht

BAC (Vickers) VC-10 K.Mk 2

Die britische Luftwaffe erhielt 14 Flugzeuge des Typs VC-10 C. Mk 1, die aus der zivilen VC-10 und der Super VC-10 hervorgegangen waren. Das Flugzeug hatte den kurzen Rumpf der VC.10 und viele andere Details der „Super", inklusive verbesserter Turbinen, einer verstärkten Zelle, einer Finne mit intergriertem Tank, einer vergrößerten Vorderkante und einem erhöhten Bruttogewicht. Die Vorgaben der britischen Luftwaffe beinhalteten auch eine Bordturbine im Heck, eine vestärkte Kabine und eine große Ladeklappe für schwere Lasten. Die Flugzeugkabine erlaubt die Nutzung für Passagiere mit 150 nach hinten zeigenden Sitzen, eine gemischte Nutzung für Passagiere und Fracht oder reine Frachtnutzung. Dreizehn Flugzeuge wurden mit einer „fliegenden Tankanlage" ausgestattet und zwischen 1990 und 1992 wurden 13 stillgelegte Flugzeuge (der BA und East African Airways) zu Tankern umgerüstet, ebenso die Flugzeuge mit der Typenbezeichnung VC-10 K.Mk 2 und Mk 3.

Herkunftsland:	Großbritannien
Typ:	Transportflugzeug und/oder Tanker mit großer Reichweite
Triebwerk:	vier 9.888 kg schwere Rolls-Royce-Conway-Turbinenstrahltriebwerke
Leistungen:	Reisegeschwindigkeit in 9.145 m Höhe 684km/h; Dienstgipfelhöhe 12.800 m; Reichweite mit max. Zuladung 6.276 km
Gewicht:	leer 66.224 kg; max. Startmasse 146.510 kg
Abmessungen:	Spannweite 44,55 m; Länge 48,36 m; Höhe 12,04 m; Tragflügelfläche 272,38 qm

BAe (HS) Harrier GR.Mk 3

Zum größten Teil gleicht die Gr.Mk 3 Harrier der Gr.Mk 1, doch sie hat ein 9.753 kg schweres Rolls-Royce-Pegasus-103-Strahltriebwerk. Im Einsatz wurde entdeckt, dass Gr.Mk 1 bei normalen Starts mit voller Waffenzuladung zuviel Kerosin verbrauchte, daher wurde die Harrier gewöhnlich als Senkrechtstarter benutzt. Die Standardausrüstung der Gr.Mk 3 beinhaltete eine Selbsttankanlage, HUD und einen lasergesteuerten Entfernungsmesser. Seit 1970 wurden eine Staffel der Luftwaffe in Großbritannien und drei in Deutschland mit der GR.Mk 3 ausgestattet. Nach ca. zwanzig Jahren im Dienst wurden sie durch die Gr.Mk 5 und die Mk 7 ersetzt. Bemerkenswert sind die Aden-Geschütze in der Mittellinie und die halb ausgefahrene Luftbremse. Es konnten auch Vorrichtungen für Raketen angebracht werden.

Herkunftsland:	Großbritannien
Typ:	V/STOL-Versorgungs- und Aufklärungsflugzeug
Triebwerk:	ein 9.752 kg schweres Rolls-Royce-Pegasus-103-Strahltriebwerk
Leistungen:	Höchstgeschwindigkeit 1.186 km/h; Dienstgipfelhöhe über 15.240 m; Reichweite mit Selbsttankanlage 5.560 km
Gewicht:	leer 5.579 kg; max. Startmasse 11.340 kg
Abmessungen:	Spannweite 7,7 m; Länge 13,87 m; Höhe 3,45 m; Tragflügelfläche 18,68 qm
Bewaffnung:	max. Ladung von 2.268 kg unter dem Rumpf und in den Unterflügelstationen; ein 30-mm-Aden-Gewehr oder Ähnliches, mit 150 Schuss, Raketen, Bomben

BAe/McDonnell Douglas Harrier GR.Mk 7

Die aktuellste Version der Harrier im Frontdienst der britischen Luftwaffe ist die GR.Mk 7. Die Zusammenarbeit von BA und McDonnell Douglas resultierte aus dem Bedürfnis, die beschränkte Reichweite bzw. Zuladung der AV-8A, die bei der amerikanischen Marine Dienst tut, und der Harrier GR.Mk 3 zu verbessern. Das Ergebnis war ein Flugzeug, das für die jeweiligen Bedürfnisse speziell zugeschnitten war. Die GR.Mk 5 unterscheidet sich in einigem von ihrem Vorgänger. Ein breiterer Flügel aus einem speziellen Material ermöglicht eine Zuladung von 907 kg Kerosin, während umgekehrte Flügelkontrolloberflächen einen besseren Start erlauben. Die Avionik im Cockpit der GR.Mk 5 wurde mit einem beweglichen Kartenmonitor und Infra-Rot-Sensor verbessert. Zwei extra Flügelstationen für Sidewinder-Raketen können angebracht werden. Die GR.Mk 5 hatte ihr Debut im Dienst im November 1988; ihr folgte die GR.Mk 7.

Herkunftsland:	Großbritannien/USA
Typ:	V/STOL-Jäger
Triebwerk:	ein 9.866 kg schweres Rolls-Royce-Mk-105-Pegasus-Strahltriebwerk
Leistungen:	Höchstgeschwindigkeit 1.065 km/h; Dienstgipfelhöhe über 15.240 m; Kampfradius (mit 2.722 kg Waffenzuladung) 277 km
Gewicht:	leer 7.050 kg; max. Startmasse 14.061 kg
Abmessungen:	Spannweite 9,25 m; Länge 14,36 m; Höhe 3,55 m; Tragflügelfläche 21,37 qm
Bewaffnung:	zwei 25-mm-Aden-Geschütze mit 100 Schuss; sechs externe Stationen mit Aufsatz bis zu 4.082 kg (bei Senkrechtstart) oder 3.175 kg (Vertikalstart); mit AAMs, ASMs, ungelenkten oder gelenkten Bomben, Splitterbomben, Napalmtanks, Raketen-Startanlagen und ECM

BAe/McDonnell Douglas AV-8B Harrier II

Die Version AV-8B der Harrier wurde für das amerikanische Marinekorps entwickelt, das Bedarf nach einem einsitzigen Jäger hatte, der die AV-8A Harriers, die seit Mitte der 70er Jahre in Dienst standen, ablösen sollte. Der Entwurf entstand aus der Zusammenarbeit von zwei Firmen, die zunächst jede für sich versucht hatten, die Harrier zu verbessern. Die ersten vier ausgereiften Flugzeuge hatten ihren Jungfernflug am 5. November 1981. Mit dem Einsatz von Karbonfasern in vielen tragenden Teilen, mit der Vergrößerung der Abhubstärke, mit einer neu entworfenen Kontrolloberfläche, mit dem Neuentwurf des Cockpits und vorderen Rumpfes und mit zwei zusätzlichen Flügelstationen erzielten die Entwickler sehr innovative Fortschritte. Das Flugzeug trat seinen Dienst bei der US-Marine im Januar 1985 an. Die spanische Marine bedient sich einer Version der AV-8A, sie wird als AV-8G Matador bezeichnet.

Herkunftsland:	USA und Großbritannien
Typ:	V/STOL-Jäger
Triebwerk:	ein 10.796 kg schweres Rolls-Royce-F402-RR-408-Pegasus-Strahltriebwerk
Leistungen:	Höchstgeschwindigkeit 1.065 km/h; Dienstgipfelhöhe über 15.240 m; Kampfradius (mit 2.722 kg Waffenzuladung) 277 km
Gewicht:	leer 5.936 kg; max. Startmasse 14.061 kg
Abmessungen:	Spannweite 9,25 m; Länge 14,12 m; Höhe 3,55 m; Tragflügelfläche 21,37 qm
Bewaffnung:	ein 25-mm-GAU-12U-Geschütz; sechs externe Stationen mit Aufsatz bis zu 7.711 kg (Senkrechtstart) oder 3.175 kg (Vertikalstart), inklusive AAMs, ASMs, ungelenkten oder gelenkten Bomben, Splitterbomben, Napalmtanks, Raketenstartanlagen und ECM

BAe Sea Harrier FRS.Mk 1

Die Sea Harrier FRS.Mk 1 wurde zum Ausrüsten der drei „through-deck cruisers" der britischen Marine bestellt (diesen Namen hatte sich das Personal im Verteidigungsministerium für den Flugzeugträgertyp Invincible ausgedacht), die gegen eine feindliche Schiffsflotte oder auch für den Bodenangriff mit Blue-Fox-Radar und anderen Waffen ausgerüstet werden sollten. In der Zeit der landgestützten Harriers lautete die offizielle Politik, dass in Zukunft alle Kampfflieger der Royal Navy Hubschrauber sein sollten. Dadurch wurde die Entwicklung der flugzeugträgergestützen Variante bis 1975 verzögert. Durch den Einbau eines Blue-Fox-Radars wurde die Spitze länger; durch die Erhöhung des Cockpits bekam man mehr Platz für die Avionik und der Pilot einen besseren Rundumblick. Das Flugzeug wurde kurz vor dem Falklandkrieg in Dienst genommen. Das abgebildete Flugzeug ist in der Marinefarbe gestrichen.

Herkunftsland:	Großbritannien
Typ:	Mehrzweck-Jäger
Triebwerk:	ein 9.752 kg schweres Rolls-Royce-Pegasus-Mk.104-Strahltriebwerk
Leistungen:	Höchstgeschwindigkeit 1.110 km/h mit max. AAM Zuladung; Dienstgipfelhöhe 15.545 m; Abfangradius 740 km
Gewicht:	leer 5.942 kg; max. Startmasse 11.884 kg
Abmessungen:	Spannweite 7,7 m; Länge 14,5 m; Höhe 3,71 m; Tragflügelfläche 18,68 qm
Bewaffnung:	zwei 30-mm-Aden-Geschütze mit 150 Schuss, fünf externe Behälter für AIM-9-Sidewinder oder Matra-Magic-Luft-Luft-Raketen und zwei Harpoon- oder Sea-Eagle-Raketen, insgesamt bis 3.629 kg

BAe Sea Harrier FRS.Mk 2

Im Jahre 1985 begann British Aerospace im Auftrag des Verteidigungsministeriums mit einem Erneuerungsprojekt für die Flotte aus Flugzeugen des Typs FRS. Mk 1. Das vorderste Ziel des Projekts war es, der Sea Harrier die Möglichkeit zu geben, Ziele außer Sichtweite mit der neuen AIM-120-AMRAAM-Mittelstrecken-Luft-Luft-Rakete zu erreichen. Der auffallendste Unterschied besteht in der Form des vorderen Rumpfes, in dem das neu entwicklete Ferranti-Blue-Vixen-pulse-doppler-Radar eingebaut war. Zu den Erweiterungen der Avionik zählt auch ein digitaler Datenspeicher MIL 1553B, ein neu entwickeltes HUD und ein duales Head-Down-Display, ein Marconi-Sky-Guardian-Radarwarnungsempfänger und ein Datensicherungs- und Sprechverbindungssystem. Zwei zusätzliche Raketenabschussrampen und das neue Aden-25-Geschütz machten die Ausstattung komplett. Die Auslieferung der 33 umgerüsteten Flugzeuge begann im April 1992.

Herkunftsland:	Großbritannien
Typ:	Mehrzweck-Jäger
Triebwerk:	ein 9.752 kg schweres Rolls-Royce-Pegasus-Mk-106-Strahltriebwerk
Leistungen:	Höchstgeschwindigkeit 1.185km/h auf Meereshöhe mit max. AAM-Zuladung; Dienstgipfelhöhe 15.545 m; Abfangradius 185 km
Gewicht:	leer 5.942 kg; max. Startmasse 11.884 kg
Abmessungen:	Spannweite 7,7 m; Länge 14,17 m; Höhe 3,71 m; Tragflügelfläche 18,68 qm
Bewaffnung:	zwei 25-mm-Aden-Geschütze mit 150 Schuss, fünf externe Pylonen mit Aufsatz für AIM-9-Sidewinder, AIM-120-AMRAAM und zwei Harpoon- oder Sea-Eagle-Raketen, insgesamt bis 3.629 kg

BAe (HS) Hawk T.Mk 1

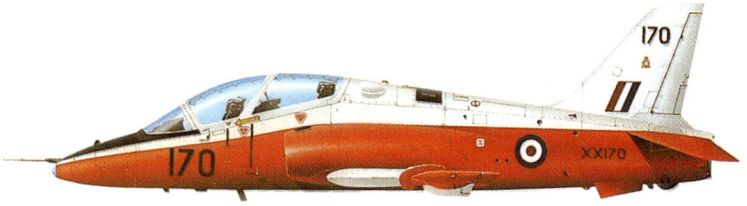

Der Hawk gehört zu den erfolgreichsten Flugzeugen Englands. Die Gründe dafür sind eine sehr lange Dienstlaufzeit der Flugzelle, ein geringes Wartungbedürfnis (das niedrigste pro Flug aller Düsenjäger überhaupt), ein relativ niedriger Verkaufspreis, eine große Auswahl der Zuladungsmöglichkieten und die Möglichkeit, ihn im Mittelstreckenflug und als Luftüberlegenheitsjäger für einen Bruchteil des Preises nutzen zu können, den stärkere Maschinen kosteten. Der Hawk war über 15 Jahre das einzige Allzweck-Kampfflugzeug der britischen Militärflotte. Der erste Prototyp flog im August 1974, und die zwei ersten einsatzfähigen Flugzeuge wurden im November 1976 übergeben. Die Konstruktion des effizienten Adour-Strahltriebwerks ist leicht modifiziert, so dass sie eine problemlose Wartung zulässt. Das Luftwaffen-Schulflugzeug wird als T.Mk 1 bezeichnet.

Herkunftsland:	Großbritannien
Typ:	zweisitziges Anfänger- und Fortgeschrittenen-Schulflugzeug
Triebwerk:	ein 2.359 kg schweres Rolls-Royce/Turbomeca-Adour-Mk-151-Strahltriebwerk
Leistungen:	Höchstgeschwindigkeit 1.038 km/h; Dienstgipfelhöhe 15.240 m; Ausdauer: 4 Stunden
Gewicht:	leer 3.647 kg; max. Startmasse 7.750 kg
Abmessungen:	Spannweite 9,39 m; Länge 11,17 m; Höhe 3,99 m; Tragflügelfläche 16,69 qm
Bewaffnung:	Unterflügel/Unterrumpfsstationen mit Aufsatz bis zu 2.567 kg

BAe (HS) Hawk T.Mk 1A

Wie auch bei ihrer Flotte von T.Mk-1-Schulflugzeugen benutzt die britische Luftwaffe dieses Flugzeug als Waffentrainer. Die taktischen Waffenabteilungen Nr. 1 und 2, die zuvor in Brawdy und Chivenor stationiert waren, wurden nun in die Flugtrainingsschule in Valley übernommen. Die T.Mk1A hat drei Pylonen, das mittlere wird normalerweise mit einem 30-mm-Aden-Geschütz bestückt, die zwei Unterflügelstationen können mit zahlreichen Waffenkombinationen ausgestattet werden, auch mit Matra-Raketen. Der Hawk ist in den unterschiedlichsten Versionen in viele verschiedene Länder exportiert worden, meistens als Jäger. 1985 wurde die Entwicklung des Hawk Mk 200 begonnen, der als einsitzige Version für den taktischen Angriff ausgelegt war. Diese Fluzeug stand bei der 1. Taktischen Waffeneinheit in Brawdy/Wales in Dienst und führte einen Tank in der Mittellinie und Raketenbasen für die Schulung mit sich.

Herkunftsland:	Großbritannien
Typ:	zweisitziger Waffentrainer
Triebwerk:	ein 2.359 kg schweres Rolls-Royce/Turbomeca-Adour-Mk-151-Strahltriebwerk
Leistungen:	Höchstgeschwindigkeit 1.038 km/h; Dienstgipfelhöhe 15.240 m; Ausdauer 4 Stunden
Gewicht:	leer 3.647 kg; max. Startmasse 7.750 kg
Abmessungen:	Spannweite 9,39 m; Länge 11,17 m; Höhe 3,99 m; Tragflügelfläche 16,69 qm
Bewaffnung:	Unterflügel-/Unterrumpfstationen mit Aufsatz bis zu 2.567 kg, Luft-Luft-Raketen auf den Flügelspitzen

BAe/McDonnell Douglas
T-45A Goshawk

Der Goshawk ist eine Weiterentwicklung des Hawk-Schulflugzeugs der British Aerrospace für die amerikanische Marine. Ein von McDonnell Douglas und der BA gemeinschaftlich entwickleter Hawk gewann eine Ausschreibung der amerikanischen Marine in den späten 70ern für ein Schulflugzeug, das von einem Flugzeugträger aus operieren kann und die Rockwell T-2 Buckeye ersetzen sollte. Dieses Flugzeug unterscheidet sich sehr von der Hawk, es hat ein starkes zweirädriges Frontgetriebe, einen Feststellhaken und Doppelluft-bremsen. Zu weiteren Änderungen zählen das nach Vorgaben der US Navy designte Cockpit und die avionischen Instrumente sowie die Standardavionik der Amerikaner. Der ökonomische Betrieb war sehr wichtig. Daher wurde eine Rolls-Royce/Turbomeca-Turbine zu diesem Zweck entwickelt. Das Flugzeug wurde von McDonnell in Missouri gebaut und trat 1990 in Dienst. Hier abgebildet: ein T-45A Goshawk der zweiten Trainingseinheit in Kingsville, Texas.

Herkunftsland:	USA
Typ:	Tandemsitziges Schulflugzeug mit Flugzeugträgerausrüstung
Triebwerk:	ein 2.651 kg schweres Rolls-Royce/Turbomeca-F-405-RR-401-Strahltriebwerk
Leistungen:	Höchstgeschwindigkeit in 2.440 m Höhe 997 km/h; Dienstgipfelhöhe 12.875 m; Tankkapazität intern 1.850 km
Gewicht:	leer 4.263 kg; max. Startmasse 5.787 kg
Abmessungen:	Spannweite 9,39 m; Länge 11,97 m; Höhe 4,27 m; Tragflügelfläche 16,69 qm

BAe (HS) Nimrod MR.Mk 2P

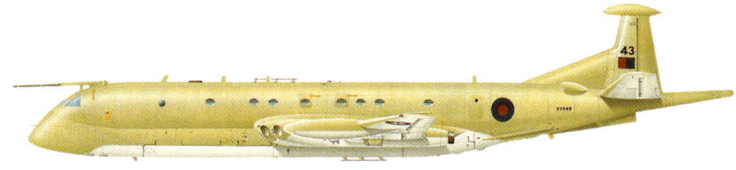

Hawker Siddeley nahm sich 1964 für den Entwurf des Nimrod den Comet 4C Airliner als Basis für ein neues Flugzeug, das die Avro Shackelton in der Seepatroullie und bei den Marinestreitkräften der britischen Luftwaffe ersetzen sollte. Die Grundform des Rumpfes wurde beibehalten, aber es kam noch ein Unterrumpfraum über die ganze Länge hinzu, um dort Radar, Waffenschächte und andere Systeme einbauen zu können. Das Flugzeug trat 1969 in Dienst und wurde ab 1979 zum MR.Mk 2P Standard mit verbesserter Avionik und besseren Waffensystemen aufgerüstet. Der Nimrods kam hauptsächlich während des Falklandkriegs zum Einsatz; ein Selbtstanksystem wurde rasch in einige Flugzeuge eingebaut, damit sie von der Insel Ascension aus operieren konnten. Die MR.Mk 2P ist noch immer im Dienst.

Herkunftsland:	Großbritannien
Typ:	Patroullien- und Seekriegsjäger
Triebwerk:	vier 5.507 kg schwere Rolls-Royce-Spey-Mk-250-Turbinenstrahl-triebwerke
Leistungen:	Höchstgeschwindigkeit 925 km/h; Dienstgipfelhöhe 12.800 m; Tankkapazität intern 9.262 km
Gewicht:	leer 39.010 kg; max. Startmasse 87.090 kg
Abmessungen:	Spannweite 35 m; Länge 39,34 m; Höhe 9,08 m; Tragflügelfläche 197,04 qm
Bewaffnung:	interner Bombenschacht mit Aufsatz für 6.123 kg, inklusive neun Torpedos- und Unterflügelstationen für Harpoon-Raketen oder ein Paar Sidewinder-Luft-Luft-Raketen

BAe (BAC) 167 Strikemaster

Der Strikemaster wurde eigentlich aus dem Jet-Provost-Schulflugzeug entwicklet, das von Hunting konstruiert worden war. Die British Aerospace schluckte Hunting 1961 und baute den Angriffsjäger BAC 145 zu einem Strikemaster um. Mit einer stärkeren Rolls-Royce-Viper-Turbine wurde der Strikemaster ein weltweiter Erfolg. Er hatte nebeneinander befindliche Schleudersitze und gute Startmöglichkeiten von jeder Oberfläche bei einer außergewöhnlichen Zuladung. Die ersten Kunden waren Saudiarabien, der Jemen, das Sultanat Oman (wo das Flugzeug gegen Rebellen eingesetzt wurde), Kuwait, Singapur, Kenia, Neuseeland und Ecuador. Das Flugzeug hat ein verstärktes Gehäuse, wodurch es sehr langlebig ist. Abgebildet ist hier ein Mk. 83 der kuwaitischen Luftwaffe mit einem Tank in der Mittellinie und Unterflügelstationen für Raketen.

Herkunftsland:	Großbritannien
Typ:	zweisitziger leichter taktischer Jäger und Schulflugzeug
Triebwerk:	eine 1.547 kg schwere Rolls-Royce-Viper
Leistungen:	Höchstgeschwindigkeit 774 km/h; Dienstgipfelhöhe 13.410 m; Kampfradius mit 1.496,88 kg Zuladung 233 km
Gewicht:	leer 2.840 kg; maximum 5.210 kg
Abmessungen:	Spannweite 11,23 m; Länge 10,27 m; Höhe 3,34 m
Bewaffnung:	zwei 7,62-mm-FN-Maschinengewehre mit 550 Schuss; vier Unterflügelstationen mit Aufsatz bis zu 1.360 kg, inklusive Raketen, Bomben, Luft-Boden-Raketen und Tanks

Bell P-59A Airacomet

Die Entwicklung von Düsenjägern begann in den USA eher spät im Vergleich zu Europa und auch nur mit Unterstützung der Briten. Im Juni 1941 erfuhren die amerikanische Regierung und General „Hap" Arnold aus der Armee von der Entwicklung der britischen Düsenturbine. Am 5. September 1941 wurde Bell Aircraft gebeten, einen Düsenjäger zu entwerfen, und im Oktober wurde nach einem Whittle Turbojet ersucht. Ein Jahr später war der Bell P-59A Airacomet mit Whittle-Turbinen, die General Electric gebaut hatte, bereit zum Flug. Die Entwicklung kam gut voran, und 12 Flugzeuge vom Typ YP-59A wurden zum Testeinsatz 1944 übergeben. Die P-59A wurde als Schulflugzeugjäger eingestuft, als klar wurde, dass sie kein effektives Frontflugzeug abgeben würde. Die Gesamtproduktion belief sich auf 66 Stück.

Herkunftsland:	USA
Typ:	einsitziger Düsenjäger, Schulflugzeug
Triebwerk:	zwei 907 kg schwere General-Electric-J31-GE-3-Turbojets
Leistungen:	Höchstgeschwindigkeit 671 km/h; Dienstgipfelhöhe 14.080 m; max. Reichweite mit zwei Reservetanks 837 km
Gewicht:	leer 3.610 kg; max. Startmasse 6.214 kg
Abmessungen:	Spannweite 13,87 m; Länge 11,63 m; Höhe 3,66 m; Tragflügelfläche 35,84 qm

Bell P-59B Airacomet

Nur 19 Flugzeuge vom Typ P-59B kamen zum Einsatz bei der 412. Staffel, die nach 1944 beauftragt worden war, die P-59A zu testen. Die P-59B unterschied sich von ihrem Vorgänger durch stärkere General-Electric-J31-GE-5-Turbojets und eine größere Treibstoffkapazität. Truppenflugzeuge wurden mit 37-mm-Geschützen, drei 127-mm-Maschinengewehren und Bombengerüsten unter den Flügeln wie bei den normalen P-59As ausgestattet. Die technischen Gutachten der amerikanischen Luftwaffe und die Erkenntnisse der Luftfahrtindustrie, die durch die Airacomets gewonnen wurden, dienten hauptsächlich dazu, den Boden für den ersten selbstentwickelten Düsenjet der USA, den P-80 Shooting Star, zu bereiten. Der P-80 trat Ende 1945 bei der 412. Staffel in Dienst. Diese P-59B war bei der amerikanischen Luftwaffe im Kontrollbetrieb und hat für den Drohnenpiloten ein offenes Cockpit in der Spitze.

Herkunftsland:	USA
Typ:	einsitziger Düsenjäger
Triebwerk:	zwei 907 kg schwere General-Electric-J31-GE-5-Turbojets
Leistungen:	Höchstgeschwindigkeit 658 km/h; Dienstgipfelhöhe 14.080 m; max. Reichweite 644 km
Gewicht:	leer 3.704 kg; max. Startmasse 6.214 kg
Abmessungen:	Spannweite 13,87 m; Länge 11,63 m; Höhe 3,66 m; Tragflügelfläche 35,84 qm
Bewaffnung:	ein 37-mm-M4-Geschütz und drei 127-mm-Maschinengewehre; Unterflügelpylonen für Bomben und Tanks

Blackburn Buccaneer S.2B

Die Blackburn B.103 war das erste Flugzeug, das speziell für einen Flugzeugträger ausgelegt war und unterhalb der Radarebene operieren sollte. Die S.1 hatte nur einen
schwachen Antrieb, aber die verbesserte Version S.2 wurde ein zuverlässiges Flugzeug. Die
ersten 84 Stück wurden von der britischen Marine bestellt. Nachdem sie sich bewährt hatten,
wurden sie ab 1969 an die britische Luftwaffe weitergegeben. Die bereits existierende S.2-
Flotte wurde einem Erneuerungsprogramm unterzogen und weitere 43 Flugzeuge geliefert.
Der Unterschied zu diesen Flugzeugen, die mit S.2B bezeichnet werden, bestand in der Möglichkeit, die Martel-anti-Radar-Rakete zu befördern. Einige wurden mit TIALD (Thermischer
Lasererkennung) ausgerüstet und am Golf eingesetzt.

Herkunftsland:	Großbritannien
Typ:	zweisitziger Jäger
Triebwerk:	zwei 5.105 kg schwere Rolls-Royce-RB.168-Spey-Mk-101-Turbinenstrahltriebwerke
Leistungen:	Höchstgeschwindigkeit in 61 m Höhe 1.040km/h; Dienstgipfelhöhe über 12.190 m; Gefechtsradius mit Waffenzuladung 3.701 km
Gewicht:	leer 13.608 kg; max. Startmasse 28.123 kg
Abmessungen:	Spannweite 13,41 m; Länge 19,33 m; Höhe 4,97 m; Tragflügelfläche 47,82 qm
Bewaffnung:	vier 454-kg-Bomben, Treibstofftanks oder Aufklärungsinstrumente auf der Innenseite einer rotierenden Geschütztür, vier Unterflügel-stationen mit Aufsatz bis zu 5.443 kg Bomben oder Raketen, inklusive Harpoon- und Sea-Eagle-Raketen und Martel-Anti-Radar-Raketen

Boeing B-52D Stratofortress

Die B-52 ist in der einen oder anderen Version seit 1955 ununterbrochen im Dienst des Strategischen Luftkommandos und wird wohl mit dem derzeitigen Modell B-52H auch ins nächste Jahrtausend gehen. Die Entwicklung dieses Flugzeugs, das seinen Ursprung in einer Turbopropmaschine hat, begann 1945. Der erste Prototyp flog am 2. Oktober 1951 und die Auslieferung der Modelle A, B, und C belief sich auf 98 Stück und begann im Juni 1955. Boeing verbesserte in einer aufwendigen Arbeit das Kontrollsystem für die Bewaffnung am Heck, vier 127-mm-Maschinengewehre für die B-52D (Modell 464-201-7). Die Firma produzierte 101 Flugzeuge des Typs B-52D in ihrer Niederlassung in Seattle, bevor die Produktion nach Wichita verlegt wurde, wo nochmals 69 fertig gestellt wurden. Die Auslieferung dieser Version begann 1956. Eigentlich sollte sie Nuklearwaffen tragen, doch nach einer Umrüstung 1964 begann man, sie mit „iron bombs" auszurüsten.

Herkunftsland:	USA
Typ:	strategischer Bomber mit langer Reichweite
Triebwerk:	acht 4.536 kg schwere Pratt-&-Whitney-J57-Turbojets
Leistungen:	Höchstgeschwindigkeit in 7.315 m Höhe 1.014 km/h; Dienstgipfelhöhe 13.720–16.765 m; Standardreichweite mit max. Zuladung 9.978 km
Gewicht:	leer 77.200–87.100 kg; beladen 204.120 kg
Abmessungen:	Spannweite 56,4 m; Länge 48 m; Höhe 14,75 m; Tragflügelfläche 371,6 qm
Bewaffnung:	ferngesteuertes Heck mit vier 127-mm-Maschinengewehren; interne Bombenkapazität 12.247 kg, inklusive aller SAC Spezialwaffen; verändert, um bis zu 31.750 kg konventioneller Waffen in externen und internen Pylonen aufzunehmen

Boeing B-52G Stratofortress

Die Version B-52G führte einige Neuerungen ein. Einen Flügel, der viel mehr Treibstoff aufnehmen konnte, stärkere Pratt-&-Whitney-J57-43W-Turbojets (in den Modellen E und F), eine kürzere Finne und eine ferngesteuerte Heckkanzel. Das Flugzeug wurde weiterhin verbessert durch ein ausgetüfteltes Navigations- und Waffensystem, das schon in den zwei vorangegangenen Versionen eingebaut war. Es konnte auch mit einem Paar amerikanischer AGM-28-Hound-Dog-Raketen ausgerüstet werden. Nach seinem ersten Flug im Oktober 1958 wurde dieses Modell im folgenden Februar an das strategische Luftwaffenkommando ausgeliefert. Insgesamt wurden 193 B-52G-Modelle gebaut, die letzten im Jahre 1960. 173 davon wurden später umgebaut, um 12 Boeing-AGM-86B-Luftlenkraketen zusätzlich zu den acht AGM-69 SRAMS oder anderen Waffen im internen Bombenschacht aufnehmen zu können.

Herkunftsland:	USA
Typ:	strategischer Bomber mit langer Reichweite
Triebwerk:	acht 6.238 kg schwere Pratt-&-Whitney-J57-P-43W-Turbojets
Leistungen:	Höchstgeschwindigkeit in 7.315 m Höhe 1.014 km/h; Dienstgipfelhöhe 16.765 m; Standardreichweite mit max. Zuladung 13.680 km
Gewicht:	leer 77.200–87.100 kg; beladen 22.150 kg
Abmessungen:	Spannweite 56,4 m; Länge 48 m; Höhe 12,4 m; Tragflügelfläche 371,6 qm
Bewaffnung:	ferngesteuertes Heck mit vier 127-mm-Maschinengewehren; interne Bombenkapazität 12.247 kg inklusive aller SAC-Spezialwaffen; externe Pylonen für zwei AGM-28B-Hound-Dog-Raketen

Boeing RB-47H Stratojet

Boeing begann mit der Jetforschung 1943, doch erst die Berücksichtigung deutscher Forschung über die Pfleilflügelform brachte das Modell 450 voran. Die Konstruktion hatte schon mehrere Stadien hinter sich, vom geraden Flügel der 424 bis zum pfleiflügeligen Model 448 mit an den Rumpf montierten Turbojets, als der letzte Entwurf von der amerikanischen Luftwaffe im Oktober 1945 gekauft wurde. Mitte der 50er Jahre war dieses Modell auf dem Höhepunkt seiner Karriere, es galt als das wohl wichtigste Militärflugzeug des Westens. 1957 waren ca. 1.800 Modelle im Dienst. Viele hundert Flugzeuge wurden für spezielle Aufgaben ausgerüstet. Davon wurden 32-RB-47H-Modelle für die elektronische Aufklärung und mit einem umgebauten Bombenschacht ausgestattet, damit mehr Ausrüstung und die Offiziere Platz hatten.

Herkunftsland:	USA
Typ:	strategischer Aufklärer
Triebwerk:	sechs 3.266 kg schwere General-Electric-J47-GE-25-Turbojets
Leistungen:	Höchstgeschwindigkeit in 4.970 m Höhe 975 km/h; Dienstgipfelhöhe 12.345 m; Reichweite 6.437 km
Gewicht:	leer 36.630 kg; max. Startmasse 89.893 kg
Abmessungen:	Spannweite 35,36 m; Länge 33,48 m; Höhe 8,51 m; Tragflügelfläche 132,66 qm
Bewaffnung:	zwei ferngesteuerte 20-mm-Geschütze im Heck

Boeing KC-135E Stratotanker

Die Familie der Düsenjäger von Boeing stammt von einem privat finanzierten Prototypen ab, der als Modell 367-80 bezeichnet wird und seinen ersten Flug im Juli 1954 machte. Nach der Auswertung und Begutachtung kaufte die amerikanische Luftwaffe 29 Flugzeuge, die für ihre doppelte Aufgabe als Tanker für das Strategische Luftkommando und als logistisches Transportflugzeug für das Military Airlift Command ausgerüstet worden waren. Die erste KC-135A kam im Juli 1965 in Renton, Washington, vom Band, von wo sie im folgenden Juni an die 93. Air Refuelling Staffel ausgeliefert werden sollte. Es wurden insgesamt 724 Flugzeuge gebaut, und als die Produktion im Januar 1965 endete, wurde beschlossen, diese Flugzeuge bis ins nächste Jahrhundert betriebsbereit zu halten; daher begann Mitte der 70er ein großes Überholungsprogramm. Das Wichtigste dabei war, der unteren Flügeloberfläche eine neue Bespannung zu verpassen.

Herkunftsland:	USA
Typ:	Selbsttankanlage, Versorgungs-, Transportflugzeug
Triebwerk:	vier 8.165 kg schwere Pratt-&-Whitney-TF33-P-5-Turbinenstrahltriebwerke
Leistungen:	Reisegeschwindigkeit in 12.192 m Höhe 853 km/h; Reichweite 4.627 km
Gewicht:	max. Startmasse 146.284 kg; max. Treibstoffzuladung 92.210 kg
Abmessungen:	Spannweite 39,88 m; Länge 41,53 m; Höhe 12,7 m; Tragflügelfläche 226,03 qm

Boeing RC-135V

Das Modell 717 von Boing (die militärische Bezeichnung der 707) ist schon für viele verschiedene Aufgaben ausgerüstet worden, darunter Aufklärung, luftgestütztes Frühwarnsystem, elektronische Überwachung, VIP-Transportflugzeug und Avioniktester. Obwohl dieses Model von der 707 abstammt, hat die RC-135V äußerlich wenig Ähnlichkeit mit dem Zivilflugzeug. Die Bezeichnung R bezeugt einen Aufklärer nach den Statuten der amerikanischen Luftwaffe; die RC-135V war die zehnte von zwölf Varianten, in denen seit Mitte der 60er Jahre elektronische Überwachung getestet wurde. Acht der RC-135V wurden aus der RC-135C umgebaut und eine aus derRC-135U. Ebenso wie mit der Seitenantenne und dem seitwärtsgerichteten luftgestützten Radar (SLAR) dieser Modelle, wurde die Maschine mit einer fingerhutartig geformten Spitze ausgestattet. Sie diente in der 55. strategischen Aufklärerstaffel.

Herkunftsland:	USA
Typ:	elektronischer Aufklärer
Triebwerk:	vier 8.156 kg schwere Pratt-&-Whitney-TF33-P-9-Turbojets
Leistungen:	Höchstgeschwindigkeit in 7.620 m Höhe 991 km/h; Dienstgipfelhöhe 12.375 m; Reichweite 4.305 km
Gewicht:	leer 46.403 kg; max. Startmasse 124.965 kg
Abmessungen:	Spannweite 39,88 m; Länge 41,53 m; Höhe 12,7 m; Tragflügelfläche 226,03 qm

Canadair CF-5 Freedom Fighter

Als die kanadische Regierung die Northrop F-5 für ihre Luftwaffe auswählte, sollte die Canadair Ltd in Montreal das Flugzeug in Lizenz in zwei Versionen bauen, die einsitzige CF-5A-Version und die CF-5D-Tandemsitz-Version. Canadair konnte einige fortschrittliche Neuerungen einbringen, die Wichtigste ist der Einbau von besseren Turbinen im Vergleich zum amerikanischen Modell. Die Reichweite des Flugzeugs wurde durch den Einbau einer Selbsttankanlage erweitert. Canadair konnte diese Flugzeug erfolgreich in mehrere Länder exportieren, darunter auch die Niederlande. 1987 bekam Bristol Aerospace einen Vertrag für die Erneuerung des Modells 56 CF-5A/D zu einem Schulflugzeug für die kanadische Luftwaffe. Dieses Programm erreichte die Verlängerung der Lebensdauer einer Flugzelle um 4.000 Stunden und, zusammen mit anderen Neuerungen, sollte es möglich sein, dieses Flugzeug auch noch im nächsten Jahrtausend zu nutzen.

Herkunftsland:	USA und Kanada
Typ:	leichter Angriffsjäger
Triebwerk:	zwei 1.950 kg schwere Orenda (General Electric)-J85-CAN-15-Turbojets
Leistungen:	Höchstgeschwindigkeit in 10.970 m Höhe 1.575 km/h; Dienstgipfelhöhe 15.500 m; Kampfradius bei max. Zuladung 314 km
Gewicht:	leer 3.700 kg; max. Startmasse 9.249 kg
Abmessungen:	Spannweite 7,87 m; Länge 14,38 m; Höhe 4,01 m; Tragflügelfläche 15,79 qm
Bewaffnung:	zwei 20-mm-M39-Geschütze, Unterflügelstationen mit Aufsatz für zwei AIM-9-Sidewinder-AAM, Kanonen, Raketen und Bomben

Canadair CL-41G-5 Tebuan (CL-41 Tutor)

Der Tutor ist für über 30 Jahre ein Klassiker unter den Schulflugzeugen der kanadischen Luftwaffe gewesen. Im Einsatz kennt man das Flugzeug als CT-114. Es repräsentiert einen bedeutenden Fortschritt für die kanadische Luftfahrtindustrie, denn es ist das erste Flugzeug, das ausschließlich in Kanada entwickelt und gebaut wurde. Die ersten Entwicklungsschritte wurde von der Firma privat bezahlt, da die kanadische Regierung zunächst kaum Interesse zeigte. Zwei Prototypen, die mittels des Pratt-&-Whitney-JT12-A5-Turbojet angetrieben wurden, wurden produziert. Produktionsbeispiele wurden mit der General Electric CJ610 ausgestattet, die in Kanada als J85-CAN-40 gebaut wurde. Es wurden Aufträge für 190 Flugzeuge erteilt, davon waren 20 die stark abgeänderte Modelle CL-41G-5 Tebuan für Malaysia. Der größte Teil der kanadischen Flugzeuge ist heute bei der 2. Flugtrainingsschule in Moose Jaw in Saskatchewan stationiert.

Herkunftsland:	Kanada
Typ:	zweisitziges Schulflugzeug
Triebwerk:	ein 1.338 kg schwerer Orenda (General Electric)-J85-CAN-40-Turbojet
Leistungen:	Höchstgeschwindigkeit 797 km/h; Dienstgipfelhöhe 13.100 m; Standardreichweite 1.000 km
Gewicht:	leer 2.220 kg; max. Startmasse 3.532 kg
Abmessungen:	Spannweite 11,13 m; Länge 9,75 m; Höhe 2,76 m; Tragflügelfläche 20,44 qm
Bewaffnung:	sechs externe Stationen mit Aufsatz für bis zu 1.814 kg Waffenzuladung

Canadair Sabre Mk 4

Italien zählte zu den Ländern, die die amerikanische Sabre in Dienst gestellt hatten. Fiat baute in Lizenz 221 Flugzeuge der F-86K Version für die italienische Luftwaffe. Dieses Flugzeug hier ist jedoch eine Sabre Mk 4 (F-86E), eine von 430 Stück, die von der Firma Canadair mit Geldern aus dem Mutual-Defense-Assistance-Programm, die dazu bestimmt waren, die Jagdstaffel der britischen Luftwaffe neu auszurüsten, gebaut wurde. Die Maschine wurde später mit längeren Leitlinien ausgestattet und an Italien weitergegeben. Auch Jugoslawien, Griechenland und die Türkei übernahmen mehrere. Die Mk 4 hatte nicht wie die kanadischen Sabres Mk 5 und Mk 6, die mit dem in Lizenz gebauten Orenda-Turbojet angetrieben wurden, die originale General-Electric-Turbine. In jeder anderen Hinsicht war die Mk 4 genauso wie die F-86E, inklusive eines „All-Flying"-Hecks.

Herkunftsland:	USA/Kanada
Typ:	einsitziger Jagdbomber
Triebwerk:	ein 2.358 kg schwerer General-Electric-J47-GE-13-Turbojet
Leistungen:	Höchstgeschwindigkeit 1.091 km/h; Dienstgipfelhöhe 15.240 m; Reichweite 1.344 km
Gewicht:	leer 5.045 kg; bei max. Zuladung 9.350 kg
Abmessungen:	Spannweite 11,3 m; Länge 11,43 m; Höhe 4,47 m; Tragflügelfläche 27,76 qm
Bewaffnung:	sechs 127-mm-Colt-Browning-M-3 mit 267 Schuss, Unterflügelstationen für zwei Tanks von 454 kg und acht Raketen

Canadair Sabre Mk 6

C anadair blieben bei ihrem Geschäft mit der Sabre durch den Bau der Mk 5 (370 Stück) und die Mk 6 (655 Stück). Die Mk 5 hatte eine Besonderheit, die bereits in den USA produziert wurde, nämlich die 6-3-Leitlinie, die den Flügel um 15,24 cm und die Flügelspitze um 7,62 cm verkürzte. Die Modifizierung erhöhte die Wendigkeit im Gefecht bei Höchstgeschwindigkeit. Die südafrikanische Luftwaffe, die die F-86E während des Koreakrieges geflogen war, kaufte 34 Flugzeuge der Version Mk 6 mit einer 3.300 kg schweren Orenda-Turbine. Dieses Flugzeug wurde von der südafrikanischen Luftwaffe bis zur Umrüstung auf die Mirages F1CZ und F1AZ in den 70er Jahren geflogen. Das abgebildete Flugzeug diente in der 1. Staffel. Die Commonwealth Aircraft Corporation in Australien war ebenfalls an der Sabre-Produktion beteiligt.

Herkunftsland:	USA/Kanada
Typ:	einsitziger Jagdbomber
Triebwerk:	ein 3.300 kg schwerer Orenda-14-Turbojet
Leistungen:	Höchstgeschwindigkeit 1.091 km/h; Dienstgipfelhöhe 15.240 m; Reichweite 1.344 km
Gewicht:	leer 5.045 kg; mit max. Zuladung 9.350 kg
Abmessungen:	Spannweite 11,3 m; Länge 11,43 m; Höhe 4,47 m; Tragflügelfläche 27,76 qm
Bewaffnung:	sechs 127-mm-Colt-Browning-M-3 mit 267 Schuss, Unterflügelstationen für zwei Tanks von 454 kg und acht Raketen

CASA C-101EB-01 Aviojet (E.25 Mirlo)

Die C-101 wurde von der spanischen Firma CASA (Construcciones Aeronauticas SA) seit Mitte der 70er Jahre als Ersatz für das Hispano-HA.200-Schulflugzeug entwickelt, das im Dienst der spanischen Luftwaffe stand. Northrop und MBB assistierten bei der Konstruktion, und viele Teile kamen von ausländischen Vertragspartnern, inklusive des von Dowty gebauten Fahrgestells, Schleudersitzen von Martin-Baker, ein Garrett-AirResearch-Strahltriebwerk und ein Flugkontrollsystem von Sperry. Der erste Flug wurde im Juni 1977 durchgeführt. Die Auslieferung der Serienproduktion an die spanische Luftwaffe begann 1980 mit 92 Flugzeugen. Nach 1990 verbesserte die CASA das Waffensystem in der C-101 in der Hoffnung auf steigende Exportaufträge. Es gingen Bestellungen von Honduras für 4 C-101BB, von Chile (für ein als T-36 bezeichnetes Lizenzprodukt sowie eine verbesserte und A-36 genannte C-101CC) und von Jordanien ein, deren C-101CC bis heute im Dienst steht.

Herkunftsland:	Spanien
Typ:	zweisitziges Schulflugzeug
Triebwerk:	ein 1.588 kg schweres Garrett-AiResearch-TFE731-2-2J-Strahltriebwerk
Leistungen:	Höchstgeschwindigkeit in 6.095 m Höhe 806km/h; Dienstgipfelhöhe 12.800 m; Ausdauer 7 Stunden
Gewicht:	leer 3.470 kg; max. Startmasse 4.850 kg
Abmessungen:	Spannweite 10,6 m; Länge 12,5 m; Höhe 4,25 m; Tragflügelfläche 20 qm
Bewaffnung:	ein 30-mm-DEFA-Geschütz; sechs externe Stationen mit Aufsatz für bis zu 2.000 kg, inklusive Raketenbehältern, Raketen, Bomben und Tanks

Cessna A-37B Dragonfly

Die 318E ist eine Entwicklung eines Cessna Models (T-37), eines der Schulflugzeuge, die die USA in den 50er und 60er Jahren für ihr Pilotentraining benutzte. 1962 wurden zwei T-37 Modelle vom Special Warfare Centre der amerikanischen Luftwaffe für einen möglichen Einsatz als Verteidiger untersucht. Daraufhin wurde das Flugzeug so weit umgebaut, dass es mit Turbinen angetrieben werden konnte, die mehr als die doppelte Leistung als die in das Original eingebaute Continental J69-T-25 brachten und eine höhere Waffenzuladung ermöglichten. Man bat Cessna im Jahr 1966 darum, 39 T-37-Modelle vom Band für einen Einsatz als leichtes Kampfflugzeug umzurüsten. Es sollte mit acht Unterflügelstationen, Flügelspitzentanks und leistungsfähigeren Turbinen augesrüstet werden. Die Auslieferung begann im Mai 1967. Die A-37B konnte mehr Kerosin zuladen und hatte eine Selbsttankanlage.

Herkunftsland:	USA
Typ:	leichter Kampf- und Aufklärungsjäger
Triebwerk:	zwei 1.293 kg schwere General-Electric-J85-GE-17A-Turbojets
Leistungen:	Höchstgeschwindigkeit in 4.875 m Höhe 816 km/h; Dienstgipfelhöhe 12.730 m; Reichweite mit 1.860 kg Zuladung 740 km
Gewicht:	leer 2.817 kg; max. Startmasse 6.350 kg
Abmessungen:	Spannweite inklusive Flügeltanks 10,93 m; Länge 8,62 m; Höhe 2,7 m; Tragflügelfläche 17,09 qm
Bewaffnung:	ein 7,62-mm-GAU-2-Minigun-sechs-Trommel-Maschinengewehr, acht Unterflügelstationen mit Aufsatz für über 2.268 kg, inklusive Bomben-, Raketen- und Kanonenbehältern, Napalmtanks

Chance Vought F7U-1 Cutlass

Die Cutlass wurde 1946 entworfen, als die aerodynamischen Bestimmungen für Düsenjäger durch neuere deutsche Forschung umgestürzt wurden. Der Entwurf umfasste einen
um 38 Grad geschwungenen Pfeilflügel, Luftbremsen und Leitlinienlandeklappen über die
gesamte Flügellänge. Die gesamten Neuerungen in der Konstruktion des Rumpfes waren für
diese Zeit schon sehr fortschrittlich, ebenso wie der Einbau einer Nachbrenner-Turbine, eines
automatischen Stabilisierungssystems und Kontrollen mit einer künstlichen Rückmeldung.
Drei Prototypen der XF7U-1 wurden gebaut, der erste flog am 29. September 1949. Nachdem
gerade 14 F7U-1-Modelle fertiggestellt worden waren, wurde die Produktion angehalten und
Veränderungen am Entwurf vorgenommen. Doch die F7U-2 litt unter bedeutenden Antriebs-
schwierigkeiten, und die endgültige Produktionsversion, die F7U-3 und die mit Raketen bewaffnete 3M hatten keine Turbinen mit Nachbrenner.

Herkunftsland:	USA
Typ:	flugzeugträgerstationierter Jagdbomber
Triebwerk:	zwei 1.905 kg schwere Westinghouse-J34-32-Turbojets
Leistungen:	Höchstgeschwindigkeit 1.070 km/h; Dienstgipfelhöhe 12.500 m; Kampfradius mit max. Treibstoff 966 km
Gewicht:	leer 5.385 kg; max. Startmasse 7.640 kg
Abmessungen:	Spannweite 11,78 m; Länge 12,07 m; Höhe 3 m; Tragflügelfläche 46,08 qm
Bewaffnung:	vier 20-mm-M-2-Geschütze

Convair B-58A Hustler

Die B-58 ist in vielerlei Hinsicht ein historisches Flugzeug. Es war der erste Bomber mit Schallgeschwindigkeit, der Mach 2 erreichte und die erste Maschine, die fast ausschließlich aus einem rostfreien Stahlhonigwabensandwich gebaut wurde. Ferner war es das erste mit einem schmalen Körper, aber so geschickt angebrachtem Zuladebehälter, dass der Abwurf der Ladung das Flugzeug immer schmaler und leichter machte. Darüber hinaus hatte es als erstes Flugzeug eine nach den Sternen ausgerichtete Trägheitsnavigation und das Waffensystem wurde ausschließlich vom Hauptzulieferer produziert. Die Realisierung der technischen Details war schwierig, und doch wurde das Flugzeug in erstaunlicher Schnelligkeit und mit großem Erfolg entwickelt. Nach dem Erstflug am 11. November 1956 wurde es noch drei Jahre weiter perfektioniert, bis das erste Serienflugzeug im September 1959 zur Auslieferung kam. Im März 1960 trat es seinen Dienst im Strategischen Luftkommando an.

Herkunftsland:	USA
Typ:	dreisitziger Bomber mit Überschallgeschwindigkeit
Triebwerk:	vier 7.076 kg schwere General-Electric-J79-5B-Turbojets
Leistungen:	Höchstgeschwindigkeit 2.125 km/h; Dienstgipfelhöhe 19.500 m; Tankkapazität intern 8.248 km
Gewicht:	leer 25.200 kg; max. Startmasse 73.930 kg
Abmessungen:	Spannweite 17,31 m; Länge 29,5 m; Höhe 9,6 m; Tragflügelfläche 145,32 qm
Bewaffnung:	ein 20-mm-T171-Vulcan rotierendes Geschütz plus Nuklear- oder konventionelle Waffen in einem Unterrumpfbehälter

Convair F-102 Delta Dagger

I m Jahr 1948 flog Convair den ersten Düsenjäger mit Deltaflügeln, die XF-92A, die Teil eines Programms war, das zu einem Überschallgeschwindigkeitsjäger führen sollte. Doch später brachte die amerikanische Luftwaffe eine Ausschreibung für einen fortgeschrittenen Allwetter-Abfangjäger heraus, der das wuchtige elektronische Kontrollsystem von Hughes, Modell MX-1179 aufnehmen sollte. Das unterwarf den flugzeugträgergestützten Jäger seiner Avionik, in den frühen 50er Jahren ein radikales Konzept. Der Vertrag wurde bei sechs Flugzellenproduzenten ausgeschrieben, und die Convair bekam im September 1961 den Zuschlag. Doch das ECS System von Hughes konnte nicht rechtzeitig geliefert werden und wurde auf das Programm des Modells F-106 verschoben. Die frühen Flugtests der F-102 waren enttäuschend, doch nachdem endlich der Entwurf stimmte, wurden 875 Stück ausgeliefert.

Herkunftsland:	USA
Typ:	einsitziger Allwetter-Abfangjäger mit Überschallgeschwindigkeit
Triebwerk:	ein 7.802 kg schwerer Pratt-&-Whitney-J57-P-23-Turbojet
Leistungen:	Höchstgeschwindigkeit in 10.970 m Höhe 1.328 km/h; Dienstgipfelhöhe 16.460 m; Reichweite 2.172 km
Gewicht:	leer 8.630 kg; max. Startmasse 14.288 kg
Abmessungen:	Spannweite 11,62 m; Länge 20,84 m; Höhe 6,46 m; Tragflügelfläche 61,45 qm
Bewaffnung:	zwei AIM-26/26A-Falcon-Raketen oder eine AIM-26/26A plus zwei AIM-4A-Falcons oder eine AIM-26/26A plus zwei AIM-4C/D oder sechs AIM-4A oder sechs AIM-4C/D

Convair F-106 Delta Dart

Die F-106 war eigentlich als F-102B entworfen worden, um die Verbindung mit dem Delta Dagger deutlich zu machen. Das Flugzeug wurde ursprüglich als integrales Waffensystem konzipiert, in dem jede Einheit (Flugzelle, Waffen etc.) in ein kompatibles System integriert werden konnte. Zentral war hier die elektronische Waffenkontrolle. Man hatte gehofft, dieses schon beim Delta Dagger realisieren zu können, doch Verspätungen im Entwicklungprogramm bedeuteten, dass das ECS erst 1955 fertig gestellt werden konnte. Das F-106 Programm wurde durch Turbinenprobleme verzögert, und die ersten Flugtests waren enttäuschend. Das von Hughes entworfenen MA-1 ECS erfüllte nicht die Erwartungen. Das Flugzeug konnte im Oktober 1959 endlich in den Dienst genommen werden und wurde, in mehreren verbesserten Versionen, bis 1988 genutzt.

Herkunftsland:	USA
Typ:	leichter Kampf- und Aufklärungsjäger
Triebwerk:	zwei 1.293 kg schwere General-Electric-J85-GE-17A-Turbojets
Leistungen:	Höchstgeschwindigkeit in 4.875 m Höhe 816 km/h; Dienstgipfelhöhe 12.730 m; Reichweite mit 1.860 kg Zuladung 740 km
Gewicht:	leer 2.817 kg; max. Startmasse 6.350 kg
Abmessungen:	Spannweite inklusive Flügeltanks 10,93 m; Länge 8,62 m; Höhe 2,7 m; Tragflügelfläche 17,09 qm
Bewaffnung:	ein 7,62-mm-GAU-2-Minigun-sechs-Trommel-Maschinengewehr, acht Unterflügelstationen mit Aufsatz für über 2.268 kg, inklusive Bomben-, Raketen- und Kanonenbehälter, Napalmtanks

Dassault/Dornier Alpha Jet A

Die Erkenntnis, dass der Jaguar für ein Schulflugzeug zu weit entwickelt und zu kostspielig war, brachte die französische Luftwaffe dazu, 1967 ein neues Schulflugzeug auszuschreiben (ursprünglich war der Jaguar als solches ausgeschrieben worden). Das Flugzeug sollte auch als Erdkampfwaffe eingesetzt werden können. Als bekannt wurde, dass die deutsche Luftwaffe ein ähnliches Bedürfnis hatte, entschlossen sich die beiden Regierungen am 22. Juli 1969, eine gemeinsame Ausschreibung herauszugeben. Nach einem Entwurf von Dassault/Dornier wurde am 24. Juli 1970 bekannt gegeben, dass der Alpha Jet für die Produktion ausgewählt worden war. Die Auslieferung des ersten von 176 Alpha Jet A (Appui) für die Luftwaffe Deutschlands begann 1979. Die Version A lässt sich gut an der spitzen Nase erkennen, die des Schulflugzeugs ist nicht so auffällig.

Herkunftsland:	Frankreich und Deutschland
Typ:	zweisitziger leichter Kampf- und Aufklärungsjäger
Triebwerk:	zwei 1.350 kg schwere Turbomeca-Larzac-04-Turbinenstrahl-triebwerke
Leistungen:	Höchstgeschwindigkeit 927 km/h; Dienstgipfelhöhe 14.000 m Kampfradius 583 km
Gewicht:	leer 3.515 kg; max. Startmasse 8.000 kg
Abmessungen:	Spannweite 9,11 m; Länge 13,23 m; Höhe 4,19 m; Tragflügelfläche 17,5 qm
Bewaffnung:	ein 27-mm-IWKA-Mauser-Geschütz, fünf Rumpfstationen mit Aufsatz für bis zu 2.500 kg

Dassault/Dornier Alpha Jet E

Es gibt zwei Grundformen des Alpha Jet, den oben stehenden Jäger und das zweisitzige Schulflugzeug, das ursprünglich für die französische Luftwaffe produziert worden war. Der dem Jäger äußerlich sehr ähnliche Typ E (Ecole) wurde durch die Fouga Magister und Dassault Mystère als Anfänger- und Fortgeschrittenen-Schulflugzeug der französischen Luftwaffe ersetzt. Für alle Flugzeuge entstanden die äußeren Flügelteile, das Heck, der hintere Rumpf und die Fahrgestellklappen in Deutschland; der vordere und mittlere Rumpf wurden in Frankreich produziert. Ein Teil der Arbeiten wurde an eine belgische Firma abgegeben. Der Alpha Jet hatte seinen ersten Flug am 26. Oktober 1973 in Istres. Der Alpha Jet 3 ist eine Weiterentwicklung der Ecole, ausgestattet mit Cockpitkontrolle und vielseitigen Displays, die zum Training im Angriff und für die Navigation verwendet werden.

Herkunftsland:	Frankreich und Deutschland
Typ:	zweisitziges Fortgeschrittenen-Schulflugzeug
Triebwerk:	zwei 1.350 kg schwere Turbomeca-Larzac-04-Turbinenstrahl-triebwerke
Leistungen:	Höchstgeschwindigkeit 927 km/h; Dienstgipfelhöhe 14.000 m; Tiefflug-Training 540 km
Gewicht:	leer 3.345 kg; normale Startmasse 5.000 kg
Abmessungen:	Spannweite 9,11 m; Länge 11,75 m; Höhe 4,19 m; Tragflügelfläche 17,5 qm

Dassault M.D. 450 Ouragan

Im 2. Weltkrieg wurde die französische Luftfahrtindustrie fast völlig zerstört. Wärend der Zeit der Neuerungen durch die Entwicklung des Düsenantriebs musste sie ganz neu aufgebaut werden. Die meisten Firmen in der verstaatlichten Flugzeugindustrie konnten keines ihrer Flugzeuge in Serienproduktion schicken, doch die Privatfirma Dassault schaffte es, den Grundstein für eine Generation ausdauernder und erfolgreicher Jäger zu legen. Flugzeuge wie die Mirages, Etendards, Mystères und Rafales stammen alle von der einfachen, konventionell gebauten, aber hoch effektiven Ouragan (Hurricane) aus dem Jahr 1949 ab. Der erste, noch unbewaffnete Prototyp wurde von einem in Lizenz gebauten britischen Rolls-Royce-Nene-Turbojet angetrieben und flog zum ersten Mal am 28. Februar 1949. Ausgestattet mit einem Cockpit mit Druckausgleich und Tanks an der Flügelspitzen, traten die ersten 150 in Serie produzierten Flugzeuge 1952 in Dienst.

Herkunftsland:	Frankreich
Typ:	einsitziger Jäger
Triebwerk:	ein 2.300 kg schwerer Hispano-Suiza-Nene-104B-Turbojet
Leistungen:	Höchstgeschwindigkeit 940 km/h; Dienstgipfelhöhe 15.000 m; Reichweite 1.000 km
Gewicht:	leer 4.150 kg; max. Startmasse 7.600 kg
Abmessungen:	Spannweite zwischen den Außentanks 13,2 m; Länge 10,74 m; Höhe 4,15 m; Tragflügelfläche 23,8 qm
Bewaffnung:	vier 20-mm-Hispano-404-Geschütze; Unterflügelstationen für zwei 434-kg-Bomben, sechzehn 105-mm-Raketen oder acht Raketen und zwei 458-Liter-Napalmtanks

Dassault Mystère IIC

Die erste Mystère war hauptsächlich ein M.D 450 Ouragan mit 30-Grad-Neigung der Flügel und des Hecks. Dieses Flugzeug mit der Bezeichnung Mystère I trat seinen ersten Flug im Februar 1951 an. In den folgenden zwei Jahren wurden acht weitere Prototypen gebaut und geflogen. Das ursprügliche Flugzeug wurde noch von der Rolls-Royce Nene angetrieben, doch die endgültige Version hatte eine (von Hispano Suiza) in Lizenz gebaute Variante der Tay an Bord. Die vor der Serienproduktion gebauten Flugzeuge waren mit der französischen Ataraxial-Turbine ausgestattet, die erste Gasturbine, die in Frankreich für den Antrieb eines Militärflugzeug genutzt wurde. Im April 1953 bestellte die Luftwaffe 150 dieser Jäger, von denen letztendlich 180 gebaut wurden, davon 156 für Frankreich und 24 für Israel (die jedoch nie ausgeliefert wurden). Seine Dienstkarriere war kurz, doch die Maschine erlangte einige Bedeutung als das erste Kampfflugzeug mit Pfeilflügeln, das in Europa produziert wurde.

Herkunftsland:	Frankreich
Typ:	einsitziger Jagdbomber
Triebwerk:	ein 3.000 kg schwerer SNECMA-Atar-101D3-Turbojet
Leistungen:	Höchstgeschwindigkeit 1.060 km/h; Dienstgipfelhöhe 13.000 m; Reichweite 1.200 km
Gewicht:	leer 5.250 kg; beladen 7.450 kg
Abmessungen:	Spannweite 13,1 m; Länge 11,7 m; Höhe 4,25 m
Bewaffnung:	zwei 30-mm-Hispano-603-Geschütze mit je 150 Schuss

Dassault Mystère IVA

Obwohl sie weitestgehend der IIer Serie gleicht, ist die IVA doch ein völlig neues Flugzeug. Die beiden Typen haben kaum einen gleichen Strukturteil. Der Flügel der IV war schmaler, schärfer geschwungen und verstärkt. Rumpf und Heck waren Neuentwicklungen, und der Pilot konnte sich einer Steuerungskontrolle erfreuen. Die amerikanische Luftwaffe testete den Prototyp, der am 28. September 1952 das erste Mal als M.D 454-01 flog und bereits im April 1953 einen Vertrag über 225 Serienflugzeuge einbrachte. Die ersten 50 Serienflugzeuge wurden mit einer Rolls-Royce-Tay-Turbine angetrieben, die anderen hatten eine Hispano Suiza Verdon 350 an Bord. Von Israel und Indien kamen Exportaufträge. Das französische Flugzeug wurde im Suezkonflikt 1956 eingesetzt. Einige Versionen wurden mit Radar und Tandemcockpit ausgestattet.

Herkunftsland:	Frankreich
Typ:	einsitziger Jagdbomber
Triebwerk:	ein 2.850 kg schwerer Hispano-Suiza-Tay-250A-Turbojet oder ein 3.500 kg schwerer Hispano-Suiza-Verdon-350-Turbojet
Leistungen:	Höchstgeschwindigkeit 1.120 km/h; Dienstgipfelhöhe 13.750 m; Reichweite 1.320 km
Gewicht:	leer 5.875 kg; beladen 9.500 kg
Abmessungen:	Spannweite 11,1 m; Länge 12,9 m; Höhe 4,4 m
Bewaffnung:	zwei 30-mm-DEFA-551-Geschütze mit 150 Schuss, vier Unterflügelstationen mit Aufsatz für bis zu 907 kg, inklusive Tanks, Raketen oder Bomben

Dassault Super Mystère B2

Die Super Mystère wurde aus der mit einer Rolls-Royce Avon angetriebenen Version der Mystère IV, bekannt als IVB, weiterentwickelt. Die Mystère IVB war ein großer Fortschritt, mit integrierten Tanks und einem Radarsichtgerät in der Spitze. Dieses Flugzeug markierte einen weiteren Meilenstein auf dem Weg zu der schwereren, größeren und stärkeren SMB.2, die eine neue Flügelform mit einer 30-Grad-Neigung einführte und die Aerodynamik von der amerikanischen F-100 Super Sabre nachahmte. Auch die flache Spitze ist in Anlehnung an den amerikanischen Jäger entstanden. Obwohl die erste SMB.2 mit der Rolls Royce Avon RA.7R flog, wurden die Serienmuster mit der Atar 101G ausgestattet. Auf ihrem vierten Flug übertraf die SMB.2-01 mit der Avon Mach 1 im ebenen Flug und wurde dann das erste Flugzeug mit Überschallgeschwindigkeit, das in die Serienproduktion ging.

Herkunftsland:	Frankreich
Typ:	einsitziger Jagdbomber
Triebwerk:	ein 4.460 kg schwerer SNECMA-Atar-101-G-2/-3-Turbojet
Leistungen:	Höchstgeschwindigkeit in 12.000 m Höhe 1.195 km/h; Dienstgipfelhöhe 17.000 m; Reichweite 870 km
Gewicht:	leer 6.932 kg; max. Startmasse 10.000 kg
Abmessungen:	Spannweite 10,52 m; Länge 14,13 m; Höhe 4,55 m; Tragflügelfläche 35 qm
Bewaffnung:	zwei 30-mm-DEFA-551-Geschütze, interne Matra-Rampen für 35 SNEB-68-mm-Raketen, zwei Unterflügelstationen mit Aufsatz für bis zu 907 kg, inklusive Tanks, Raketen oder Bomben

Dassault Etendard IVP

Die Dassault Etendard wurde nach einer Ausschreibung der NATO für einen leichten Jäger mit Überschallgeschwindigkeit, der auch von nichtasphaltierten Startbahnen aus operieren konnte, entworfen. Die NATO gab des Weiteren vor, dass der Antrieb eine 2.199,96-kg-Bristol-Orpheus-Turbine sein sollte. Dies wurde in der Etendard VI verwirklicht. Doch schon bald wurde klar, dass das Flugzeug damit zu wenig Antrieb hatte. Marcel Dassault entschied sich dafür, mit eigenem Geld die Entwicklung eines Flugzeugs für die Atar-Turbine zu finanzieren. Den Zuschlag von der NATO erhielt dann die Fiat G91, doch die Etendard IV von Dassault zog die Aufmerksamkeit der französischen Marine auf sich und ging in zwei Versionen in die Produktion: als IVM Jäger und IVP Aufklärer. Beide Typen gingen 1962 in Dienst. Die IVM wurde zum Standardjäger auf den Flugzeugträgern Foch und Clemenceau und war mit einem einziehbaren Lufttankstutzen ausgestattet.

Herkunftsland:	Frankreich
Typ:	einsitziger flügzeugträgergestützter Kampf- und Abfangjäger
Triebwerk:	ein 4.400 kg schwerer SNECMA-Atar-8B-Turbojet
Leistungen:	Höchstgeschwindigkeit 1.180 km/h im Tiefflug; Dienstgipfelhöhe 15.000 m; max. Reichweite 1.700 km
Gewicht:	leer 5.800 kg; max. Startmasse 12.000 kg
Abmessungen:	Spannweite 9,6 m; Länge 14,31 m; Höhe 3,86 m; Tragflügelfläche 28,4 qm
Bewaffnung:	zwei 30-mm-DEFA-Geschütze mit 150 Schuss, fünf externe Stationen mit Aufsatz für bis zu 1.360 kg, inklusive Nuklearwaffen

Dassault Super Etendard

In den 60er Jahren hatte man noch erwartet, dass die Etendard-Staffel ungefähr 1971 durch eine extra entwickelte Trägerversion des Jaguars ersetzt werden würde. Die französische Marine wies dies aus politischen und finanziellen Gründen jedoch zurück und nahm den Vorschlag von Dassault für eine verbesserte Version der Etendard an. Bei dem neuen Flugzeug wurde die gesamte Struktur neu entworfen, ihm wurde ein neuer Antrieb verpasst, ein Trägheitsnavigationssystem und andere aufgerüstete Avionik eingebaut. Der erste Prototyp flog am 3. Oktober 1975, und die ersten Auslieferungen begannen im Juni 1978 an die Aeronavale. Im November 1981 wurden 14 Super Etendards an Argentinien verkauft. Die Flugzeuge im französischen Dienst sollen im Jahr 2005 durch die Rafale ersetzt werden, und derzeit läuft ein Aufrüstungsprogramm der Streitkräfte.

Herkunftsland:	Frankreich
Typ:	einsitziger flugzeugträgergestützter Kampf- und Abfangjäger
Triebwerk:	ein 5.000 kg schwerer SNECMA-Atar-8K-50-Turbojet
Leistungen:	Höchstgeschwindigkeit 1.180 km/h im Tiefflug; Dienstgipfelhöhe 13.700 m; Kampfradius 850 km
Gewicht:	leer 6.500 kg; max. Startmasse 12.000 kg
Abmessungen:	Spannweite 9,6 m; Länge 14,31 m; Höhe 3,86 m; Tragflügelfläche 28,4 qm
Bewaffnung:	zwei 30-mm-DEFA-553-Geschütze mit 125 Schuss, fünf externe Stationen mit Aufsatz für bis zu 2.100 kg, inklusive Nuklearwaffen, Exocet- und Martin-Pescador-Luft-Boden-Raketen, Magic-Luft-Luft-Raketen, Bomben und Raketen, Auftank- und Aufklärungsbehälter

Dassault Mirage IIIEA

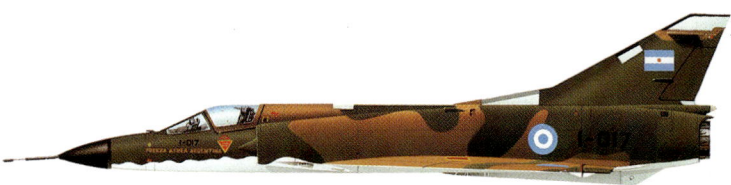

Der früheste Prototyp war 1952 für eine Ausschreibung der französischen Luftwaffe für einen leichten Abfangjäger entwickelt worden. Wieder einmal fand Dassault den Antrieb unzureichend und produzierte ein größeres, schwereres und stärkeres Flugzeug, die Mirage III. Im Oktober 1958 wurde die vorproduzierte Mirage IIIA-01 der erste westeuropäische Jäger, der Mach 2 erreichte. Die Produktionsversion wurde als IIIC bezeichnet. Sie war wahlweise mit Kanonen oder einer Startrakete für einen schnelleren Anstieg erhältlich. Insgesamt wurden 244 Modelle an die französische Luftwaffe, Südarfika und Israel ausgeliefert. Aus diesem Modell ging die längere und schwerere IIIE für Bodenattacken hervor, die mit dem Atar-9C-Turbojet und höherer interner Treibstoffkapazität ausgestattet war. Diese Variante erschien zum ersten mal am 20. April 1961.

Herkunftsland:	Frankreich
Typ:	einsitziger Jagdbomber
Triebwerk:	ein 6.200 kg schwerer SNECMA-Atar-9C-Turbojet
Leistungen:	Höchstgeschwindigkeit 1.390 km/h; Dienstgipfelhöhe 17.000 m; Kampfradius im Tiefflug mit 907 kg Zuladung 1.200 km
Gewicht:	leer 7.050 kg; beladen 13.500 kg
Abmessungen:	Spannweite 8,22 m; Länge 16,5 m; Höhe 4,5 m; Tragflügelfläche 35 qm
Bewaffnung: Raketen-	zwei 30-mm-DEFA-552A-Geschütze mit 125 Schuss; drei externe Pylonen mit Aufsatz für bis zu 3.000 kg, inklusive Bomben-, und Kanonenbehälter

Dassault Mirage 5BA

In den letzten 40 Jahren sind eine ganze Reihe von Varianten der Mirage auf den Markt gekommen. Die Mirages 5 und 50 waren die letzten Modelle der IIIer-Serie und hauptsächlich für den Export vorgesehen. In Belgien wurden drei Versionen in Lizenz gebaut, ein Jäger, ein Aufklärer und ein Schulflugzeug (die Bezeichnung B steht für Belgien). Fünfzehn der belgischen 5BA und fünf der 5BD-Zweisitzer wurden in einem Erneuerungsprogramm in den frühen 90er Jahren umgerüstet, um sie bis zum Jahr 2005 im Dienst behalten zu können. Zusätzlich eingebaut wurden ein Ferranti HUD, ein lasergesteuerter Entfernungsmesser und neue Navigations- und Angriffsavionik. Diese Arbeit oblag der größten belgischen Luftfahrtfirma, der SABCA. Viele dieser Flugzeuge wurden an Chile verkauft, die auch mit der neuen Mirage 50C, Mirage 50DC (zweisitziges Schulflugzeug) und mit umgebauten französischen 50F Mirages operieren.

Herkunftsland:	Frankreich
Typ:	einsitziger Jagdbomber
Triebwerk:	ein 6.200 kg schwerer SNECMA-Atar-9C-Turbojet
Leistungen:	Höchstgeschwindigkeit 1.912 km/h; Dienstgipfelhöhe 17.000 m; Kampfradius im Tiefflug mit 907 kg Zuladung 650 km
Gewicht:	leer 6.600 kg; max. Startmasse 13.700 kg
Abmessungen:	Spannweite 8,22 m; Länge 15,55 m; Höhe 4,5 m; Tragflügelfläche 35 qm
Bewaffnung:	zwei 30-mm-DEFA-552A-Geschütze mit 125 Schuss; sieben externe Pylonen mit Aufsatz für bis zu 4.000 kg, inklusive Bomben-, Raketen- und Kanonenbehälter

Dassault Mirage 5BR

Die 5BR ist die in Belgien in Lizenz gebaute Version der 5R (Aufklärer) Mirage. Sie ähnelt fast vollständig der älteren IIIR, von der sie auch abstammt. Der Umbau dieses Flugzeugs in eine Kombination von Jäger und Aufklärer war relativ leicht. Ein deutlicher Unterschied ist die Tatsache, dass sich in der Spitze kein Radar, sondern Aufklärungskameras befinden. Das optionale dopplete Geschütz wurde meistens mitbestellt, andere Optionen für einen Aufklärungsjäger beinhalteten ein besonderes Bombenabwurfsystem aus niedriger Höhe. Die meisten der im belgischen Dienst stehenden Flugzeuge wurden in den 90er Jahren stillgelegt. Die französische 5R ist noch in Abu Dhabi, Kolumbien und Libyen im Dienst. Hier abgebildet sehen Sie eines der Flugzeuge, das von der 42. Staffel der belgischen Luftwaffe in Florennes geflogen wurde. Achten Sie auf den Feststellhaken unter dem hinteren Rumpf und den 1.000-Liter-Treibstofftank in der Mitte.

Herkunftsland:	Frankreich
Typ:	einsitziger Aufklärer
Triebwerk:	ein 6.200 kg schwerer SNECMA-Atar-9C-Turbojet
Leistungen:	Höchstgeschwindigkeit 1.912 km/h; Dienstgipfelhöhe 17.000 m; Kampfradius im Tiefflug mit 907 kg Zuladung 650 km
Gewicht:	leer 6.600 kg; max. Startmasse 13.700 kg
Abmessungen:	Spannweite 8,22 m; Länge 15,55 m; Höhe 4,5 m; Tragflügelfläche 35 qm
Bewaffnung:	zwei 30-mm-DEFA-552A-Geschütze mit 125 Schuss; externe Pylonen mit Aufsatz für bis zu 4.000 kg, inklusive Bomben-, Raketen- und Kanonenbehälter

Dassault Mirage 5PA

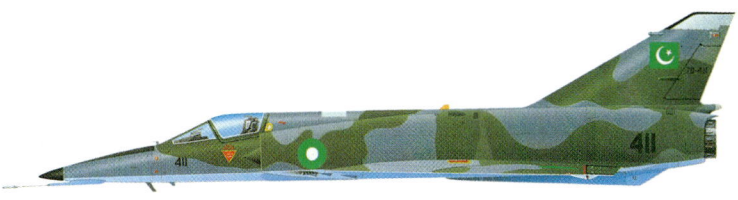

Die israelische Luftwaffe fragte 1966 bei Dassault nach einer vereinfachten Version der Mirage IIIE als Allwetter-Jagdbomber mit langer Reichweite, die bei Schönwetter auch Bodenangriffe fliegen konnte. Dieses Flugzeug, als Mirage 5 bezeichnet, flog das erste Mal am 19. Mai 1967, doch nach einer Anordnung von Général de Gaulle sollte es niemals an seinen Auftraggeber ausgeliefert werden. Also wurde das Flugzeug an andere Luftstreit-kräfte verkauft, wie z.B. die pakistanische. Die äußerlichen Unterschiede zwischen der III und der 5 sind die schlankere Spitze (weil die Avionik nun den Platz einnahm, wo vorher das Radar war) und zwei zusätzliche Unterflügelstationen. Wegen der Versetzung der Avionik kann ein zusätzlicher 470-Liter-Treibstofftank im hinteren Teil des Cockpits mitgeführt werden. Mitte der 80er Jahre wurde die pakistanische Mirage-5PA-Staffel aufgerüstet.

Herkunftsland:	Frankreich
Typ:	einsitziger Jagdbomber
Triebwerk:	ein 6.200 kg schwerer SNECMA-Atar-9C-Turbojet
Leistungen:	Höchstgeschwindigkeit 1.912 km/h; Dienstgipfelhöhe 17.000 m; Kampfradius im Tiefflug mit 907 kg Zuladung 650 km
Gewicht:	leer 6.600 kg; max. Startmasse 13.700 kg
Abmessungen:	Spannweite 8,22 m; Länge 15,55 m; Höhe 4,5 m; Tragflügelfläche 35 qm
Bewaffnung:	zwei 30-mm-DEFA-552A-Geschütze mit 125 Schuss; sieben externe Pylonen mit Aufsatz für bis zu 4.000 kg, inklusive Bomben-, Rake ten- und Kanonenbehälter

Dassault Mirage 50C

H ier in den Farben der chilenischen Luftwaffe abgebildet, behält die Mirage 50 dieselbe Flugzellenform wie die Mirages III und 5, aber sie wird von einer stärkeren Version des SNECMA-9-C-Turbojet angetrieben. SNECMA begann das Entwicklungsprogramm für diese Turbine, die als 9K-50 bezeichnet wird, 1966 hauptsächlich für die nächste Generation der Mirages F.1 und G4. Dassault erkannte schon früh die Möglichkeit, diese Turbine in Flugzeuge mit Deltaflügeln zu integrieren. Die Mirage 50 wurde von Dassault mit allen Optionen, die von der Firma seit 1977 entwickelt worden waren, angeboten; mit einem einzelnen oder doppelten Cockpit, einer Ausrüstung für Aufklärer, einer vergrößerten Spitze für den Einbau von Radar und einer Menge Auswahl an Avionik. Trotzdem waren die einzigen Kunden Chile (16 Mirage 50C) und Venezuela (6 Mirage 50EV und 1 DV).

Herkunftsland:	Frankreich
Typ:	einsitziger Mehrzweck-Jagdbomber
Triebwerk:	ein 7.200 kg schwerer SNECMA-Atar-9K-50-Turbojet
Leistungen:	Höchstgeschwindigkeit 2.350 km/h; Dienstgipfelhöhe 18.000 m; Kampfradius im Tiefflug mit 800 kg Zuladung 685 km
Gewicht:	leer 7.150 kg; max. Startmasse 13.700 kg
Abmessungen:	Spannweite 8,22 m; Länge 15,55 m; Höhe 4,5 m; Tragflügelfläche 35 qm
Bewaffnung:	zwei 30-mm-DEFA-552A-Geschütze mit 125 Schuss; sieben externe Pylonen mit Aufsatz für R.530-Luft-Luft-Raketen, AS.30- oder A.30L-Raketen, Raketenabschussbehälter und Waffenzuladungskapazität, inklusive 453,6 kg Bomben

Dassault Mirage F1CK

Für die Entwicklung der F1 setzte Dassault auch privates Geld ein. Als die französische Regierung erkannte, dass die Familie der Mirage III ersetzt werden müsste, beauftragte sie Dassault mit der Entwicklung eines Nachfolgers, der F2. Das Flugzeug war mit seinem konventionellen Pfeilflügel sehr groß und hielt sich nicht an die klassische Mirage-Form. Dassault brachte auf eigene Rechnung eine kleinere Version der F2 heraus, die er F1 nannte. Diese konnte mit einer einzigen Atar angetrieben werden. Daraufhin entschloss sich die französische Luftwaffe, dieses Modell zu kaufen. Dieses Flugzeug ist ein großer Fortschritt zu der hecklosen Deltaform früherer Modelle mit einer geringeren Start- und Landegeschwindigkeit. Auch in der Unterbringung der Avionik und hinsichtlich eines Integraltanks mit 45 % höherer Treibstoffkapazität bedeutete dieses Modell einen Fortschritt. Auch die Manövrierfähigkeit wurde verbessert.

Herkunftsland:	Frankreich
Typ:	einsitziger Mehrzweck-Jäger
Triebwerk:	ein 7.200 kg schwerer SNECMA-Atar-9K-50-Turbojet
Leistungen:	Höchstgeschwindigkeit 2.350 km/h; Dienstgipfelhöhe 20.000 m; Reichweite mit max. Zuladung 900 km
Gewicht:	leer 7.400 kg; max. Startmasse 15.200 kg
Abmessungen:	Spannweite 8,4 m; Länge 15 m; Höhe 4,5 m; Tragflügelfläche 25 qm
Bewaffnung:	zwei 30-mm-553-DEFA-Geschütze mit 135 Schuss, fünf externe Pylonen mit Aufsatz für bis zu 6.300 kg; Magic-Luft-Luft-Raketen auf Flügerspitzenstationen, Waffen, inklusive Matra-Super-530-Luft-Luft-Raketen, gelenkte und lasergelenkte Bomben, Raketen, AS.30L-lasergelenkte Luft-Boden-Raketen, AM.39-Exocet-Raketen, ARMAT-Raketen oder Durandal, Belouga, oder BAP-Waffen

Dassault Mirage F1EQ5

Der Irak hat eine breite Palette an verschiedenen Flugzeugtypen in den letzten Jahren bestellt. Das wurde in den Kriegen mit dem Iran 1990 und dem Golfkrieg 1991 deutlich. Während des ersten Konflikts war Frankreich der Hauptlieferant von Militätflugzeugen in den Irak; es wurden nicht weniger als 89 Flugzeuge vom Typ Mirage F.1 geliefert. Bei dieser Bestellung waren auch 29 F.1EQ5s, die mit Agave-Radar für Überwassereinsätze und mit Exocet-Raketen ausgestattet sind, dabei. Diese Flugzeuge wurden im Oktober 1984 mit einiger Verzögerung geliefert und waren im folgenden Februar einsatzbereit. Mindestens 12 davon waren mit SLAR (Sideways Looking Airborne Radar) und Datenverarbeitungseinheiten für die Aufklärung ausgestattet, neben der normalen Ausrüstung für Angriff und Luftkampf. Diese Maschinen können mit verschiedenen sowjetischen Flugzeugtypen im Einsatz kommunizieren und wurden auch im Golfkrieg eingesetzt.

Herkunftsland:	Frankreich
Typ:	einsitziger Mehrzweck-Jäger
Triebwerk:	ein 7.200 kg schwerer SNECMA-Atar-9K-50-Turbojet
Leistungen:	Höchstgeschwindigkeit 2.350 km/h; Dienstgipfelhöhe 20.000 m; Reichweite mit max. Zuladung 900 km
Gewicht:	leer 7.400 kg; max. Startmasse 15.200 kg
Abmessungen:	Spannweite 9,32 m; Länge 15,3 m; Höhe 4,5 m; Tragflügelfläche 25 qm
Bewaffnung:	zwei 30-mm-553-DEFA-Geschütze mit 135 Schuss, fünf externe Pylonen mit Aufsatz für bis zu 6.300 kg; Magic-Luft-Luft-Raketen auf Flügelspitzenstationen, Waffen, inklusive Matra-Super-530-Luft-Luft-Raketen, konventionelle und lasergelenkte Bomben, Raketen, AS.30L-lasergelenkte Luft-Boden-Raketen, AM.39-Exocet-Raketen, ARMAT-Raketen oder Durandal-, Belouga- oder BAP-Waffen

Dassault Mirage 2000B

Wegen der Komplexität der dritten Generation der Mirage 2000 entschloss sich die französische Luftwaffe dazu, ein Entwicklungsprogramm auszuschreiben, aus dem ein zweisitziges Schulflugzeug hervorgehen sollte, das gleichzeitig mit der einsitzigen 2000C eingesetzt werden sollte. Der fünfte Prototyp der Mirage 2000 wurde in diesem Format als 2000B im Oktober 1980 geflogen. Das Serienflugzeug hat einen etwas längeren Rumpf und ist nicht mit internen Geschützen ausgerüstet. Die eigene Treibstoffkapazität ist von 3.980 auf 3.870 Liter reduziert. Die 2000B hatte alle Einsatzoptionen im französischen Dienst und flog am 7. Oktober 1983 zum ersten Mal. Die Jagdstaffel 1/2 „Cigognes" war die erste französische Einheit, die in Dijon am 2. Juli 1984 einsatzbereit gemacht wurde. Das abgebildete Flugzeug hat das berühmte Storchemblem der EC1/2 „Cigognes". Das Flugzeug wurde von mindestens fünf Ländern zur Vervollständigung ihrer Staffel bestellt.

Herkunftsland:	Frankreich
Typ:	zweistziges Schulflugzeug
Triebwerk:	ein 9.700 kg schweres SNECMA-M53-P2-Strahltriebwerk
Leistungen:	Höchstgeschwindigkeit 2.338 km/h; Dienstgipfelhöhe 18.000 m; Reichweite mit zwei 1.700-Liter-Tanks 1.850 km
Gewicht:	leer 7.600 kg; max. Startmasse 17.000 kg
Abmessungen:	Spannweite 9,13 m; Länge 14,55 m; Höhe 5,15 m; Tragflügelfläche 41 qm
Bewaffnung:	sieben externe Pylonen mit Aufsatz für R.530-Luft-Luft-Raketen, AS.30- oder A.30L-Raketen, Raketenabschussaufsatz und verschiedene Angriffsladungen inklusive 453.6 kg Bomben; für das Luftwaffenverteidigungstrainig ein Cubic-Corporation-AIS-Aufsatz, ähnlich dem der Magic-Rakete

Dassault Mirage 2000C

Die frühen Forschungen und Erfahrungen hatten gezeigt, dass der Deltaflügel auch einige Nachteile hatte. Er führte nicht zuletzt zu Einbußen in der Manövrierfähigkeit bei geringem Tempo. Mit der Entwicklung der Steuerungsmethode „Fly by Wire" in den späten 60er und frühen 70er Jahren konnten die Flugzellentechnologen unter Berücksichtigung einiger Veränderungen der Aerodynamik ein paar dieser Probleme lösen. Die 2000C hatte Dassault als einsitzigen Abfangjäger konstruiert, um die F.1 zu ersetzen. Das Flugzeug wurde im Dezember 1975 von der französischen Luftwaffe als wichtigster Jäger in die Staffel aufgenommen und daraufhin im Auftrag als Abfang- und Luftüberlegenheitsjäger weiterentwickelt. Die Auslieferung an die französische Luftwaffe begann im Juli 1984; die frühen Serienbeispiele waren mit der SNEMCA M53-5 ausgerüstet, doch die späteren Flugzeuge haben die stärkere M53-P2 als Antrieb.

Herkunftsland:	Frankreich
Typ:	einsitziger Jäger
Triebwerk:	ein 9.700 kg schweres SNECMA-M53-P2-Strahltriebwerk
Leistungen:	Höchstgeschwindigkeit 2.338 km/h; Dienstgipfelhöhe 18.000 m; Reichweite mit 1.000 kg Zuladung 1.480 km
Gewicht:	leer 7.500 kg; max. Startmasse 17.000 kg
Abmessungen:	Spannweite 9,13 m; Länge 14,36 m; Höhe 5,2 m; Tragflügelfläche 41 qm
Bewaffnung:	zwei DEFA-554-Geschütze mit 125 Schuss; neun externe Pylonen mit Aufsatz bis für zu 6.300 kg, inklusive R.530-Luft-Luft-Raketen, AS.30- oder A.30L-Raketen, Raketenabschussaufsatz und verschiedenen Angriffswaffen inklusive 453,6 kg Bomben. Für das Luftwaffenverteidigungstraining ein Cubic-Corporation-AIS-Aufsatz, ähnlich dem der Magic-Rakete

Dassault Mirage 2000H

Dassault konnte 1998 seine vertraglich vereinbarten 136 Mirages 2000C an die französische Luftwaffe liefern. Die Bestellungen aus dem Ausland für die wendige 2000C
kamen reichlich; bis 1990 gingen bei der Firma Anfragen aus Abu Dhabi, Ägypten, Griechenland, Indien und Peru ein. Das abgebildetete indische Flugzeug ist eines von 40 im Oktober
1982 bestellten, die die Bezeichnung 2000H tragen. Das letzte wurde im September 1984
ausgeliefert. Die erste von zwei indischen Staffeln wurde am 29. Juni 1985 in Gwalior AB
gegründet, wo die 2000H den indischen Namen „Vajra" erhielt, was soviel wie „Donner"
bedeutet. Eine Zusatzbestellung über neun weitere Flugzeuge wurde im März 1986 unterzeichnet (sechs H und drei TH). Dieses Flugzeug hier wird in der 225. Staffel der indischen
Luftwaffe geflogen und ist mit Zusatztanks abgebildet. Eine zweisitzige Tiefflugkampfversion
wird als Mirage 2000N angeboten.

Herkunftsland:	Frankreich
Typ:	einsitziger Luftüberlegenheitsjäger
Triebwerk:	ein 9.700 kg schweres SNECMA-M53-P2-Strahltriebwerk
Leistungen:	Höchstgeschwindigkeit 2.338 km/h; Dienstgipfelhöhe 18.000 m; Reichweite mit 1.000 kg Zuladung 1.480 km
Gewicht:	leer 7.500 g; max. Startmasse 17.000 kg
Abmessungen:	Spannweite 9,13 m; Länge 14,36 m; Höhe 5,2 m; Tragflügelfläche 41 qm
Bewaffnung:	zwei DEFA-554-Geschütze mit 125 Schuss; neun externe Pylonen mit Aufsatz für bis zu 6.300kg Ladung, inklusive R.530-Luft-Luft-Raketen, AS.30- oder A.30L-Raketen, Raketenabschussaufsatz und verschiedenen Waffenladungen inklusive 453,6 kg Bomben. Für das Luftverteidigungstraining der Cubic-Corpn-AIS-Aufsatz, ähnlich dem der Magic-Rakete

Dassault Rafale M

Die Rafale wurde als Ersatz für die Flotte von SEPECAT-Jaguars der französischen Luftwaffe und als Teil der französischen nuklearen Flugzeugträger entworfen und gebaut. Obwohl auch der Eurofighter in Betracht gezogen worden war, hatte man sich für die Rafale entschieden, die kleiner und leichter als der Multinationen-Jäger ist. Die Firma Dassault begann mit dem Projekt im Jahre 1983, und der erste Flug fand am 4. Juli 1986 statt. Die Flugzelle ist aus einer Kombination von Materialien zusammengebaut und verfügt über eine „Fly-by-Wire" Steuerungskontrolle. Die ersten Flugversuche waren viel versprechend, da das Flugzeug schon beim zweiten Testversuch Mach 1,8 erreichte. Die ursprüngliche Auftragslage ist seit dem Ende des kalten Krieges stark zurückgegangen. Die drei entwickelten Versionen sind die Rafale C, ein einsitziges Einsatzflugzeug für die Luftwaffe, die Rafale B ist ein zweisitziger Mehrzweckjäger, und die Rafale M ist der hier abgebildete Marinejäger.

Herkunftsland:	Frankreich
Typ:	flugzeugträgergestützter Mehrzweck-Jäger
Triebwerk:	zwei 7.450 kg schwere SNECMA-M88-2-Turbinenstrahltriebwerke
Leistungen:	Höchstgeschwindigkeit 2.130 km/h; Kampfreichweite in Luft-Luft-Mission 1.853 km
Gewicht:	leer mit Ausrüstung 9.800 kg; max. Startmasse 19.500 kg
Abmessungen:	Spannweite 10,9 m; Länge 15,3 m; Höhe 5,34 m; Tragflügelfläche 46 qm
Bewaffnung:	ein 30-mm-DEFA-791B-Geschütze, 14 externe Stationen mit Aufsatz für bis zu 6.000 kg Ladung, inklusive Luft-Luft-Raketen, Luft-Boden-Raketen, Raketen, gelenkten und konventionellen Bomben und Raketenstartanlagen

De Havilland Vampire NF.Mk 10

Die britische Luftwaffe war bei der Ausrüstung mit Nachtjägern im Rückstand, und so nahm die Firma de Havilland die Entwicklung der D.H.113 NF. Mk 10 selbst in die Hand. Das Flugzeug wurde als Zweisitzer entworfen und die Entwicklung im Wesentlichen dadurch beschleunigt, dass die Rumpfzelle der Vampire eine vergleichbare Größe mit der des Mosquito hatte. So konnten das Cockpit, der AI-Mk-10-Radar und die Ausrüstung mit geringen Änderungen übernommen werden. Einige Flugzeuge wurden vor dem Waffenembargo 1950 an Ägypten ausgeliefert. Die britische Luftwaffe übernahm den Vertrag und bekam 95 Flugzeuge, die zunächst in der 25. Staffel in West Malling 1951 genutzt wurden. Da das Modell keine Schleudersitze aufwies, konnte es für den Piloten und den Beobachter in Notfällen lebensgefährlich werden.

Herkunftsland:	Großbritannien
Typ:	zweisitziger Nachtjäger
Triebwerk:	ein 1.520 kg schwerer de-Havilland-Goblin-Turbojet
Leistungen:	Höchstgeschwindigkeit 885 km/h; Dienstgipfelhöhe 12.200 m; Reichweite 1.255 km
Gewicht:	leer 3.172 kg; beladen 5.148 kg
Abmessungen:	Spannweite 11,6 m; Länge 10,55 m; Höhe 2 m; Tragflügelfläche 24,32 qm
Bewaffnung:	vier 20-mm-Hispano-Geschütze

De Havilland Vampire T.Mk 11

Der Erfolg der zweisitzigen Nachtjägerversion der Vampire führte dazu, dass Airspeed (eine Tochtergesellschaft von de Havilland) ein Schulflugzeug in Eigenregie entwickelte. Der Radar in der Spitze wurde herausgenommen und zweifache Fluginstrumente wurden in das schon vorher recht enge Cockpit eingebaut, um die D.H. 115 Vampire T.Mk 11 auszurüsten. Der Prototyp flog zum ersten Mal im November 1950. Die Auslieferung begann 1952 an die AFS in Weston Zoyland und Valley. 1956 wurde die T.Mk 11 zum Standard-Schulflugzeug der britischen Luftwaffe und war einmal das meist ausgelieferte Flugzeug mit über 530 Stück. Die gesamte Produktion belief sich mit Exporten auf 731 (als T.Mk 55 wurde es in 19 Länder verkauft). 15 dieser Flugzeuge waren noch 1990 im Dienst der schweizerischen Luftwaffe, doch auch diese sind jetzt im Ruhestand.

Herkunftsland:	Großbritannien
Typ:	zweisitziges Schulflugzeug
Triebwerk:	ein 1.589 kg schwerer de-Havilland-Goblin-35-Turbojet
Leistungen:	Höchstgeschwindigkeit 885 km/h; Dienstgipfelhöhe 12.200 m; Tankkapazität intern 1.370 km
Gewicht:	leer 3.347 kg; beladen 5.060 kg
Abmessungen:	Spannweite 11,6 m; Länge 10,55 m; Höhe 1,86 m; Tragflügelfläche 24,32 qm
Bewaffnung:	zwei 20-mm-Hispano-Geschütze

De Havilland Vampire FB.Mk 6

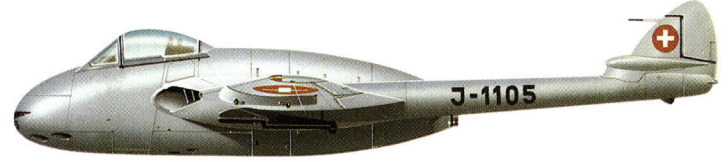

Die Produktion für eine verbesserte Jagdbomberversion der Vampire begann 1948 mit der FB.Mk 5. Sie hatte einen verkleinerten Flügel (von 12,19 m auf 11,58 m) und Pylonen an den Flügeln, die entweder zwei 227-kg-Bomben oder acht Raketenprojektile tragen konnten. Die FB.Mk 6 war das Ergebnis der Bemühungen um die Verbesserung des Gesamteindrucks der Vampire und wurde auch mit einer verbesserten Version eines Goblin-Turbojet ausgerüstet, was einen bemerkenswerten Anstieg der Höchstgeschwindigkeit brachte. Die FB.Mk 6 wurde zwar nicht von der britischen Luftwaffe gekauft, erhielt aber viel Aufmersamkeit von Kunden aus Übersee. Zu dieser Zeit suchte die Schweiz einen preiswerten Ersatz für ihre Messerschmitt-Bf-109-Flotte. Der niedrige Preis und der gute Gesamteindruck der Vampire veranlasste die Schweizer, 75 Stück des Modells FB.Mk 6 zu bestellen. Zum Bau des Flugzeugs wurde später eine Lizenz vergeben. Für die schweizerische Luftwaffe wurden dann 100 Flugzeuge gebaut.

Herkunftsland:	Großbritannien/Schweiz
Typ:	einsitziger Jagdbomber
Triebwerk:	ein 1.498 kg schwerer de-Havilland-Goblin-35-Turbojet
Leistungen:	Höchstgeschwindigkeit 883 km/h; Dienstgipfelhöhe 13.410 m; Reichweite mit Reservetanks 2.253 km
Gewicht:	leer 3.266 kg; beladen mit Tanks 5.600 kg
Abmessungen:	Spannweite 11,6 m; Länge 9,37 m; Höhe 2,69 m; Tragflügelfläche 24,32 qm
Bewaffnung:	vier 20-mm-Hispano-Geschütze mit 150 Schuss, Pylonen für wahlweise zwei 227-kg-Bomben oder 27,216-kg-Raketenprojektile

De Havilland Venom NF.Mk 2A

Die zweisitzige Nachtjägerversion der Venom war mit Radar ausgestattet und flog ohne Kampfausrüstung. Frühe Flugtests in den 50er Jahren zeigten, dass sie sich zwar gut fliegen ließ, aber nicht wendig genug war. Wie die zweisitzige Vampire hatte auch die Venom keinen Notausstieg. Trotzdem begann 1952 die Produktion in Chester. Die NF.Mk 2 unterschied sich von der FB.Mk 1 durch einen verbreiterten Rumpf, um den Piloten und den Beobachter aufzunehmen und einer verlängerten Spitze für die Radarausrüstung. Die Mk 2A war eine Weiterentwicklung der Mk 2 und behielt das Kabinendach, das Weitsicht erlaubte, und die Veränderungen, die am Heck vorgenommen worden waren, bei. Eine Version der Mk 2, die an die schwedische Luftwaffe geliefert worden war, wurde als NF.Mk 51 bezeichnet. Die gesamte Produktion der Mk 2 belief sich auf 60 Flugzeuge.

Herkunftsland:	Großbritannien
Typ:	zweisitziger Nachtjäger
Triebwerk:	ein 2.245 kg de-Havilland-Ghost-104-Turbojet
Leistungen:	Höchstgeschwindigkeit 1.013 km/h; Dienstgipfelhöhe 15.000 m; Reichweite 1.610 km
Gewicht:	leer 4.000 kg; beladen 7.166 kg
Abmessungen:	Spannweite 12,70 m; Länge 11,17 m; Höhe 1,98 m; Tragflügelfläche 24,32 qm
Bewaffnung:	vier 20-mm-Hispano-Geschütze

De Havilland Venom FB.Mk 4

Der Entwurf der Venom kann bis zur Vampire Mk 8 zurückverfolgt werden. Sie wurde mit einer verstärkten Version der Ghost-Turbine anstelle der Goblin ausgerüstet, in der Hoffnung, den Gesamteindruck ohne grundsätzliche Änderungen verbessern zu können. Weitere Veränderungen sind ein flacherer Flügel mit größerer Tragfläche, der mit Tanks für 355 Liter Treibstoff und einem passenden Tanksystem ausgestattet war. Obwohl die Pfeilflügelform bereits entwickelt und genügend getestet worden war, blieb de Havilland bei der konventionellen Aerodynamik und nahm sich so jede Chance, die die Venom noch gegen ihre ausländischen Konkurrenten auf dem Weltmarkt gehabt hätte. Aufgrund erster Auslieferungen der FB.Mk 1 im Dezember 1951 fuhr de Havilland mit der Entwicklung des schwierigen Flugzeugs fort. Die FB.Mk 4 stellte bereits eine Weiterentwicklung dar. Sie hatte ein anderes Kontrollsystem, eine effizientere Heckoberfläche und einen Schleudersitz.

Herkunftsland:	Großbritannien
Typ:	einsitziger Jagdbomber
Triebwerk:	ein 2.336 kg schwerer de-Havilland-Ghost-105-Turbojet
Leistungen:	Höchstgeschwindigkeit 1.030 km/h; Dienstgipfelhöhe 14.630 m; Reichweite mit Reservetanks 1.730 km
Gewicht:	leer 4.174 kg; max. Beladung 6.945 kg
Abmessungen:	Spannweite (Entfernung zwischen den Außentanks) 12,7 m; Länge 9,71 m; Höhe 1,88 m; Tragflügelfläche 25,99 qm
Bewaffnung:	vier 20-mm-Hispano-Geschütze mit 150 Schuss, zwei Pylonen für wahlweise zwei 4543,6-kg-Bomben oder zwei Tanks oder acht 27,2-kg-Raketenprojektile auf Startanlagen

De Havilland (EFW) Venom FB.Mk 1

Die Schweiz ist einer der besten Exportkunden von de-Havilland-Flugzeugen. Die FB.Mk 1 wurde 1952 als Nachfolger der Vampire aufgenommen, und de Havilland lieferte eine kleine Anzahl von FB.Mks mit der Bezeichnung FB.Mk 50. Die FB.Mk 1 wurde vom EFW Konsortium (Federal Aircraft Factory in Emmen, Flug-und Fahrzeugwerke in Altenrhein und Pilatus in Stans) in Lizenz gebaut. Mehrere 100 Flugzeuge wurden gebaut, gefolgt von weiteren 150 nach dem Venom-FB.Mk-4-Standard mit Turbinen von Fiat und Sulzer. Diese Flugzeuge erwiesen sich im Dienst als sehr ausdauernd, und die letzten wurden erst 1983 aus dem Dienst genommen. Sie waren allerdings mit völlig abgeänderten Systemen und Strukturen ausgestattet worden. Das abgebildete Flugzeug ist eine der ersten 100 produzierten Maschinen. Sie stand im Dienst der 10. Fliegerstaffel mit einer neuen Spitze für die Antennenausrüstung und einem Behälter für die Ausrüstung für Aufklärer unter einem Flügel.

Herkunftsland:	Großbritannien/Schweiz
Typ:	einsitziger taktischer Aufklärer mit sekundärer Kampfmöglichkeit
Triebwerk:	ein 2.200 kg schwerer de-Havilland-Ghost-103-Turbojet
Leistungen:	Höchstgeschwindigkeit 1.030 km/h; Dienstgipfelhöhe 13.720 m; Reichweite mit Reservetanks 1.730 km
Gewicht:	leer 3.674 kg; max. Beladung 6.945 kg
Abmessungen:	Spannweite (Entfernung zwischen den Außentanks) 12,7 m; Länge 9,71 m; Höhe 1,88 m; Tragflügelfläche 25,99 qm
Bewaffnung:	vier 20-mm-Hispano-Geschütze mit 150 Schuss, zwei Pylonen wahlweise für zwei 454-kg-Bomben oder zwei Tanks oder Behälter für Aufkläreraurüstung oder acht 27,2-kg-Raketenprojektile mit Startanlagen

De Havilland Sea Vixen FAW Mk 2

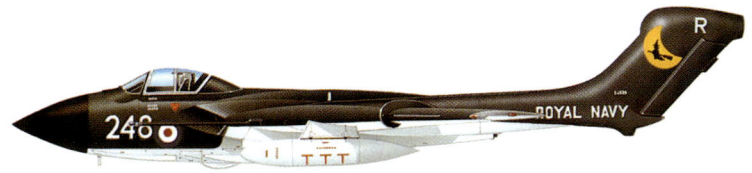

Die Sea Vixen, die, wie so viele Flugzeuge im Dienst der britischen Marine, ursprünglich nach einer Ausschreibung der britischen Luftwaffe als landgestützter Allwetter-Abfangjäger konzipiert worden war, wurde 1946 erstmals vorgestellt. Es setzte sich aber der Gloster Javelin durch. Aber auch die britische Marine brauchte ein trägergestütztes Flugzeug. Nach erfolgreichen Versuchen auf dem Deck der HMS Albion wurde im Januar 1955 eine erste Bestellung aufgegeben. Die ersten 92 Flugzeuge, die im de-Havilland-Werk in Christchurch gebaut wurden, bekamen die Kennzeichnung FAW. Mk 1 und waren mit einer eingehängten Radarkuppel und einem hydraulisch lenkbaren vorderen Fahrwerk ausgestattet. Die spätere FAW Mk.2 hatte eine erhöhte Treibstoffkapazität und Vorrichtungen für vier Red-Top-Raketen an der Stelle, wo die Mk 1 ihre Firestreaks hatte. Die meisten Flugzeuge waren bis 1964 zum Mk 2 Standard aufgerüstet.

Herkunftsland:	Großbritannien
Typ:	zweisitziger Allwetter-Jäger
Triebwerk:	zwei 5.094 kg schwere Rolls-Royce-Avon-208-Turbojets
Leistungen:	Höchstgeschwindigkeit 1.110 km/h; Aufstieg auf 3.050 m in 1 min 30 sec; Dienstgipfelhöhe 21790 m; Reichweite zwischen 600 und 800 Meilen
Gewicht:	leer ca. 9979,2 kg; max. Startmasse 18.858 kg
Abmessungen:	Spannweite 15,54 m; Länge 17,02 m; Höhe 3,28 m; Tragflügelfläche 60,2 qm
Bewaffnung:	an vier internen Pylonen vier Firestreak-Luft-Luft-Raketen oder vier Red-Top-Luft-Luft-Raketen; an externen Pylonen 453,6-kg-Bomben, Bullpup-Luft-Boden-Raketen oder gleiche Lasten; gebaut, aber nicht genutzt: Aufsatz für 28 Raketen in zwei Ausklappboxen unter dem Cockpitboden

Douglas A3 Skywarrior

D er A3 Skywarrior wurde von einem Team um den Douglas-Zeichner Ed Heinemann in El Segundo entworfen. Er bewährte sich als der erste trägergestützte strategische nukleare Bomber, der für den Einsatz von den Flugzeugträgern der Forrestal-Klasse entwickelt wurde, die 1948 in Dienst traten. Sowohl die äußeren Flügel als auch das Heck konnten hydraulisch bewegt werden und so den Raum, den das Flugzeug an Deck einnahm, minimieren. In der Spitze war ein fortschrittlicher Bombenradar eingebaut, obwohl seine Lieferung von Westinghouse mit großer Verspätung eintraf. Die beiden ersten Prototypen flogen am 28. Oktober 1952 und wurden mit zwei Turbinen von Westinghouse angetrieben. Das Versagen dieses Programms bedeutete, dass die Pratt & Whitney J57-P-6 in das Serienmodell eingebaut wurde. Die Auslieferung an die VH-1 Kampfstaffel der amerikanischen Marine begann im März 1956. Spätere Versionen wurden häufig in Vietnam eingesetzt, sie waren mit ECM ausgestattet.

Herkunftsland:	USA
Typ:	flugzeugträgerstationierter strategischer Bomber
Triebwerk:	zwei 5.635 kg schwere Pratt-&-Whitney-Turbojets
Leistungen:	Höchstgeschwindigkeit 982 km/h; Dienstgipfelhöhe 13.110 m; Reichweite max. 3.220 km
Gewicht:	leer 17.875 kg; max. Startmasse 37.195 kg
Abmessungen:	Spannweite 22,1 m; Länge 23,3 m; Höhe 7,16 m; Tragflügelfläche 75,43 qm
Bewaffnung:	zwei ferngesteuerte 20-mm-Geschütze im Heckstand, plus Aufsatz für 5.443 kg für konventionelle oder Nuklearwaffen im internen Bombenschacht

Douglas B-66 Destroyer

Die B-66 Destroyer wurde von Douglas in Long Beach produziert, um eine Anforderung der amerikanischen Luftwaffe nach einem leistungsfähigen taktischen Bomber zu erfüllen. Die Oberbefehlshaber der Luftwaffe wollten durch die Modifizierung einer A-3D, die bereits bei ihnen in Dienst stand, schneller an ihr Ziel kommen. Doch was als kleine Veränderung begann, wurde zu einem völlig neuen Flugzeug. Obgleich es ähnlich aussah, waren kaum ein Teil der Flugzelle oder ein Ausrüstungsgegenstand vergleichbar. Die Wartung der B-66 stellte sich als schwierig und teuer heraus. Die Faltflügel, der Heckmechanismus und das verstärkte Fahrwerk wurden zugunsten von Schleudersitzen, Mehrfachkameras und eines Präzisionsbombenradars ausrangiert. Viele Maschinen wurden mit ECM und Elint ausgerüstet und in Südostasien eingesetzt.

Herkunftsland:	USA
Typ:	Tag- und Nachtaufklärungsjagdbomber
Triebwerk:	zwei 4.627 kg schwere Allison-J71-A-11-Turbojets
Leistungen:	Höchstgeschwindigkeit 1.015 km/h; Dienstgipfelhöhe 11.855 m; Kampfradius 1.489 km
Gewicht:	leer 19.720 kg; max. Startmasse 37.648 kg
Abmessungen:	Spannweite 22,1 m; Länge 22,9 m; Höhe 7,19 m; Tragflügelfläche 72,46 qm
Bewaffnung:	zwei ferngesteuerte 20-mm-Geschütze im Heckstand, plus Aufsatz für 5.443 kg konventionelle oder Nuklearwaffen im internen Bombenschacht

Douglas F4D-1 Skyray

Die Details der deutschen Deltaflügelforschung zogen die Neugier der amerikanischen Marine auf sich. Auf Grund dieser Theorien verlangte man einen Entwurf von Douglas. Er wurde 1948 in einer reinen Deltaflügel-Konfiguration realisiert. Im Dezember desselben Jahres bekam Douglas den Auftrag, zwei Prototypen zu bauen. Das erste Flugzeug hatte seinen Jungfernflug im Januar 1951 mit einem Allison-Turbojet, obwohl ständige Schwierigkeiten mit der Maschine während der Entwicklung zu der Wahl einer Pratt-&-Whitney-Turbine für das Serienflugzeug führten. Die Deltaflügel sollten eine größere Wendigkeit bewirken. Das Cockpit war sehr weit vor den Tragflächen angebracht und ermöglichte dem Piloten eine gute Rundumsicht.

Herkunftsland:	USA
Typ:	einsitziger flugzeugträgerstationierter Jäger
Triebwerk:	ein 4.626 kg schwerer Pratt-&-Whitney-J57-P-8A-Turbojet
Leistungen:	Höchstgeschwindigkeit in 10.975 m Höhe 1.162 km/h; Dienstgipfelhöhe über 16.765 m; Reichweite 1.931 km
Gewicht:	leer 7.268 kg; max. Startmasse 11.340 kg
Abmessungen:	Spannweite 10,21 m; Länge 13,93 m; Höhe 3,96 m; Tragflügelfläche 51,75 qm
Bewaffnung:	vier 20-mm-Geschütze; sechs Unterflügelstationen mit Aufsatz für bis zu 1.814 kg Lasten, inklusive AIM-9C-Sidewinder-Luft-Luft-Raketen, Bomben, Raketen oder Tanks

Eurofighter EF-2000 Typhoon

Die Vereinbarung über die Entwicklung des Eurofighters wurde im März 1988 von Großbritannien, Deutschland und Italien unterzeichnet. Im November desselben Jahres kam noch Spanien dazu. Das Flugzeug wurde für die Aufgaben des Luftkampfes und in zweiter Linie auch für den Luft-Boden-Kampf konzipiert. Mit dem „Enten"-Design und dem „Fly-by-Wire" Steuerungssystem hoffte man, das Flugzeug außerordentlich wendig zu machen. Des Weiteren wurde eine Materialmischung aus verschiedenen Komponeten für die Konstruktion der Flugzelle verwendet und eine fortschrittliche Sensoren- und Avionikanlage eingebaut. Die Flugtests laufen gut an, doch politische und finanzielle Schwierigkeiten verzögern das Programm. Das erste Flugzeug sollte 2005 in Serie gehen. Doch der Eurofighter will auf einem sehr konkurrenzstarken Markt bestehen und mit einem Stückpreis von über 180 Millionen Mark wird das nicht einfach werden.

Herkunftsland:	Deutschland, Italien, Spanien und Großbritannien
Typ:	Mehrzweck-Jäger
Triebwerk:	zwei 9.185 kg schwere Eurojet-EJ200-Turbinenstrahltriebwerke
Leistungen:	Höchstgeschwindigkeit in 11.000 m Höhe 2.125 km/h; Kampfradius zwischen 463 und 556 km
Gewicht:	leer 9.750 kg; max. Startmasse 21.000 kg
Abmessungen:	Spannweite 10,5 m; Länge 14,5 m; Höhe 4 m; Tragflügelfläche 52,4 qm
Bewaffnung:	ein 27-mm-Mauser-Geschütz; dreizehn Rumpfstationen für verschiedenste ASRAAM-, FMRAAM-Raketen; Luft-Boden-Raketen, anti-Radar-Raketen, gelenkte und ungelenkte Bomben

FMA IA 27 Pulquí

Die Pulquí wurde von Emile Dewoitine entworfen, der 1920 seine eigene Firma in Frankreich gegründet hatte. Das Flugzeug war gleich in doppelter Hinsicht erstklassig. Einerseits war es der erste einsitzige Jäger, der in Argentinien entwickelt wurde, andererseits war es das erste Flugzeug der jungen argentinischen Luftfahrtindustrie, das einen Turbojet als Antrieb hatte. Das Flugzeug war nach der konventionellen Form mit niedrigen Tragflächen aus Stahl gebaut und wurde von einem Rolls-Royce-Derwent-Turbojet angetrieben. Es wurde am 9. August 1947 das erste Mal geflogen. Die Flugtests verliefen aber enttäuschend, und das Projekt wurde beendet. Mit Hilfe des früheren Focke-Wulf-Entwicklers Kurt Tank versuchte die argentinische Regierung, mit der Pulquí II das Projekt wieder zu erwecken, doch auch diese Versuche wurden 1960 eingestellt.

Herkunftsland:	Argentinien
Typ:	einsitziger Jäger
Triebwerk:	ein 2.268-kg-Rolls-Royce-Nene-2-Turbojet
Leistung:	Höchstgeschwindigkeit in 5.000 m Höhe 1.050 km/h; Dienstgipfelhöhe 15.000 m; Ausdauer 2 Stunden 12 Minuten
Gewicht:	leer 3.600 kg; max. Startmasse 5.550 kg
Abmessungen:	Spannweite 10,6 m; Länge 11,68 m; Höhe 3,5 m; Tragflügelfläche 25,1 qm
Bewaffnung:	vier 20-mm-Geschütze

FMA IA 63 Pampa

Die äußere Ähnlichkeit der Pampa mit den Flugzeugen von Dassault/Dornier stammt aus der engen Zusammenarbeit zwischen dem argentinischen Hersteller FMA und Dornier bei diesem Projekt. 1979 begann die Entwicklung eines Schulflugzeugs für Düsenjets, das die Morane-Saulnier MS.760 Paris (im Dienst der argentinischen Luftwaffe) ersetzen sollte. Die Tragflächen und das Heck des Prototypen wurden nach einer Vorlage für den Alpha-Jet mit geraden Flügeln angefertigt. Mit nur einer Turbine und einer minimalen Avionik versuchte man, die Wartung zu vereinfachen und die Unterhaltung preiswert zu machen. Starts von unebenen Strecken waren möglich. Der erste Prototyp, der hier wie bei der Luftschau in Paris abgebildet ist, flog am 6. Oktober 1984. Das erste von rund 100 Flugzeugen, welche die argentinische Luftwaffe bestellt hatte, wurde im April 1988 ausgeliefert.

Herkunftsland:	Großbritannien
Typ:	zweisitziges Fortgeschrittenen-Schulflugzeug
Antrieb:	ein 1.588-kg-Garrett-TFE731-2-2N-Strahltriebwerk
Leistung:	Höchstleistung 750 km/h; Dienstgipfelhöhe 12.900 m; Kampfradius mit 1.000 kg Zuladung 360 km
Gewicht:	leer 2.821 kg; max. Startmasse 5.000 kg
Abmessungen:	Spannweite 9,69 m; Länge 10,93 m; Höhe 4,29 m; Tragflügelfläche 15,63 qm
Bewaffnung:	Vorrichtung für ein 30-mm-DEFA-Geschütz und vier Unterflügelpylonen für bis zu 1.160 kg Lasten

Fairchild Republic A-10A Thunderbolt II

Die Fairchild Republic A-10A wurde im Rahmen des A-X-Programmms der US-Streitkräfte entwickelt, das 1967 mit dem Ziel begonnen hatte, ein ausdauerndes Kampfflugzeug mit großer Bewaffnung als Ersatz für den A-1 Skyraider zu entwickeln. Im Dezember 1970 wurden drei Firmen für den Bau eines Prototypen ausgewählt. Im Januar 1973 fiel die Wahl auf die YA-10A von Fairchild. Es wurden sechs Maschinen für Tests gebaut und geliefert. Die Auswertung führte im Dezember 1974 zu einem Vertrag für die Serienproduktion dieses Typs. Allein die amerikanische Luftwaffe übernahm 727 Flugzeuge. Die A-10A hat eine große GAU-8/A-Kanone. Auch die weitere Waffenzuladung ist enorm. Experten sehen allerdings die geringe Höchstgeschwindigkeit des Flugzeugs als Nachteil.

Herkunftsland:	USA.
Typ:	einsitziger Jäger
Triebwerk:	zwei 4.112-kg-General-Electric-TF34-GE-100-Strahltriebwerke
Leistung:	Höchstgeschwindigkeit auf Meereshöhe 706 km/h; Kampfradius 402 km für einen 2-stündigen Aufenthalt mit 18 Mk82-Bomben, plus 750 Schuss Geschütz-Munition
Gewicht:	leer 11.321 kg; max. Startmasse 22.680 kg
Abmessungen:	Spannweite 17,53 m; Länge 16,26 m; Höhe 4,47 m; Tragflügelfläche 47,01 qm
Bewaffnung:	ein 30-mm-GAU-8/A-Geschütz mit Fassungsvermögen für 1.350 Schuss Munition, elf Stationen mit Vorrichtungen für bis zu 7.528 kg Abwurflasten; Waffen: konventionelle Bomben, Brandbomben, Rockeye-Splitterbomben, AGM-65-Maverick-Luft-Boden-Raketen, lasergelenkte Bomben und SUU-23-20-mm-Geschütz-Aufsätze

Fiesler Fi 103 Reichenburg IV

Dieses Flugzeug ist vergleichbar mit der besser bekannten und häufiger gebauten Fi 103, für die das V-1 Flügelgeschoss entwickelt wurde. Lange vor dieser Entwicklung hatte die deutsche Truppenführung überlegt, bemannte Raketen für Zielangriffe auf Objekte mit höchster Priorität einzusetzen. Als sich die Kriegslage verschlechterte, gab Hitler im März 1944 seine Zustimmung für ein solches Projekt, und die unbemannte Fi 103 wurde als geeignetste Waffe für diesen Zweck ausgewählt. Mit einem Cockpit und dem Einbau einer konventionellen Flugsteuerung gelang es den Konstrukteuren, eine kontrollierbare Maschine zu bauen. Die Einsatzversion wurde als Fi 103R-IV bezeichnet. Obwohl 175 Stück produziert wurden, kam keine Maschine zum Einsatz. Der Pilot einer solchen Maschine musste sehr erfahren sein; nachdem er sein Ziel anvisiert hatte, musste er aussteigen.

Herkunftsland:	Deutschland
Typ:	bemannte Rakete
Triebwerk:	ein 350-kg-Schub-Argus-109-014-Jet
Leistung:	max. Geschwindigkeit 650 km/h
Abmessungen:	Spannweite 5,72 m; Länge 8 m
Bewaffnung:	ein 852-kg-Sprengkopf

Fuji T-1A

Nachdem die japanische Luftfahrtindustrie 1953 wieder einsatzbereit war, schloss die Regierung mit Fuji mehrere Verträge über die Produktion eines heimischen Düsenjägers ab, um die von Amerika gekauften T-6 Texan mit Kolbenmotor zu ersetzen. Die Firma hatte schon einen kleinen Turbojet für eine solche Maschine entwickelt, doch die erste T1F1 wurde von einer importierten Bristol-Siddeley-Orpheus-Turbine angetrieben. Das Design ist eindeutig von der amerikanischen F-86 Sabre abgeleitet. Als T-1A der japanischen Luftwaffe trat das mit der Orpheus angetriebene Flugzeug 1961 in Dienst. Bis zum darauf folgenden Juli wurden 40 Stück ausgeliefert. Die Firma produzierte auch eine Version T1-B, die von einer schwachen japanischen Co-J3-3-Turbine angetrieben wurde. Diese Turbine leistete nur zwei Drittel des Schubs des Bristol-Antriebes.

Herkunftsland:	Japan
Typ:	zweisitziges Mittelstrecken-Schulflugzeug
Triebwerk:	ein 1.814-kg-Rolls-Royce-(Bristol-Siddeley)-Orpheus-Mk-805-Turbojet
Leistung:	max. Geschwindigkeit 925 km/h; Dienstgipfelhöhe 14.400 m; Reichweite 1.860 km mit Abwurftanks
Gewicht:	leer 2.420 kg; max. Startmasse 5.000 kg
Abmessungen:	Spannweite 10,49 m; Länge 12,12 m; Höhe 4,08 m; Tragflügelfläche 22,22 qm
Bewaffnung:	12,7-mm-Browning-M53-2-Kanone in der Spitze möglich; zwei Unterflügelpylonen mit Vorrichtungen für bis zu 680 kg Lasten, inkl. Bomben, Sidewinder-Luft-Luft-Raketen oder Kanonen-Aufsätzen; normalerweise werden nur Tanks geladen

General Dynamics F-16A

Die F-16 hat die Entwicklung der Düsenjäger geprägt. Alles begann mit einer technischen Demonstration, die zeigen sollte, in welcher Weise man einen Jäger bauen könnte, der sehr viel kleiner und preiswerter als die F-15 Eagle war. Die amerikanische Luftwaffe nannte es das „Lightweight Fighter"-Programm (LWF). Es sollte ursprünglich gar nicht zum Bau eines Serienflugzeugs führen. Die Verträge über zwei Prototypen wurden im April 1972 an General Dynamics 401 und Northrop P.530 vergeben. Das Interesse einiger NATO-Partner führte zu einer Neudefinition des LWF-Programms; es wurde bekannt gegeben, dass die amerikanische Luftwaffe 650 dieser Luftjäger kaufen würde. Im Dezember 1974 bekam General Dynamics für seine Ausführung den Zuschlag. Die erste Serien-F-16A flog am 7. August 1978.

Herkunftsland:	USA
Typ:	einsitziger Bodenangriffs-Jäger
Triebwerk:	entweder ein 10.800-kg-Pratt-&-Whitney-F100-PW-200 oder ein 13.150-kg-General-Electric-F110-GE-100-Strahltriebwerk
Leistung:	max. Geschwindigkeit 2.142 km/h; Dienstgipfelhöhe über 15.240 m; Operationsradius 925 km
Gewicht:	leer 7.070 kg; max. Startmasse 16.057 kg
Abmessungen:	Spannweite 9,45 m; Länge 15,09 m; Höhe 5,09 m; Tragflügelfläche 27,87 qm
Bewaffnung:	ein General-Electric-M61A1-20-mm-Geschütz, Flügelraketen-stationen; sieben externe Stationen mit Vorrichtungen für bis zu 9.276 kg Lasten, inkl. Luft-Luft-Raketen, Luft-Boden-Raketen, ECM-Aufsätzen, Aufklärungs- oder Raketen-Aufsätzen, konventionellen oder lasergelenkten Bomben oder Treibstofftanks

General Dynamics F-16B

Die F-16B ist eine zweisitzige Schulversion der Fighting Falcon von General Dynamics und hat auch eine ähnliche Flugzelle. Das zweite Cockpit ist dort, wo sich bei der einsitzigen F-16A ein Treibstofftank befindet. Acht Flugzeuge, wurden vor der Serienproduktion gebaut. Davon wurden zwei als Zweisitzer bestellt, von denen das erste im August 1977 zum ersten Mal flog. Die amerikanische Luftwaffe bestellte dann ungefähr 204 Zweisitzer. Viele andere Länder bestellten beide Versionen zusammen. Die F-16A/B-Flotte der amerikanischen Luftwaffe wurde einer genauen Untersuchung unterzogen, um ihre Tauglichkeit als Kampfflugzeug bis ins nächste Jahrtausend zu sichern. Es wurde noch eine weitere zweisitzige Variante produziert, die F-16D, die von Anfang an mit der Avionik und anderen Systemänderungen ausgestattet wurde, mit denen die F-16A/B nachgerüstet wurde.

Herkunftsland:	USA
Typ:	einsitziger Luftkampf- und Bodenangriffs-Jäger
Triebwerk:	ein 10.800-kg-Pratt-&-Whitney-F100-PW-200- oder ein 3.150-kg-General-Electric-F110-GE-100-Strahltriebwerk
Leistung:	max. Geschwindigkeit 2.142 km/h; Dienstgipfelhöhe über 15.240 m; Operationsradius 925 km
Gewicht:	leer 7.070 kg; max. Startmasse 16.057 kg
Abmessungen:	Spannweite 9,45 m; Länge 15,09 m; Höhe 5,09 m; Tragflügelfläche 27,87 qm
Bewaffnung:	ein General-Electric-M61A1-20-mm-Geschütz, Flügelraketenstationen; sieben externe Stationen mit Vorrichtungen für bis zu 9.276 kg Lasten, inkl. Luft-Luft-Raketen (AIM-9-Sidewinder und AIM-120-AMRAAM), Luft-Boden-Raketen, ECM-Aufsätzen, Aufklärungs- oder Raketen-Aufsätzen, konventionellen oder lasergelenkten Bomben oder Treibstofftanks

General Dynamics F-111

Die veränderbare Form der F-111 erschwerte ihre Entwicklung und brachte ihr den unwillkommenen Spitznamen „Aardvark" ein. Sie wurde nach einer Ausschreibung des Verteidigungsministeriums für einen Jäger entwickelt, der alle Anforderungen in der taktischen Kriegsführung der amerikanischen Luftwaffe auch in der Zukunft ermöglichen sollte. Zu Beginn der Entwicklung der F-111 gab es öffentliche Auseinandersetzungen darüber, wer den Vertrag bekommen sollte. Dazu kamen Entwicklungsprobleme bei nahezu jeder Komponente des Flugzeugs. Letztendlich wurden 1967 die ersten von 117 Flugzeugen, als F-111A an die Armee geliefert. Eine trägergestützte Abfangjägerversion der F-111 für die amerikanische Marine wurde nach nur neun gebauten Exemplaren eingestellt. Die australische Luftwaffe kaufte die F-111C mit größerer Spannweite und mehr Zuladung, aber dies blieb der einzige Export.

Herkunftsland:	USA
Typ:	zweisitziger Mehrzweck-Jäger
Triebwerk:	zwei 11.385-kg-Pratt-&-Whitney-TF-30-P100-Turbostrahltriebwerke
Leistung:	Höchstgeschwindigkeit 2.655 km/h; Dienstgipfelhöhe über 17.985 m; Reichweite ohne Zusatztanks 4.707 km
Gewicht:	leer 21.398 kg; max. Startmasse 45.359 kg
Abmessungen:	Spannweite ohne Pfeilung 19,2 m; mit Pfeilung 9,74 m; Länge 22,4 m; Höhe 5,22 m; Tragflügelfläche 48,77 qm ohne Pfeilung
Bewaffnung:	ein 20-mm-M61A-1-Geschütz und eine 340-kg-B43-Bombe oder zwei B43-Bomben im Bombenschacht, acht Unterflügelstationen mit Vorrichtungen für 14.290 kg Lasten

Gloster Meteor F.Mk 8

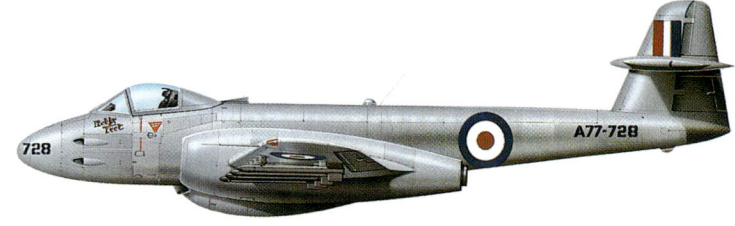

Die Gloster Meteor wurde von George Carter entwickelt. Sie war der erste alliierte Jet und wurde nur im 2. Weltkrieg eingesetzt. Es wurden verschiedenen Turbinen getestet, darunter die Rolls-Royce-W.2B, die de-Havilland-Halford-H.1 und die Metrovick-F.2. Die ersten zwanzig Serienflugzeuge wurden von modifizierten W.2B/23C-Welland-Turbojets angetrieben. Die Meteor trat am 12. Juli 1944 bei der 616. Staffel in Dienst und wurde zur Abwehr von V-1 Flügelgeschossen eingesetzt. Die F.Mk 8 war die efolgreichste Version, sie hatte einen verlängerten Rumpf, ein neues Heck, einen zusätzlichen 432-Liter-Tank und ein gewölbtes Kabinendach. Spätere Versionen der F.Mk 8 hatte auch noch größere Maschinenzuleitungen. Es war das erste Flugzeug mit Schleudersitzen von Martin Baker. Die erste der 1.183 F.Mk 8 wurde am 12. Oktober 1948 geflogen.

Herkunftsland:	Großbritannien
Typ:	einsitziger Jäger
Triebwerk:	zwei 1.587-kg-Rolls-Royce-Derwent-8-Turbojets
Leistung:	Höchstgeschwindigkeit in 10.000 m Höhe 962 km/h; Dienstgipfelhöhe 13.106 m; Reichweite 1.580 km
Gewicht:	leer 4.820 kg; beladen 8.664 kg
Abmessungen:	Spannweite 11,32 m; Länge 13,58 m; Höhe 3,96 m
Bewaffnung:	vier 20-mm-Hispano-Geschütze, F.Mk 8 für den Export wurden oft für zwei Bomben oder acht Raketen modifiziert

Gloster Meteor PR.Mk 10

Die PR.Mk 10 war eine Spezialversion für die Fotoaufklärung, angelehnt an die Meteor, die der FR.Mk 9 1950 in der Produktion folgte. Die Mk 10 hatte längere Tragflächen als alle Modelle der Mk III vorher, das Heck der Mk IV und den längeren Rumpf der Mk 9, in dessen Spitze sich eine Kamera befand. Im Gegensatz zum vorherigen Modell war die Mk.10 nicht bewaffnet und konnte in größerer Höhe operieren. Sie war auch mit senkrechten Kameras ausgerüstet und ersetzte die Spitfire PR.XIX in der strategischen Aufklärung. Die erste PR.Mk 10 hatte ihren Jungfernflug am 22. März 1950. Sie trat bei der 541. Staffel der britischen Luftwaffe im Januar 1951 in Dienst. Insgesamt wurden 58 Stück produziert, dazu noch 126 der Mk 9. Mehr Aufklärerversionen wurden nicht gebaut. Bei der F.Mk 8 wurde noch ein zentraler Treibstofftank angebracht.

Herkunftsland:	Großbritannien
Typ:	einsitziges Fotoaufklärungs-Flugzeug
Triebwerk:	zwei 1.587-kg-Rolls-Royce-Derwent-8-Turbojets
Leistung:	Höchstgeschwindigkeit in 10.000 m Höhe 962 km/h; Dienstgipfelhöhe 13.106 m; Reichweite 1.580 km
Gewicht:	leer 4.895 kg; beladen 6.946 kg
Abmessungen:	Spannweite 13,1 m; Länge 13,54 m; Höhe 3,96 m

Gloster Meteor NF.Mk 11

Die Flugzeuge der NF-Meteor-Serie waren Nachtjäger mit Tandemsitz. Sie wurden 1949 von Armstrong Whitworth entwickelt. Man entschloss sich, das Cockpit des Schulflugzeugs T.Mk 7 Meteor als Prototypen zu nehmen. Die T.Mk 7 war eigentlich von Gloster in Eigenregie entwickelt worden, aber später wurde sie von der britischen Marine und der Luftwaffe gekauft. Der vordere Rumpf wurde für ein SCR-720-AI-Mk-10-Radar erweitert und an den hinteren Rumpf der F.Mk 8 angepasst. Die Tragflächen wurden zwar von der F.Mk 1 übernommen, aber so gebaut, dass sie die vier 20-mm-Geschütze aufnehmen konnten, die eigentlich in der Spitze saßen. Dieses Flugzeug bildet die Basis für den ersten Meteor-Nachtjäger, den NF.11, dessen Prototyp am 31. Mai 1950 fertiggestellt wurde. Eines dieser Flugzeuge ist noch in Großbritannien im Dienst.

Herkunftsland:	Großbritannien
Typ:	doppelsitziger Nachtjäger
Triebwerk:	zwei 1.587-kg-Rolls-Royce-Derwent-8-Turbojets
Leistung:	Höchstgeschwindigkeit in 10.000 m Höhe 931 km/h; Dienstgipfelhöhe 12.192 m; Reichweite 1.580 km
Gewicht:	leer 5.400 kg; beladen 9.979 kg
Abmessungen:	Spannweite 13,1 m; Länge 14,78 m; Höhe 4,22 m
Bewaffnung:	vier 20-mm-Hispano-Geschütze

Gloster Meteor NF.Mk 13

Die Karriere des ersten britischen Düsenjägers kann man mit einigen Zahlen belegen: Von 1942 bis 1954 wurden 3.545 Meteor in 11 Standardversionen in Serie produziert und kamen in 12 Nationen zum Einsatz. Dazu kamen noch 330 Flugzeuge, die in den Niederlanden in Lizenz von Fokker gebaut wurden. Die Meteor war für Argentinien, die Niederlande, Belgien, Frankreich, Dänemark, Ägypten, Brasilien, Syrien, Israel und Schweden im Einsatz. Die Version NF.Mk 13 wurde zum ersten Mal am 23. Dezember 1952 geflogen und ist mit dem gleichen großen Kuppeldach ausgestattet wie die NF.Mk 11, die nur in geringer Stückzahl produziert und für den Einsatz in tropischen Gegenden konstruiert worden war. Das abgebildete Flugzeug ist eines von sechs, die zwischen Juni und August 1955 an Ägypten geliefert wurden.

Herkunftsland:	Großbritannien
Typ:	zweisitziger Nachtjäger
Triebwerk:	zwei 1.587-kg-Rolls-Royce-Derwent-8-Turbojets
Leistung:	Höchstgeschwindigkeit in 10.000 m Höhe 931 km/h; Dienstgipfelhöhe 12.192 m; Reichweite 1.580 km
Gewicht:	leer 5.400 kg; beladen 9.979 kg
Abmessungen:	Spannweite 13,1 m; Länge 14,78 m; Höhe 4,22 m
Bewaffnung:	vier 20-mm-Hispano-Geschütze

Gloster Meteor NF.Mk 14

Dies ist die letzte Meteor aus der Serie der Nachtjäger. Sie ist an einem veränderten Rundsichtcockpit und der verlängerten Spitze zu erkennen. Die geringen Änderungen der Aerodynamik und Ausrüstung sind weniger offensichtlich. Ein amerikanisches APS-21-Radar wurde installiert. Die Höchstgeschwindigkeit konnte noch ein wenig verbessert werden. Insgesamt wurden 100 Flugzeuge der Version Mk 14 fertig gestellt, so dass die NF.-Serie auf 335 Stück kam. Das letzte Flugzeug wurde im Mai 1954 ausgeliefert. Viele von ihnen wurden später in Navigations-Schulflugzeuge umgebaut, dann unter der Bezeichnung NF(T)Mk 14. Das abgebildete Flugzeug trägt die Farben der 85. Jagdstaffel, die in den 50er Jahren in West Malling und Church Fenton stationiert war. Der letzte Kriseneinsatz einer britischen Meteor wurde mit einer NF.Mk 14 der 60. Staffel in Tengpah, Singapur, im September 1961 geflogen.

Herkunftsland:	Großbritannien
Typ:	doppelsitziger Nachtjäger
Triebwerk:	zwei 1.587-kg-Rolls-Royce-Derwent-8-Turbojets
Leistung:	Höchstgeschwindigkeit in 10.000 m Höhe 940 km/h; Dienstgipfelhöhe 12.192 m; Reichweite 1.580 km
Gewicht:	leer 5.400 kg; beladen 9.300 kg
Abmessungen:	Spannweite 13,1 m; Länge 15,23 m; Höhe 4,22 m
Bewaffnung:	vier 20-mm-Hispano-Geschütze

Gloster Meteor U.Mk 16

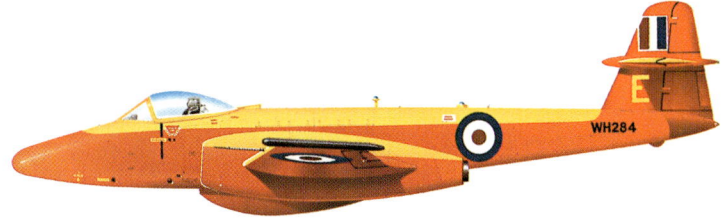

Als die Meteor nach und nach durch modernere Flugzeugtypen abgelöst wurde, verlängerte man ihre Dienstzeit durch die Erneuerung der Flugzelle. In solche Umbauprograme wurden die NF(T).14-Navigationschulversion und die ferngelenkten U.14, U.16 und U.17 einbezogen. Die ferngelenkten Flugzeuge sollten bei der Armee als ein realistisches Flugziel für Waffentests eingesetzt werden. Man hatte eine Fernsteuerung für ehemalige Einsitzer entwickelt. Die meisten wurden in grellen Farben angemalt, um sie leicher entdecken zu können, und oft mit Kameras ausgestattet, die den Raketeneinschlag dokumentieren sollten. Auf dem Bild ist eine U.Mk 16 zu sehen, die aus der Flugzelle für die F.Mk 8 gebaut wurde. Die Version U.Mk 21 wurde für Raketentests in Woomera/Australien benutzt.

Herkunftsland:	Großbritannien
Typ:	ferngelenktes Zielflugzeug
Triebwerk:	zwei 1.587-kg-Rolls-Royce-Derwent-8-Turbojets
Leistung:	Höchstgeschwindigkeit in 10.000 m Höhe 962 km/h; Dienstgipfelhöhe 13.106 m; Reichweite 1.580 km
Gewicht:	leer 4.820 kg; beladen 8.664 kg
Abmessungen:	Spannweite 11,32 m; Länge 13,58 m; Höhe 3,96 m

Grumman A-6 Intruder

Die Intruder wurde im Dezember 1957 aus elf konkurrierenden Entwürfen ausgewählt und speziell für den Blindflug auf Ziele bei Nacht und jedem Wetter konstruiert. Sie wurde für den Unterschallbereich entworfen und wird von zwei starken Turbojets angetrieben. Im Originalentwurf waren die zwei Strahltriebwerke schwenkbar, um die Kurzstarteigenschaften zu verbessern. Trotz ihres großen Gewichts hat die Intruder sehr gute Werte beim Langsamflug. Die Besatzung sitzt unter der Kabinenkuppel nebeneinander und hat gute Sicht in jede Richtung. Der Navigator bediente die am weitesten entwickelte Avionik, die es zu seiner Zeit in einem Jet gab. Die Intruder trat zuerst 1963 bei der amerikanischen Marine in Dienst und verfügte über einen sehr präzisen Bombenabwurf.

Herkunftsland:	USA
Typ:	zweisitziger trägergestützter Allwetter-Jäger
Triebwerk:	zwei 4.218-kg-Pratt-&-Whitney-J52-P-8A-Turbojets
Leistung:	Höchstgeschwindigkeit auf Meereshöhe 1.043 km/h; Dienstgipfelhöhe 14.480 m; Reichweite mit voller Waffenladung 1.627 km
Gewicht:	leer 12.132 kg; max. Startmasse 26.581–27.397 kg
Abmessungen:	Spannweite 16,15 m; Länge 16,69 m; Höhe 4,93 m; Tragflügelfläche 49,13 qm
Bewaffnung:	fünf externe Stationen mit Vorrichtungen für bis zu 8.165 kg Lasten, inkl. nuklearer Waffen, konventionellen und gelenkten Bomben, Luft-Boden-Raketen und Abwurftanks

Grumman EA-6 Prowler

Die amerikanische Marine nimmt als Schutzstaffel bei ihren Kampfeinsätzen meistens die EA-6 ECM mit. Dieses Flugzeug wurde aus der Reihe der A-6 Intruder entwickelt, obwohl es in jeder Hinsicht anders konstruiert ist. Das große Cockpit ist für den Piloten plus drei Offiziere ausgelegt, die das am weitesten entwickelte elektonische Abwehrsystem bedienen, das jemals in ein taktisches Flugzeug eingebaut wurde. Das Herz dieser Abwehr ist das ALQ-99, das auf mehrere feindliche elektronische Signale über eine große Bandbreite gleichzeitig reagieren kann. Die Maschine trat zum ersten Mal 1972 mit VAQ-132 in Dienst. Obwohl ihre guten Eigenschaften unbestritten waren, wurde die Prowler nur in kleiner Stückzahl produziert. Mitte der 90er Jahre wurden viele Flugzeuge von der amerikanischen Marine zum ADVCAP (Advanced Capability Standard) aufgerüstet.

Herkunftsland:	USA
Typ:	Träger für ECM
Triebwerk:	zwei 5.080-kg-Pratt-&-Whitney-J52-P-408-Turbojets
Leistung:	Höchstgeschwindigkeit auf Meereshöhe 982 km/h; Dienstgipfelhöhe 11.580 m; Kampfradius mit vollen Außentanks 1.769 km
Gewicht:	leer 14.588 kg; max. Startmasse 29.484 kg
Abmessungen:	Spannweite 16,15 m; Länge 18,24 m; Höhe 4,95 m; Tragflügelfläche 49,13 qm
Bewaffnung:	in frühen Versionen keine; nachträglich ausgerüstet mit externen Stationen für vier oder sechs AGM-88-HARM-Luft-Boden-Antiradar-Raketen

Grumman (General Dynamics) EF-111A Raven

Im Vietnamkrieg stellten die bodengestützten, radargelenkten Raketen der vietnamesischen Armee eine große Bedrohung für amerikanische Düsenjäger dar. Dadurch ergab sich die Notwendigkeit zur Entwicklung eines effektiven ECM-Flugzeugs. 1974 vergab die amerikanische Luftwaffe Forschungsaufträge an Grumman und General Dynamics für die Entwicklung einer passenden Version des F-111A-Jägers. Grumman bekam den Zuschlag und das von ihnen gebaute Flugzeug trat 1981 in Dienst, nachdem sich die Entwicklung des elektronischen Systems verzögert hatte. Das Auffälligste an der EF-111 ist der Aufsatz auf dem Heck, in dem sich der Empfänger und die Antenne des Abwehrsystems befinden. In die Schächte, die eigentlich für Waffen vorgesehen waren, wurde das ALQ-99-System eingebaut.

Herkunftsland:	USA
Typ:	zweisitziges taktisches ECM-Flugzeug
Triebwerk:	zwei 8.391-kg-Pratt-&-Whitney-TF-30-P3-Strahltriebwerke
Leistung:	Höchstgeschwindigkeit 2.272 km/h; Dienstgipfelhöhe über 13.715 m; Reichweite ohne Zusatztanks 1.495 km
Gewicht:	leer 25.072 kg; max. Startmasse 40.346 kg
Abmessungen:	Spannweite ohne Pfeilung 19,2 m; mit Pfeilung 9,74 m; Länge 23,16 m; Höhe 6,1 m; Tragflügelfläche 48,77 qm ohne Pfeilung

Grumman F-14A Tomcat

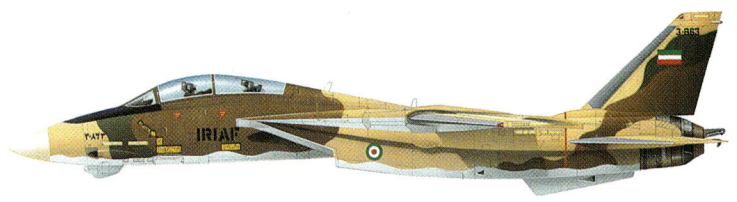

Die F-14 wurde hauptsächlich deswegen entwickelt, weil das F-111B-Jagdflottenprogramm fehlgeschlagen war. Doch auch dieses Flugzeug hatte im Einsatz einige Probleme. Ständige Schwierigkeiten mit dem Antrieb führten zu hohen Wartungskosten (einer der Gründe für die Entwicklung der preiswerteren F-18) und einer relativ hohen Unfallrate. Doch trotz dieser Umstände gilt die Tomcat immer noch als einer der besten Abfangjäger der Welt. Die Entwicklung der F-14A wurde durch den Verlust des ersten Prototypen im Dezember 1970 verzögert. Das Flugzeug trat weniger als zwei Jahre später in Dienst und hatte im September 1974 ihren ersten Einsatz auf der Enterprise. Die F-14 folgte der F-4 als vorderster Flottenverteidigungsjäger. Insgesamt wurden 478 der F-14A an die amerikanische Marine geliefert. 80 Flugzeuge bekam seit 1976 der Iran geliefert.

Herkunftsland:	USA
Typ:	zweisitziger trägergestützter Flottenverteidigungs-Jäger
Triebwerk:	zwei 9.480-kg-Pratt-&-Whitney-TF30-P-412A-Strahltriebwerke
Leistung:	Höchstgeschwindigkeit 2.517 km/h; Dienstgipfelhöhe 17.070 m; Reichweite ca. 3.220 km
Gewicht:	leer 18.191 kg; max. Startmasse 33.724 kg
Abmessungen:	Spannweite 19,55 m ohne Pfeilung; 11,65 m mit Pfeilung; Länge 19,1 m; Höhe 4,88 m; Tragflügelfläche 52,49 qm
Bewaffnung:	ein 20-mm-M61A1-Vulcan-Geschütz mit 675 Schuss; externe Pylonen für eine Kombination von AIM-7-Sparrow-Mittelstrecken-Luft-Luft-Raketen, AIM-9-Mittelstrecken-Luft-Luft-Raketen und AIM-54-Phoenix-Langstrecken-Luft-Luft-Raketen

Grumman F-14D Tomcat

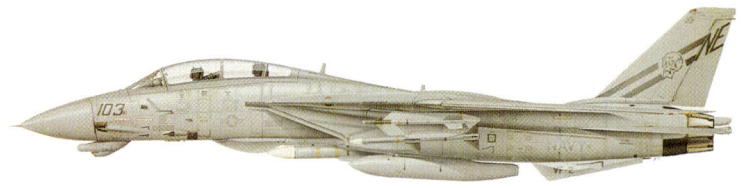

Die amerikanische Marine sah sich 1973 gezwungen, das Programm zur Entwicklung der ersten F-14B, die von zwei 12.741-kg-Pratt-&-Whitney-F401-P400-Strahltriebwerken angetrieben wurde, zu kürzen. Als Resultat dieser Einschränkung wurden alle F-14A in der Produktion mit der TF30-Maschine ausgerüstet, die aber nur als Übergangslösung gedacht war. 1984 entschloss man sich, eine Übergangsversion der F-14 mit der General-Electric-F110-GE-400, als F-14A (Plus) bezeichnet, zu entwickeln. Es wurden 32 Flugzeuge umgebaut und später als F-14B bezeichnet. Das F-14D-Projekt litt unter einer schier endlosen Reihe von Kürzungen und Änderungen, bevor 37 Neu- und 18 Umbauten der F-14A finanziert wurden. Die F-14D profitiert von einer verbesserten Version des APG-70-Radars, des APG-71, einer Neuanordnung der Instrumente im Cockpit und einem besseren Abwehrsystem.

Herkunftsland:	USA
Typ:	zweisitziger trägergestützter Flottenverteidigungs-Jäger
Triebwerk:	zwei 12.247-kg-General-Electric-F110-GE-400-Strahltriebwerke
Leistung:	Höchstgeschwindigkeit 1.988 km/h; Dienstgipfelhöhe 16.150 m; Reichweite ca. 1.994 km mit größtmöglicher Waffenladung
Gewicht:	leer 18.951 kg; max. Startmasse 33.724 kg
Abmessungen:	Spannweite 19,55 m ohne Pfeilung; 11,65 m mit Pfeilung; Länge 19,1 m; Höhe 4,88 m; Tragflügelfläche 52,49 qm
Bewaffnung:	ein 20-mm-M61A1-Vulcan-Geschütz mit 675 Schuss; externe Pylonen für eine Kombination von AIM-7-Sparrow-Mittelstrecken-Luft-Luft-Raketen, AIM-9-Mittelstrecken-Luft-Luft-Raketen und AIM-54A/B/C-Phoenix-Langstrecken-Luft-Luft-Raketen

Handley-Page Victor K.Mk 2

Die Victor war die dritte und letzte der V-Bombergeneration, die beim Bombenkommando der britischen Luftwaffe 1955 bis 1958 im Einsatz war. Die deutlich erkennbar sichelförmig geschwungenen Tragflächen für höchstmögliche Geschwindigkeit bedeuteten einen großen technischen Fortschritt. Die Entwicklung dauerte sehr lange, und als die Victor zum Einsatz kam, konnte sie von Abfangjägern gestellt und durch Raketenbeschuss zerstört werden. Als Konsequenz hielt man sich mit Bestellungen zurück. Die daraufhin in kleiner Stückzahl produzierten Flugzeuge waren recht teuer. 50 übrig gebliebene B.Mk-1- und B.Mk-1H-Victor-Flugzeuge wurden von Handley Page in Tanker (K.Mk 1 2 und K.Mk 1H 3) von 1965 bis 1967 umgebaut. An die britische Luftwaffe wurden noch 32 verbesserte Victor B.Mk 2, mit größerem Antrieb und neuer Flugzelle, geliefert, doch auch sie wurden in den 70er Jahren in K.Mk-2-Tanker umgerüstet.

Herkunftsland:	Großbritannien
Typ:	viersitziges Tankflugzeug
Triebwerk:	vier 9.344-kg-Rolls-Royce-Conway-Mk-201-Strahltriebwerke
Leistung:	Höchstgeschwindigkeit in 12.190 m Höhe 1.030 km/h; Reichweite 7.400 km
Gewicht:	leer 41.277 kg; max. Startmasse 105.687 kg
Abmessungen:	Spannweite 36,58 m; Länge 35,05 m; Höhe 9,2 m; Tragflügelfläche 223,52 qm

Hawker Hunter F.Mk 1

Die erste F.Mk 1 aus der Serienproduktion trat im Juli 1954 in Dienst. Das Flugzeug wurde in vielen Variationen produziert und hat eine 40-jährige aktive Karriere hinter sich. Die F.Mk 1 konnte problemlos Überschallgeschwindigkeit erreichen und war mit vier 30-mm-Aden-Geschützen bewaffnet, die in einer besonderen Vorrichtung zum schnellen Abschuss aufbewahrt wurden. Eine der frühen Schwierigkeiten bei diesem sonst relativ problemlosen Flugzeug war die Tatsache, dass der Avon-100-Antrieb stoppte, sobald geschossen wurde.

Herkunftsland:	Großbritannien
Typ:	einsitziger Jäger
Triebwerk:	ein 2.925-kg-Rolls-Royce-Avon-100-Turbojet
Leistung:	Höchstgeschwindigkeit auf Meereshöhe 1.144 km/h; Dienstgipfelhöhe 15.240 m; Reichweite ohne Zusatztanks 689 km
Gewicht:	leer 5.501 kg; beladen 7.347 kg
Abmessungen:	Spannweite 10,26 m; Länge 13,98 m; Höhe 4,02 m; Tragflügelfläche 32,42 qm
Bewaffnung:	vier 30-mm-Aden-Geschütze; Unterflügelpylonen mit Vorrichtungen für zwei 453,6-kg-Bomben und 24 76,2-mm-Raketen

Hawker Hunter T.Mk 8M

Die Hawker wurde 1953 ursprünglich als eine zweisitzige Schulflugzeugversion der Hunter entwickelt. Im Juli 1955 wurde der Prototyp P.1101 geflogen; die Serienflugzeuge wurden als T.Mk 7 bezeichnet und gingen ab 1958 bei der britischen Luftwaffe in Dienst. Daraus wurde auch ein Schulflugzeug für die Marine entwickelt, die T.Mk 8. Diese Version kann man an den Haken unter dem hinteren Rumpf erkennen. Alle Schulflugzeuge hatten das vergrößerte Cockpit, die nebeneinander angebrachten Sitze und die doppelte Steuerung gemein. Insgesamt wurden 41 der T.Mk 8 gebaut. Sowohl bei der Verteidigungs- und Forschungsbehörde als auch in der Pilotentestschule Großbritanniens kommt das Flugzeug noch heute zum Einsatz. Die zweisitzige Schulversion wurde an Dänemark, Peru, Indien, Jordanien, Libanon, Kuwait, Schweiz, Irak, Chile, Singapur, Abu Dhabi und Kenia geliefert.

Herkunftsland:	Großbritannien
Typ:	zweisitziges Fortgeschrittenen-Schulflugzeug
Triebwerk:	ein 3.428-kg-Rolls-Royce-Avon-122-Turbojet
Leistung:	Höchstgeschwindigkeit auf Meereshöhe 1.117 km/h; Dienstgipfelhöhe 14.325 m; Reichweite ohne Zusatztanks 689 km
Gewicht:	leer 6.406 kg; beladen 7.802 kg
Abmessungen:	Spannweite 10,26 m; Länge 14,89 m; Höhe 4,02 m; Tragflügelfläche 32,42 qm
Bewaffnung:	zwei 30-mm-Aden-Geschütze mit 150 Schuss

Hunting (Percival) P.84
Jet Provost

In den frühen 50er Jahren trainierten die Piloten der britischen Luftwaffe, die Jets mit hoher Geschwindigkeit fliegen sollten, in der Percival Provost mit einem Kolbenmotor. Hunting erkannte, dass ein Schulflugzeug mit Düsenantrieb gebraucht wurde, und entwickelte den Jet Provost auf eigene Rechnung. Der Prototyp behielt die Tragflächen und das Heck von der P.56 Provost, die an einen neuen Rumpf angebaut wurden, in den eine Turbinenmaschine und das Fahrwerk eingebaut waren. Die T.Mk 1 hatte ihren ersten Flug am 16. Juni 1953 und wurde dann in großer Stückzahl für die britische Luftwaffe produziert. Der Jet Provost blieb in drei Grundversionen im Dienst. Die letzte Version, die T.Mk 5, hatte eine Druckkabine, eine verlängerte Spitze als Platz für die Avionik und verstärkte Tragflächen mit höherer Treibstoffkapazität. Dieses Schulflugzeug wurde bis 1989 genutzt, ehe es vom Short Tucano ersetzt wurde.

Herkunftsland:	Großbritannien
Typ:	zweisitziges Schulflugzeug
Triebwerk:	ein 1.134-kg-Bristol-Siddeley-Viper-Mk-202-Turbojet
Leistung:	Höchstgeschwindigkeit in 7.620 m Höhe 708 km/h; Dienstgipfelhöhe 11.185 m; max. Reichweite mit Zusatztanks 1.448 km
Gewicht:	max. Startmasse mit Zusatztanks 4.173 kg
Abmessungen:	Spannweite 10,77 m; Länge 10,36 m; Höhe 3,1 m; Tragflügelfläche 19,85 qm

Hawker P.1127

Nachdem man in den 50er Jahren begriffen hatte, dass die Fähigkeit der Gasturbine mit ihrem Schub/Gewicht-Verhältnis eine neue Generation von Hochgeschwindigkeitsjets mit Senkrechtstart ermöglichte, wurden viele Prototypen und Forschungsgeräte gebaut. Doch mit Ausnahme der nicht sehr leistungsfähigen Yakovlev Yak-38 „Forger" ist nur aus einer Entwicklung ein brauchbares Kampfflugzeug entstanden, die P.1127. Sie wurde von einem Team um den Hawker Chefdesigner Sir Sidney Camm um die Bristol-BS.53 herumgebaut. Dieser Antrieb war speziell für den Senkrechtstart bei Flugzeugen mit starren Flügeln entwickelt worden. Er wurde mit einer Spezialausrüstung getestet, die den Spitznamen „The Flying Bedstead" („das fliegende Bettgestell") bekam. Der erste der sieben Prototypen der P.1127 flog erstmals am 21. Oktober 1960.

Herkunftsland:	Großbritannien
Typ:	experimentelles V/STOL-Flugzeug
Triebwerk:	(verschiedene während der Tests an sechs Prototypen) ein 8.618-kg-Rolls-Royce-Pegasus-Schub-Turbojet
Leistung:	Mach 1,2 (im Sturzflug)
Gewicht:	keine Angaben
Abmessungen:	keine Angaben

Hawker Sea Hawk FB.Mk 3

Die Sea Hawk war der erste Düsenjäger des Konstrukteurs Sir Sidney Camm. Der erste Flug des ursprünglichen Prototyps fand am 2. September 1947 statt. Die britische Marine bestellte 151 Maschinen der Marineversion, die mit Trägerausrüstung und einer verkürzten Flügelspanne ausgestattet war. Hawker Siddeley baute allerdings nur 35 dieser F.1; die Restproduktion wurde von der Firma Armstrong Whitworth aus Coventry durchgeführt. Die Version F.2 hatte angetriebene Querruder. Die FB.3 wurde mit Unterflügelstationen für die Mitnahme von zwei Bomben oder Minen ausgestattet. Die FB.Mk 3 hatte eine verstärkte Hauptflügelspiere, um die erhöhte Waffenzuladung bewältigen zu können. Insgesamt wurden 116 der FB.Mk 3 an die britische Marine ausgeliefert. Viele wurden später auf FB.Mk-5-Standard mit einem stärkeren 2.449-kg-Rolls-Royce-Nene-103-Turbojet umgerüstet.

Herkunftsland:	Großbritannien
Typ:	einsitziger trägergestützter Jagdbomber
Triebwerk:	ein 2.268-kg-Rolls-Royce-Nene-Turbojet
Leistung:	Höchstgeschwindigkeit auf Meereshöhe 958 km/h; Dienstgipfelhöhe 13.560 m; Standardreichweite 1.191 km
Gewicht:	leer 4.409 kg; max. Startmasse 7.355 kg
Abmessungen:	Spannweite 11,89 m; Länge 12,09 m; Höhe 2,64 m; Tragflügelfläche 25,83 qm
Bewaffnung:	vier 20-mm-Hispano-Geschütze in der Spitze, Unterflügelstationen für zwei 227-kg-Bomben

Hawker Sea Hawk FB.Mk 3

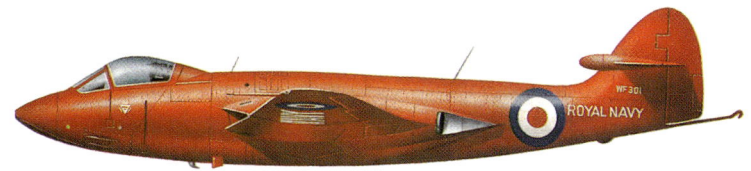

Während des 2. Weltkrieges waren eine Reihe erfolgreicher Flugzeuge mit Kolbenmotor-antrieb gebaut worden, also konzentrierte Hawker sich auf die Düsenflugzeuge. Nachdem viel Entwicklungsarbeit in Eigenregie in den Prototyp P.1040 investiert worden war, wurde die-ser im Januar 1949 von der britischen Marine für die Serienproduktion ausgesucht. Die Flug-zeuge des Typs F.Mk 1 wurden bei Hawker in Kingston gebaut, aber die Produktion wurde nach nur 30 Maschinen an Armstrong Whitworth abgegeben, da Hawker all seine Kapazitäten für die gleichzeitige Produktion der Hawker Hunter einsetzen musste. Die endgültige Variante war der FB.Mk-3-Jagdbomber, von dem 116 mit verstärkten Tragflächen für zwei 227-kg-Bomben oder Minen gebaut wurden. Die FB.Mk 3 trat im Juli 1954 in Dienst, wurde aber schon bald durch die FB.Mk 6 ersetzt. Das abgebildete Flugzeug trägt die Farben der Kunstfliegergruppe „Red Devils".

Herkunftsland:	Großbritannien
Typ:	einsitziger trägergestützter Jagdbomber
Triebwerk:	ein 2.270-kg-Rolls-Royce-Nene-101-Turbojet
Leistung:	Höchstgeschwindigkeit auf Meereshöhe 969 km/h; Dienstgipfelhöhe 13.565 m; Kampfradius 370 km
Gewicht:	leer 4.409 kg; max. Startmasse 7.348 kg
Abmessungen:	Spannweite 11,89 m; Länge 12,09 m; Höhe 2,64 m; Tragflügelfläche 25,83 qm
Bewaffnung:	vier 20-mm-Hispano-Geschütze mit 200 Schuss; plus Unterflügel-stationen mit Vorrichtung für zwei 227-kg-Bomben

Hawker Sea Hawk FGA.Mk 6

Der Entwurf eines geteilten Strahlrohres löste beim Verteidigungsministerium einige Bedenken aus. Aber nachdem der Prototyp P.1040 enthüllt war, bewies sich die Sea Hawk von Sidney Camm als ein verlässlicher, handlicher Jäger. Der letzte Serienbau der Sea Hawk wurde als FG.Mk 6 bezeichnet und ist mit einer stärkeren Rolls-Royce-Nene-103 ausgestattet, ansonsten aber baugleich mit der F.Mk.4. Frühe Versionen der Sea Hawk wurden während der Suezkrise eingesetzt. Hawker baute eigentlich nur 35 Stück der F.1 Sea Hawk. Alle anderen 87 Flugzeuge der FGA.Mk-6-Version produzierte Armstrong Whitworth. Das Flugzeug blieb bis 1960 im Dienst. 1959 bestellte Indien 24 Flugzeuge, die der Mk 6 ähnlich waren. Einige wurden neu gebaut, andere waren umgerüstete, ehemalige RN-Mk-6-Flugzeuge.

Herkunftsland:	Großbritannien
Typ:	einsitziger trägergestützter Jagdbomber
Triebwerk:	ein 2.449-kg-Rolls-Royce-Nene-103-Turbojet
Leistung:	Höchstgeschwindigkeit auf Meereshöhe 969 km/h; Dienstgipfelhöhe 13.565 m; Kampfradius 370 km
Gewicht:	leer 4.409 kg; max. Startmasse 7.348 kg
Abmessungen:	Spannweite 11,89 m; Länge 12,09 m; Höhe 2,64 m; Tragflügelfläche 25,83 qm
Bewaffnung:	vier 20-mm-Hispano-Geschütze; plus Unterflügelstationen mit Vorrichtungen für vier 227-kg-Bomben oder zwei 227-kg-Bomben und 20 76,2-mm- oder 16 127-mm-Raketen

Hawker Sea Hawk Mk 50

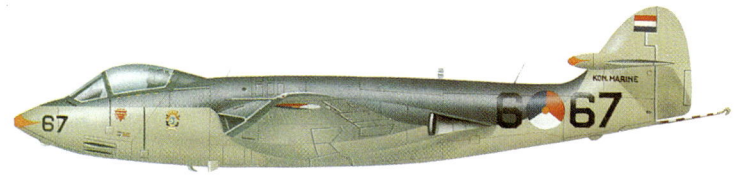

Die Sea Hawk erwarb sich bald international einen guten Ruf. Das führte zu der Produktion einer Serienversion für den Export. Die Mk 50 war eine Exportversion der Sea Hawk F.Mk 6 für die Marine der Niederlande. Von 1956 bis 1957 wurden ca. 22 Maschinen ausgeliefert, die bis 1964 im Dienst blieben und auf dem Flugzeugtäger Karel Doorman eingesetzt wurden. Die Sea Hawk wurde auch nach Indien exportiert. Das abgebildete Flugzeug ist eine Mk 50 der 860. Staffel der niederländischen Marine. Das Zeichen der Staffel sehen Sie auf dem vorderen Rumpf. Diese Einheit operierte während seiner gesamten Dienstzeit bei der niederländischen Marine mit der Sea Hawk. Das niederländische Flugzeug hatte Vorrichtungen für Sidewinder-1A-Luft-Luft-Lenkraketen.

Herkunftsland:	Großbritannien
Typ:	einsitziger trägergestützter Jagdbomber
Triebwerk:	ein 2.449-kg-Rolls-Royce-Nene-103-Turbojet
Leistung:	Höchstgeschwindigkeit auf Meereshöhe 969 km/h; Dienstgipfelhöhe 13.565 m; Kampfradius 370 km
Gewicht:	leer 4.409 kg; max. Startmasse 7.348 kg
Abmessungen:	Spannweite 11,89 m; Länge 12,09 m; Höhe 2,64 m; Tragflügelfläche 25,83 qm
Bewaffnung:	vier 20-mm-Hispano-Geschütze; plus Unterflügelstationen mit Vorrichtungen für vier 227-kg-Bomben oder zwei 227-kg-Bomben und 20 76,2-mm- oder 16 127-mm-Raketen

Hawker Sea Hawk Mk 100

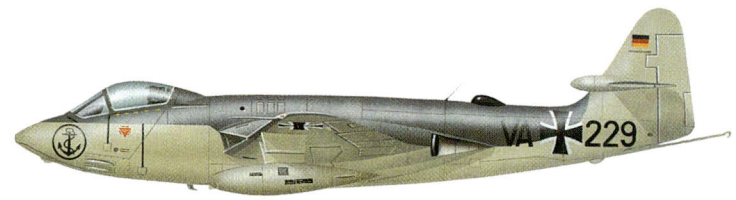

Die anderen erfolgreichen Exportversionen der Sea Hawk waren die Mk 100, von der 34 an die deutsche Marine geliefert wurden, und der Nachtjäger Mk 101. Die Mk 100 war lediglich eine Exportversion der FGA.Mk 6, aber die Mk 101 hatte eine vergrößerte Finne und Ruder und war mit einem Ekco-34-Suchradar unter dem rechten Flügel ausgestattet. Von der Mk 101 wurden 34 Stück gebaut. Sie operierten von Basen nahe der Küste. Mitte der 60er wurden sie durch die Lockheed F-104G-Starfighter ersetzt. Daraufhin wurden einige dieser Flugzeuge an die indische Marine verkauft und waren an Bord der INS Vikrant im Einsatz, bis sie 1983 auch dort, diesmal von der Sea Harrier FRS.Mk 51, ersetzt wurden. Der Auftrag der deutschen Marine wurde 1958 erfüllt, und alle Flugzeuge wurden in Schleswig-Holstein als Luftverteidigung gegen die baltischen Staaten stationiert, da Deutschland keine Flugzeugträger hatte.

Herkunftsland:	Großbritannien
Typ:	einsitziger trägergestützter Jagdbomber
Triebwerk:	ein 2.449-kg-Rolls-Royce-Nene-103-Turbojet
Leistung:	Höchstgeschwindigkeit auf Meereshöhe 969 km/h; Dienstgipfelhöhe 13.565 m; Kampfradius 370 km
Gewicht:	leer 4.409 kg; max. Startmasse 7.348 kg
Abmessungen:	Spannweite 11,89 m; Länge 12,09 m; Höhe 3,04 m; Tragflügelfläche 25,83 qm
Bewaffnung:	vier 20-mm-Hispano-Geschütze; plus Unterflügelstationen mit Vorrichtungen für vier 227-kg-Bomben oder zwei 227-kg-Bomben und 20 76,2-mm- oder 16 127-mm-Raketen

Hawker Siddeley Gnat T.Mk 1

Der britische Designer W.E.W. „Teddy" Petter plante die Gnat mit dem Ziel, einen einfachen, leichten Jäger mit gleicher Leistung, aber weniger Kosten zu produzieren. Die Firma Folland Aircraft entwickelte einen privat finanzierten Prototyp, der als Midge bekannt wurde und bekam einen Auftrag für die Entwicklung von sechs Stück. Der erste flog im Mai 1956. Indien unterschrieb eine Lizenzvereinbarung für den Bau im September 1956 und die Hindustan-Flugwerke bauten 213 Maschinen. Wohl wissend, dass die britische Luftwaffe ihr Vampire-Schulflugzeug von de Havilland ersetzen wollte, finanzierte Folland eine Weiterentwicklung, um ein zweisitziges Cockpit einbauen zu können. Es wurde ein neuer Flügel entworfen, der Rumpf verlängert und die Kontrollelemente umorganisiert. Dieses Flugzeug trat als Gnat T.Mk 1 in Dienst und wurde bei der britischen Luftwaffe als Fortgeschrittenen-Schulflugzeug verwendet.

Herkunftsland:	Großbritannien
Typ:	zweisitziges Fortgeschrittenen-Schulflugzeug
Triebwerk:	ein 1.919-kg-Bristol-Siddeley-Orpheus-Turbojet
Leistung:	Höchstgeschwindigkeit in 9.450 m Höhe 1.024 km/h; Dienstgipfelhöhe 14.630 m; Reichweite mit zwei 300-Liter-Tanks 1.852 km
Gewicht:	leer 2.331 kg; max. Startmasse 3.915 kg
Abmessungen:	Spannweite 7,32 m; Länge 9,68 m; Höhe 2,93 m; Tragflügelfläche 16,26 qm

Heinkel He 162 Salamander

ie He 162 war allgemein als der „Volksjäger" bekannt und wurde während des 2. Weltkrieg von der deutschen Luftfahrtindustrie in nur sechs Monaten entwickelt und
gebaut. Das Flugzeug ist hinsichtlich der Knappheit an verfügbarem Material in der Tat ein
kleines Wunder. Am 8. September 1944 schrieb das Reichsluftfahrtministerium einen Jäger
aus, der 750 km/h erreichen und zum allgemeinen Wohl am 1. Januar 1945 fertig gestellt sein
sollte. Für dieses Projekt wurden viele Arbeiter zusätzlich bereit gestellt, und ein schnelles
Trainingsprogramm für die Hitler-Jugend wurde aufgebaut, bei dem hauptsächlich Gleitflie-
ger verwendet wurden. Heinkel, der mit der He 178 das erste Düsenflugzeug der Welt gebaut
hatte, gewann die Ausschreibung mit einer kleinen hölzernen Maschine, die ihren Antrieb auf
dem Rücken mit sich führte. Der erste Prototyp flog am 6. Dezember 1944. Die Auslieferung
begann im Januar 1945.

Herkunftsland:	Deutschland
Typ:	einsitziger Abfangjäger
Triebwerk:	ein 800-kg-BMW-003A-1-Turbojet
Leistung:	Höchstgeschwindigkeit in 6.000 m Höhe 840 km/h; Dienstgipfelhöhe 12.040 m; Ausdauer 57 Minuten in 10.970 m
Gewicht:	leer 2.050 kg; max. Startmasse 2.695 kg
Abmessungen:	Spannweite 7,2 m; Länge 9,05 m; Höhe 2,55 m; Tragflügelfläche 11,2 qm
Bewaffnung:	zwei 20-mm-MG151/20-Geschütze

Heinkel He 178

Die He 178 wurde, zusammen mit der He 176 mit Raketenantrieb, privat finanziert und mit einem Heinkel-HeS-3b-Turbojet angetrieben. Das Flugzeug sollte zwar nur zu Testzwecken verwendet werden, doch hat es einen sicheren Platz in der Geschichte der Luftfahrt. Am 27. August 1939 hob der Flugkapitän Erich Warsitz das erste Mal in einem düsenangetriebenen Flugzeug ab und drehte auf dem Fabrikflugfeld in Rostock-Marienehe seine Runden. Zwar kamen im Oktober Inspekteure des Reichsluftfahrtministeriums, aber ansonsten gab es kaum offizielles Interesse, und das Projekt wurde zugunsten der größeren He 280 aufgegeben. Allerdings ist es wichtig zu wissen, dass die He 178 fast zwei Jahre vor der Gloster E.28/39 geflogen ist, trotz der führenden Rolle Großbritanniens in der Düsentechnologie. Die Tragflächen sind hier sehr hoch angesetzt, und das Fahrwerk konnte direkt hinter dem Cockpit in den Rumpf eingezogen werden.

Herkunftsland:	Deutschland
Typ:	einsitziger Test-Jet
Triebwerk:	ein 454-kg-HeS-3b-Turbojet
Leistung:	keine Angaben
Gewicht:	keine Angaben
Abmessungen:	keine Angaben

Heinkel He 280

Als die Arbeiten an der He 178 im Winter 1939 eingestellt wurden, konzentrierte man sich bei Heinkel auf die He 280, die einen doppelten Antrieb bekommen sollte. Das Flugzeug war schon viel fortschrittlicher und so entworfen, dass es von einem Paar der stärkeren HeS-8 und HeS-30 angetrieben werden sollte. Doch gab es bei beiden Motoren Entwicklungsprobleme, was dazu führte, dass der erste Prototyp der Flugzelle keinen Antrieb hatte und dass sie – an eine He 111 angehängt – in die Höhe gezogen wurde, um den ersten Testflug am 22. September 1940 durchführen zu können. Im März des nächsten Jahres waren die Motoren fertig zum Einbau und das Flugzeug hob aus eigener Kraft am 2. April ab. Der Antrieb konnte innerhalb von zwei Jahren von 500-kg- auf nur etwas über 600-kg-Schub gebracht werden, doch auch der Einbau der BMW-109-003-Motoren brachte nicht viel mehr Leistung, und das Flugzeug unterlag der Messerschmitt Me 262.

Herkunftsland:	Deutschland
Typ:	einsitziger Test-Jet
Triebwerk:	zwei 600-kg-Heinkel-HeS-8A-Turbojets
Leistung:	Höchstgeschwindigkeit in 6.458 m Höhe 800 km/h
Gewicht:	beladen 4.340 kg
Abmessungen:	Spannweite 12 m; Länge 10,4 m

Horton Ho IX V2

S chon in den 20er Jahren versuchten sich Reimar und Walter Horton an der Entwicklung eines Flugzeugs ohne Heck, in dem Glauben, es habe bessere Flugeigenschaften. Sie entwickelten 1931 eine Versuchsserie, die in der Ho IX V2 gipfelte (der Prototyp Ho X wurde nie fertig gestellt). Diese Ho IX V2 hat mehr als nur eine flüchtige Ähnlichkeit mit der unglaublichen Northrop B2 Spirit und war das erste Horten-Flugzeug mit Düsenantrieb. Der erste Prototyp V-1 wurde ohne Motor im Jahr 1944 fertig gestellt. Ein zweiter Prototyp wurde mit zwei 900-kg-Turbojets gebaut, ging aber nach zwei Stunden im Flugtest verloren, weil ein Motor ausbrannte. Die Produktion war schon im großen Stil in der Fabrik in Gotha geplant worden, doch es wurde nur ein Flugzeug fertig gestellt, bevor die amerikanischen Truppen das Werk still legten und alle wichtigen Forschungsunterlagen mitnahmen.

Herkunftsland:	Deutschland
Typ:	einsitziger Test-Jäger
Triebwerk:	zwei 900-kg-BMW-003-Turbojets
Leistung:	ca. 800 km/h in 6.100 m Höhe
Gewicht:	ca. 9.080 kg
Abmessungen:	Spannweite 16 m
Bewaffnung:	(vorgesehen) vier 30-mm-MK-108-Geschütze für Tagjäger; Bombenvorrichtungen bis zu 908 kg für Jagdbomber

IAI Kfir C1

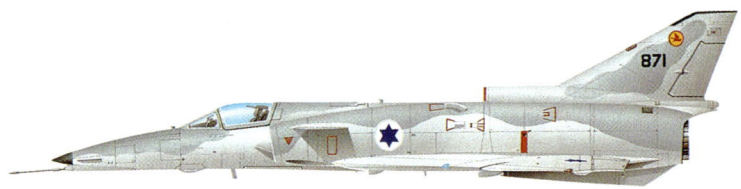

In den 50er Jahren war Israel hinsichtlich des Kaufs und der Auslieferung von Kampfflugzeugen ausschließlich auf Frankreich angewiesen. Die ursprüngliche Mirage IIIC zeugt
noch von dieser Zeit und den engen Bindungen zwischen Dassault und Israel. Sie wurde
während des Sechs-Tage-Kriegs im Juni 1967 eingesetzt. Dassault wurde aber von General
Charles de Gaulle verboten, die verbesserte Mirage 5, die für Israel entwickelt und schon
bezahlt worden war, auszuliefern. Also war die israelische Luftfahrtindustrie auf sich gestellt und versuchte, das Beste daraus zu machen. Sie kopierten eine verbesserte Version
der Mirage III. Die Firma übernahm die Flugzelle, um dort einen General-Electric-J79-Turbo-
jet unterzubringen, das Entwicklungsprogramm lief unter dem Namen „Black Curtain".
Einige dieser Flugzeuge wurden 1973 im Yom-Kippur-Krieg eingesetzt.

Herkunftsland:	Israel
Typ:	einsitziger Abfangjäger
Triebwerk:	ein 8.119-kg-General-Electric-J79-J1E-Turbojet
Leistung:	max. Geschwindigkeit über 11.000 m Höhe 2.445 km/h; Dienstgipfel-höhe 17.680 m; Kampfradius als Abfangjäger 346 km
Gewicht:	leer 7.285 kg; max. Startmasse 16.200 kg
Abmessungen:	Spannweite 8,22 m; Länge 15,65 m; Höhe 4,55 m; Tragflügelfläche 34,80 qm
Bewaffnung:	ein IAI-(DEFA)-30-mm-Geschütz; neun externe Stationen mit Vorrichtungen für bis zu 5.775 kg Lasten; für Abfangaufgaben AIM-9-Sidewinder-Luft-Luft-Raketen oder einheimische gebaute Luft-Luft-Raketen wie z. B. die Shafrir oder Python

IAI Kfir C1

Die Kfir repräsentiert eine bedeutende Verbesserung gegenüber der Mirage III, auf der sie basierte. Der Einbau eines J79-Antriebs machte es notwendig, den Rumpf abzuändern und vor der Finne eine Kühlung einzubauen. Der kürzere Motor führte zur Verkürzung des hinteren Rumpfes, aber die Spitze wurde verlängert, um eine passende Avionik darin unterbringen zu können. Von der Kfir C1 wurden nur 27 Modelle gebaut, und diese statteten eine Staffel der Verteidigungsflotte Israels aus, bevor sie von der verbesserten Version C2 ersetzt wurden. Das Flugzeug konnte sowohl als Jäger als auch zum Abfangen genutzt werden. Das Flugzeug wurde auch im Ausland angeboten. Die abgebildete Maschine gehörte in den 80er Jahren unter der Bezeichnung F-21A zur amerikanischen Staffel VF-43, stationiert in Oceana, Virginia.

Herkunftsland:	Israel
Typ:	einsitziger Abfangjäger/Jagdbomber
Triebwerk:	ein 8.119-kg-General-Electric-J79-J1E-Turbojet
Leistung:	max. Geschwindigkeit über 11.000 m Höhe 2.445 km/h; Dienstgipfelhöhe 17.680 m; Kampfradius als Abfangjäger 346 km
Gewicht:	leer 7.285 kg; max. Startmasse 16.200 kg
Abmessungen:	Spannweite 8,22 m; Länge 15,65 m; Höhe 4,55 m; Tragflügelfläche 34,8 qm
Bewaffnung:	ein IAI-(DEFA)-30-mm-Geschütz; neun externe Stationen mit Vorrichtung für bis zu 5.775 kg Lasten, inkl. konventioneller und gelenkter Bomben, Splitterbomben, Raketen, Napalmtanks, Luft-Boden-Raketen und Luft-Luft-Raketen

IAI Kfir C2

Die C2 war die größte Serienproduktionsversion der Kfir und wurde zum ersten Mal am 20. Juli 1976 öffentlich vorgeführt. Die Verbesserungen betrafen hauptsächlich die Flugeigenschaften durch zusätzliche kleine abnehmbare Flügel, die Start- und Landeleistung durch die Erweiterung der Gurtung und die Leistungen im Gefecht. Spätere Flugzeuge wurden, wie auch das TC2-Schulflugzeug, mit einem fortschrittlichen Radarsystem ausgerüstet. Zwischen 1983 und 1985 wurden fast alle C2 auf den Standard der C7 gebracht; die Schubleistung des Antriebs wurde erhöht, eine verbesserte Avionikausrüstung eingebaut und zwei zusätzliche Pylonen für Ladung angebracht. Die israelischen Verteidigungstruppen haben keine mehr im Dienst. Die Maschine wurde auch nach Kolumbien exportiert. Das abgebildete Flugzeug war in der Negev-Wüste stationiert und trägt die Standardtarnung der israelischen Verteidigung.

Herkunftsland:	Israel
Typ:	einsitziger Abfangjäger/Jagdbomber
Triebwerk:	ein 8.119-kg-General-Electric-J79-J1E-Turbojet
Leistung:	max. Geschwindigkeit über 11.000 m Höhe 2.445 km/h; Dienstgipfelhöhe 17.680 m; Kampfradius als Abfangjäger 346 km
Gewicht:	leer 7.285 kg; max. Startmasse 16.200 kg
Abmessungen:	Spannweite 8,22 m; Länge 15,65 m; Höhe 4,55 m; Tragflügelfläche 34,8 qm
Bewaffnung:	ein IAI-(DEFA)-30-mm-Geschütz; neun externe Stationen mit Vorrichtungen für bis zu 5.775 kg Lasten; für Jagdbomber-Aufgaben eine große Auswahl an Lasten, inkl. konventioneller und gelenkter Bomben, Splitterbomben, Raketen, Napalmtanks und Luft-Boden-Raketen

Iljuschin Il-28 „Beagle"

Seit ihrem ersten Auftreten als Prototyp 1948 erwies sich die Il-28 in den Streitkräften des Ostblocks als ebenso flexibel und langlebig wie die britische Canberra. Der Prototyp wurde von zwei sowjetischen Turbojets angetrieben, die als Vorbild die Rolls-Royce-Nene hatten, die von Großbritannien geliefert worden war. Der ungepfeilte Flügel ist hoch angesetzt und weit hinten am Rumpf um das Moment, das von den Treibstofftanks im hinteren Rumpf ausgeht, zu reduzieren. Der Bordschütze ist gleichzeitig der Bordfunker und sitzt im Heck, wärend der Navigationsoffizier in der verglasten Spitze seinen Platz hat. Nach einem öffentlichen Auftritt zur Parade am 1. Mai 1950 begannen sowjetische Einheiten sich mit der Il-28 auszustatten. Das Flugzeug diente in allen Bombereinheiten des Warschauer Pakts von 1955 bis 1970. Als Schulflugzeug wurde die Il-28U konzipiert.

Herkunftsland:	UdSSR
Typ:	dreisitziger Bomber und Jagdbomber/Schulflugzeug/Torpedoflugzeug
Triebwerk:	zwei 2.700-kg-Klimow-VK-1-Turbojets
Leistung:	max. Geschwindigkeit 902 km/h; Dienstgipfelhöhe 12.300 m; Reichweite 2.180 km; mit Bomben-Zuladung 1.100 km
Gewicht:	leer 12.890 kg; max. Startmasse 21.200 kg
Abmessungen:	Spannweite 21,45 m; Länge 17,65 m; Höhe 6,7 m; Tragflügelfläche 60,8 qm
Bewaffnung:	zwei 23-mm-NR-23-Geschütze in der Spitze, zwei 23-mm-NR-23-Geschütze im Heck; internes Bomben-Fassungsvermögen von bis zu 1.000 kg, max. Bomben-Fassungsvermögen 3.000 kg; die Torpedoversion hat Vorrichtungen für zwei 400-mm-Leicht-Torpedos

Iljuschin Il-28 „Beagle"

Fast 10.000 Flugzeuge vom Typ Ilyushin Il-28 wurden in der Standardform VK-1 mit dem Nene-Turbojet produziert. Dabei entstanden drei Hauptvarianten der Flugzelle mit gleicher Konfiguration. Der Il-28T-Marinetorpedobomber wurde von der sowjetischen Marine lange Zeit über dem baltischen Raum genutzt. Das Schulflugzeug Il-28U „Mascot" ist leicht an seinem besonders gestuften Cockpit zu erkennen. Die Il-28R, von der im Allgemeinen angenommen wird, sie sei ein Aufklärer, unterschied sich von den anderen nur durch die zusätzlichen Flügeltanks, durch die die größtmögliche Zuladung erreicht werden sollte. Obwohl die Il-28 nicht mehr in den ehemaligen Sowjetstaaten in Dienst ist, wird sie noch von einigen früheren Sowjetverbündeten genutzt, so auch in der Chinesischen Volksarmee. In China wurde sie sogar in Lizenz gebaut, aber hier ist eine 500 Stück abgebildet, die in der damaligen UdSSR produziert wurden.

Herkunftsland:	UdSSR
Typ:	dreisitziger Bomber und Jagdbomber/Schulflugzeug/Torpedo-flugzeug
Triebwerk:	zwei 2.700-kg-Klimow-VK-1-Turbojets
Leistung:	max. Geschwindigkeit 902 km/h; Dienstgipfelhöhe 12.300 m; Reichweite 2.180 km; mit Bomben-Zuladung 1.100 km
Gewicht:	leer 12.890 kg; max. Startmasse 21.200 kg
Abmessungen:	Spannweite 21,45 m; Länge 17,65 m; Höhe 6,7 m; Tragflügelfläche 60,8 qm
Bewaffnung:	zwei 23-mm-NR-23-Geschütze in der Spitze, zwei 23-mm-NR-23-Geschütze im Heck; internes Bomben-Fassungsvermögen von bis zu 1.000 kg, max. Bomben-Fassungsvermögen 3.000 kg; die Torpedoversion hat Vorrichtungen für zwei 400-mm-Leicht-Torpedos

Iljuschin Il-76MD „Candid-B"

Die Il-76 „Candid" (Benennung der NATO) wurde zum ersten Mal 1971 im Westen auf der Pariser Luftausstellung gezeigt. Der Entwurf trug dem sowjetischen Bedürfnis nach einem wirklich fähigen Transporter Rechnung, der große unteilbare Ladung bei hoher Geschwindigkeit und interkontinental transportieren und auch von schlechten Startbahnen aus starten konnte. Die Aeroflot war das erste Unternehmen, das das Flugzeug auf Flugrouten in Sibirien nutzte. Die Il-76T „Candid A" wurde den sowjetischen Truppen 1974 zur Auswertung geliefert und hatte einen Panzerturm am Heck. Nach zwei Jahren begann die Auslieferung der Il-76M „Candid-B". Die abgebildete Il-76MD zeigt einige Neuerungen wie eine erhöhte Treibstoffkapazität, die auch eine größere Reichweite erbrachte. Die Version MD ist unbewaffnet, hat stärkere Motoren und kann wesentlich mehr Zuladung aufnehmen.

Herkunftsland:	UdSSR
Typ:	schwerer Frachttransporter
Triebwerk:	vier 12.000-kg-Solowjew-D-30KP-1-Strahltriebwerke
Leistung:	Höchstgeschwindigkeit in 11.000 m Höhe 850 km/h; max. Höhe 12.000 m; Reichweite mit 40.000 kg Zuladung 5.000 km
Gewicht:	leer ca. 75.000 kg; max. Startmasse 170.000 kg
Abmessungen:	Spannweite 50,5 m; Länge 46,59 m; Höhe 14,76 m; Tragflügelfläche 300 qm
Bewaffnung:	Vorrichtungen für zwei 23-mm-Geschütze im Heck

Kawasaki C-1

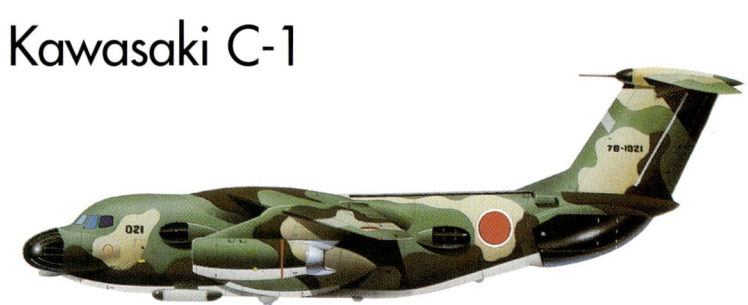

Die C-1 wurde speziell entworfen, um das Transportflugzeug Curtiss C-46 Commando, das bei der japanischen Luftverteidigung in Dienst war, zu ersetzen. Die ersten beiden Prototypen wurden im Jahr 1968 von der Firma Kawasaki-Heavy-Industries nach einem Entwurf der Nihon-Aeroplane-Manufacturing-Company gebaut. Der erste Flug fand im November 1970 statt. Flugtests und Auswertung führten 1972 zu einer Produktion von 11 Flugzeugen. Die C-1 ist ein konventioneller Entwurf mit hoch angesetzten Tragflächen für eine große Kabine, eigenem Gehäuse für das Hauptfahrwerk und einer hinteren Laderampe. Die relativ geringen Zuladungskapazitäten führten zur Planung von Varianten. Das abgebildete C-1Kai-ECM-Schulflugzeug unterscheidet sich von dem Standardmodell durch zwei Radarkuppeln, eine im Heck, die andere in der Spitze, dem Abwehrsystem ALQ-5-ECM und der Antenne unter dem Rumpf.

Herkunftsland:	Japan
Typ:	ECM-Schulflugzeug
Triebwerk:	zwei 6.577-kg-Mitsubishi-(Pratt-&-Whitney)-JT8-M-9-Strahltriebwerke
Leistung:	Höchstgeschwindigkeit in 7.620 m Höhe 806 km/h; Dienstgipfelhöhe 11.580 m; Reichweite 1.300 km mit 7.900 kg Zuladung
Gewicht:	leer 23.320 kg; max. Startmasse 45.000 kg
Abmessungen:	Spannweite 30,6 m; Länge 30,5 m; Höhe 10 m; Tragflügelfläche 102,5 qm

Lockheed C-141B StarLifter

Der StarLifter wurde in den frühen 60er Jahren für das amerikanische Military Airlift Command (MAC) entworfen und entwickelt und ist immer noch der zahlenmäßig größte strategische Transporter beim MAC. Es war geplant, dass die C-117 das ältere Dienstflugzeug ablösen sollte, doch die Reduzierung des Budgets führte zu weniger Bestellungen. Die Maschine trat im April 1965 in Dienst, und das letzte Flugzeug dieses Typs wurde im Februar 1968 ausgeliefert. 1976 begann man alle 270 übrig gebliebenen Modelle C-141A auf C-141B-Standard umzubauen, indem man den Rumpf um 7,11 m verlängerte. Das abgebildete Flugzeug trägt die Tarnung „Europe-One", doch viele wurden schon mit einem durchgängig grauen Farbton überstrichen.

Herkunftsland:	USA
Typ:	schwerer strategischer Transporter
Triebwerk:	vier 9.526-kg-Pratt-&-Whitney-TF33-7-Strahltriebwerke
Leistung:	max. Geschwindigkeit 912 km/h; Reichweite mit max. Zuladung 4.723 km
Gewicht:	leer 67.186 kg; max. Startmasse 155.582 kg
Abmessungen:	Spannweite 48,74 m; Länge 51,29 m; Höhe 11,96 m; Tragflügelfläche 299,88 qm

Lockheed C-5A Galaxy

In den frühen 70er Jahren galt die gigantische C-5 Galaxy als das größte Flugzeug der Welt, doch es wurde von der Antonow An-124 Ruslan „Condor" in dieser Hinsicht überrundet. Trotz seiner unglaublichen Größe kann die Galaxy von unebenen Startbahnen aus operieren. Dafür hat sie ein außergewöhnliches Fahrwerk mit 28 Rädern. Während der Entwicklung hatte man Probleme mit der Aerodynamik und dem strukturellen Gewicht. Das Ergebnis war eine Kostenexplosion. Die Produktion musste auf 81 Flugzeuge heruntergefahren werden, die vier MAC-Staffeln ausrüsteten. Das Flugzeug kann vollständige Raketensysteme und M1-Abrams-Panzer zu Krisenherden in der ganzen Welt transpotieren. Deswegen ist es als Transportflugzeug kaum wegzudenken. 1982 wurde die C-5B herausgebracht. Sie hatte einen leistungstärkeren Antrieb, größere Lebensdauer der Tragflächen und eine verbesserte Avionik.

Herkunftsland:	USA
Typ:	schwerer strategischer Transporter
Triebwerk:	(C-5A) vier 18.642-kg-General-Electric-TF39-1-Strahltriebwerke
Leistung:	max. Geschwindigkeit 919 km/h; Dienstgipfelhöhe mit 272.910 kg; 10.360 m; Reichweite mit max. Zuladung 6.033 km
Gewicht:	leer 147.528 kg; max. Startmasse 348.810 kg
Abmessungen:	Spannweite 67,88 m; Länge 75,54 m; Höhe 19,85m; Tragflügelfläche 575,98 qm

Lockheed K.Mk 1 TriStar

Seit März 1986 operiert die britische Luftwaffe mit einer umgebauten Version des Lockheed Tristar Jetliner. Sechs Flugzeuge aus einer Serie von 500 wurden der British Airways abgekauft und von der Firma Marshall of Cambridge als Flugtanker im Einsatz benutzt. Dazu wurden dort Tanks eingebaut, wo normalerweise das Frachtgut lagerte, das brachte zusätzlich 45.359 kg Treibstoff. Vier dieser Flugzeuge behielten ihre Passagierkabinen, damit auch Personen befördert werden konnten. Sie werden als K.Mk 1 bezeichnet. Die anderen beiden Maschinen bekamen eine große Ladeklappe für das einfache Laden von Frachtgut, diese heißen KC.Mk 1. 1984/85 wurden noch drei Flugzeuge von Pan American gekauft und zu K.Mk 2 Tanker/Passagier- Flugzeugen umgebaut, allerdings mit etwas geringerer Treibstoffkapazität.

Herkunftsland:	Großbritannien/USA
Typ:	strategischer Transporter und Tankflugzeug mit großer Reichweite
Triebwerk:	drei 22.680-kg-Rolls-Royce-RB.211-524B-Strahltriebwerke
Leistung:	max. Geschwindigkeit 964 km/h in 10.670 m; Dienstgipfelhöhe 13.105 m; Reichweite ohne Zusatztanks mit max. Zuladung 7.783 km
Gewicht:	leer 110.163 kg; max. Startmasse 244.944 kg
Abmessungen:	Spannweite 50,09 m; Länge 50,05 m; Höhe 16,87 m; Tragflügelfläche 329,96 qm

Lockheed P-80A Shooting Star

Die P-80A war das erste Modell für die Produktion der Shooting Star. Später wurde das „P" (Pursuit) in „F" (Fighter) geändert, da 1947 das amerikanische Bezeichnungssystem geändert wurde. Das abgebildete Flugzeug ist eine 44-85226 „Betsy Jean" mit den vertikalen Streifen des Kommandeurs der 412. Kampfgruppe. Diese Art der nationalen Zeichen wurde bis 1947 verwendet, als die amerikanische Luftwaffe eine unabhängige Truppe wurde. Im Juni 1947 schaffte Colonel Alfred Boyd mit einer modifizierten P-80R einen neuen Geschwindigkeitsweltrekord mit 1.003,8 km/h am Muroc Dry Lake in Kalifornien. Dieser Jagdbomber regte die Techniker immer wieder zu neuen Experimenten mit der Bewaffnung und mit unterschiedlichen Turbinen an. Viele dieser Flugzeuge wurden später als Zielscheiben bei Flugübungen verwendet.

Herkunftsland:	USA
Typ:	einsitziger Jagdbomber
Triebwerk:	ein 1.746-kg-Allison-J33-GE-11-Turbojet
Leistung:	Höchstgeschwindigkeit auf Meereshöhe 966 km/h; Dienstgipfelhöhe 14.265 m; Reichweite 1.328 km
Gewicht:	leer 3.819 kg; max. Startmasse 7.646 kg
Abmessungen:	Spannweite 11,81 m; Länge 10,49 m; Höhe 3,43 m; Tragflügelfläche 22,07 qm
Bewaffnung:	sechs 12,7-mm-Maschinengewehre, plus zwei 454-kg-Bomben und acht Raketen

Lockheed F-80C-5 Shooting Star

Die Lockheed P-80 wurde in weniger als 180 Tagen für die britische British-Halford-H.1-(Goblin)-Turbine entworfen, und zwar von einem Team bei Lockheed, das von Clarence L. „Kelly" Johnson geleitet wurde. Das Flugzeug flog das erste Mal im Januar 1944. Ein Jahr später hatte es seinen Einsatz unter Kampfbedingungen in Italien. Als der Koreakrieg ausbrach, bezeichnete man dieses Flugzeug eigentlich schon als veraltet, doch es wurde trotzdem eingesetzt und flog in den ersten vier Monaten etwa 15.000 Einsätze. Die F-80C-5 war die endgültige Serienversion und hatte stärkere Motoren. Spätere Flugzeuge hatten den 2.449-kg-J33-A-35-Turbojet als Antrieb. Insgesamt wurden 1.718 Stück der Shooting Star hergestellt und viele nach dem Fronteinsatz für andere Aufgaben umgebaut.

Herkunftsland:	USA
Typ:	einsitziger Jagdbomber
Triebwerk:	ein 2.449-kg-Allison-J33-A-35-Turbojet
Leistung:	Höchstgeschwindigkeit auf Meereshöhe 966 km/h; Dienstgipfelhöhe 14.265 m; Reichweite 1.328 km
Gewicht:	leer 3.819 kg; max. Startmasse 7.646 kg
Abmessungen:	Spannweite 11,81 m; Länge 10,49 m; Höhe 3,43 m; Tragflügelfläche 22,07 qm
Bewaffnung:	sechs 12,7-mm-Maschinengewehre, plus zwei 454-kg-Bomben und acht Raketen

Lockheed T-33A

F-WEQM

Das T-33-Schulflugzeug war von allen Shooting-Star-Varianten am längsten im Dienst. Hier wurde die Flugzelle von einer Standard F-80C um mehr als einen Meter verlängert, um unter einer Kuppel einen zweiten Sitz unterbringen zu können. Der erste Umbau, der als TF-80C bezeichnet wurde, flog am 22. März 1948 zum ersten Mal. Das Schulflugzeug wurde als Standardflugzeug bei der amerikanischen Luftwaffe im Düsenjägertraining und auch in anderen Ländern eingesetzt. Innerhalb eines militärischen Hilfsprogramms wurden viele Maschinen an befreundete Staaten geliefert. Die Produktion bei Lockheed lief bis zum August 1959. Bis dahin waren insgesamt 5.691 Flugzeuge gebaut worden. Sie wurden auch für andere Aufgaben genutzt. Die zu einer Zielscheibe umgebaute QT-33 war der vielleicht wichtigste Umbau. Eine Version für kleinere Truppen wurde für das Waffentraining umgerüstet.

Herkunftsland:	USA
Typ:	zweisitziges Schulflugzeug
Triebwerk:	ein 2.449-kg-Allison-J33-A-35-Turbojet
Leistung:	Höchstgeschwindigkeit in 7.620 m Höhe 879 km/h; Dienstgipfelhöhe 14.630 m; Ausdauer 3 Stunden 7 Minuten
Gewicht:	leer 3.667 kg; max. Startmasse 6.551 kg
Abmessungen:	Spannweite 11,85 m; Länge 11,51 m; Höhe 3,56 m; Tragflügelfläche 21,81 qm
Bewaffnung:	zwei 12,7-mm-Maschinengewehre

Lockheed T-1A SeaStar

Die endgültig letzte Variante in der Familie der F-80/T-33/F-94 war das T2V-1-SeaStar-Schulflugzeug, eine fortgeschrittene Version der zweisitzigen T-33A. Die Marineversion dieses Flugzeugs wurde als TV-2 bezeichnet und war mit einem Fanghaken für die Landung auf Flugzeugträgern ausgestattet. Die T2V-1 (später T1-A) war eine weitere Verfeinerung, mit einem gekrümmten Cockpit, speziellen Landeklappen und einem 2.769-kg-Allison-Turbojet. Fast 700 T2-V Flugzeuge wurden für die amerikanische Luftwaffe produziert und waren dort für einige Zeit das Standardschulflugzeug. Die abgebildete Maschine diente in der Testpilotenschule in Maryland in den 60er Jahren, bis sie von der Northrop T-38 Talon ersetzt wurde. Die rot-weiße Zeichnung ist seit den 50er Jahren Standard bei Schulflugzeugen der amerikanischen Marine. Einige SeaStars wurden für Avioniktests umgebaut.

Herkunftsland:	USA
Typ:	zweisitziges Schulflugzeug
Triebwerk:	ein 2.769-kg-Allison-J33-A-35-Turbojet
Leistung:	Höchstgeschwindigkeit in 7.620 m Höhe 879 km/h; Dienstgipfelhöhe 14.630 m; Ausdauer 3 Stunden 7 Minuten
Gewicht:	leer 3.667 kg; max. Startmasse 6.551 kg
Abmessungen:	Spannweite 11,85 m; Länge 11,51 m; Höhe 3,56 m; Tragflügelfläche 21,81 qm

Lockheed F-94A Starfire

Die Starfire übernahm viele Eigenheiten der F-80 und der T-33, aus denen sie auch entwickelt worden war, und kam 1949 als doppelsitziger Allwetter-Abfangjäger mit Radarausrüstung auf den Markt. Zwei Prototypen wurden durch den Umbau von bereits existierenden T-33-Flugzellen entwickelt. Es wurde ein 2.724-kg-Allison-J33-A-33 nachbrennender Turbojet eingebaut, die Spitze wurde neu gestaltet, um das Radar unterbringen zu können. Der Platz für den Piloten und den Navigationsoffizier wurde erweitert. Der erste Flug fand am 1. Juli 1949 statt. Noch im selben Jahr begann die Produktion von 110 F-94A. Die erste Auslieferung, die an die 319. Allwetterkampfstaffel ging, begann im Juni 1950. Es wurden zwei verbesserte Varianten produziert: die F-94B mit erhöhten Flügeltanks und die F-94C mit neu gestaltetem Flügel und Finne, längerem Rumpf, leistungsstärkerem Antrieb und 24 ungelenkten Mighty-Mouse-Luft-Luft-Raketen.

Herkunftsland:	USA
Typ:	zweisitziger Allwetter-Abfangjäger
Triebwerk:	ein 2.724-kg-Allison-J33-A-33-Turbojet
Leistung:	Höchstgeschwindigkeit 933 km/h; Dienstgipfelhöhe 14.630 m; Reichweite 1.850 km/h
Gewicht:	leer 5.030 kg; max. Startmasse 7.125 kg
Abmessungen:	Spannweite ohne Zusatztanks 11,85 m; Länge 12,2 m; Höhe 3,89 m; Tragflügelfläche 22,13 qm
Bewaffnung:	vier 12,7-mm-Maschinengewehre

Lockheed F-104G Starfighter

Die F-104G war ein kompletter Neuentwurf des Starfighters für die Luftwaffe, die einen taktischen, nuklearen Aufklärungs- und Kampfjäger brauchte. Das Flugzeug wurde speziell für den Export produziert. Der erste Prototyp flog im Juni 1960. Im Vergleich zur F-104D hatte die „F" einen durchgängig verstärkten Rumpf und war mit einem Nasarr-Mehrzweck-Radar, Trägheitsnavigationssystem, manövrierfähigen Landeklappen und anderen Verbesserungen ausgestattet. Der deutschen Luftwaffe wurden 96 Maschinen geliefert, die sie für verschiedene Aufgaben ausbaute. Das abgebildete Flugzeug trägt die MBB-Kormoran-Anti-Schiffs-Rakete und wurde bei der Marine eingesetzt. Es wurden ca. 184 Flugzeuge der Version RF-104G, der taktischen Aufklärerergänzung zum Starfighter, gebaut. Italien und Deutschland gehörten zu den Hauptnutzern dieses Flugzeugs.

Herkunftsland:	USA
Typ:	einsitziger Mehrzweck-Jäger
Triebwerk:	ein 7.076-kg-General-Electric-J79-GE-11A-Turbojet
Leistung:	Höchstgeschwindigkeit in 15.240 m Höhe 1.845 km/h; Dienstgipfelhöhe 15.240 m; Reichweite 1.740 km
Gewicht:	leer 6.348 kg; max. Startmasse 13.170 kg
Abmessungen:	Spannweite (ohne Raketen) 6,36 m; Länge 16,66 m Höhe 4,09 m; Tragflügelfläche 18,22 qm
Bewaffnung:	ein-20-mm-General-Electric-M61A1-Geschütz, Vorrichtungen für AIM-9-Sidewinder am Rumpf, unter den Flügeln oder an deren Spitzen und/oder Lasten bis zu max. 1.814 kg

Lockheed F-117 Night Hawk

Die F-117 prägt wahrscheinlich die Vorstellungen für das Aussehen eines Flugkörpers im 21. Jahrhundert mit. Die Entwicklung wurde im Geheimen durchgeführt, doch man kann annehmen, dass die Forschung für Tarnkappen-Jäger nach einem erfolgreichen radargelenkten Raketenbeschuss auf in den USA gebaute F-4 1973 im Yom-Kippur-Krieg begann. Sowohl Lockheed als auch Northrop machten Vorschläge für die experimentelle Tarnkappentechnologie. 1977 hatte man sich für den Vorschlag von Lockheed entschieden, und fünf Jahre später wurde das Flugzeug ausgeliefert. 1991 im Golfkrieg bewährte sich die F-117 im Einsatz. Durch die geringe Radarerfassung gelang es den Piloten vielfach, unentdeckt tief in den irakischen Luftraum einzudringen und strategische Ziele anzugreifen.

Herkunftsland:	USA
Typ:	einsitziger Tarnkappen-Jäger
Triebwerk:	zwei 4.899-kg-General-Electric-F404-GE-F1D2-Strahltriebwerke
Leistung:	max. Geschwindigkeit ca. Mach 1; Kampfradius ca. 1.112 km mit max. Zuladung
Gewicht:	leer ca. 13.608 kg; max. Startmasse 23.814 kg
Abmessungen:	Spannweite 13,2 m; Länge 20,08 m; Höhe 3,78 m; Tragflügelfläche ca. 105,9 qm
Bewaffnung:	Vorrichtungen für 2.268 kg Lasten im Waffenschacht; inkl. der AGM-88-HARM-Rakete; AGM-65-Maverick-ASM, GBU-19- und GBU-27-gelenkte Bomben, BLU-109-lasergelenkte-Bomben und B61-Nuklear-Bomben

Lockheed/Boeing F-22 Rapier

Im April 1991 wurde die mit einer Turbine von Pratt & Whitney angetriebene F-22 der Lockheed/Boeing-Partnerschaft als Ersatz für die F-15 Eagle ausgewählt. Das Flugzeug bekommt von beiden Unternehmen die fortschrittliche Avionik und die Flugzellentechnologie, zu der u. a. Tarnkappen, ein großer Kampfradius bei Überschallgeschwindigkeit, eine gute Wendigkeit, die Möglichkeit zum Senkrechtstart und ein Navigations-/Angriffssystem, das mit künstlicher Intelligenz Daten filtert und die Arbeit des Piloten erleichtert, zählen. Das endgültige Design der Flugzelle wurde im März 1992 fertig gestellt. Die amerikanische Luftwaffe will 648 Flugzeuge kaufen, das Stück zu 59,4 Millionen US-Dollar. Zu Beginn des nächsten Jahrhunderts wird die Rapier die F-15 Eagle an erster Stelle als Düsenjäger bei der amerikanischen Luftwaffe ablösen. Es werden viele Flugtests durchgeführt, auch wenn der zweite Prototyp (N22YX) im April 1992 verloren ging.

Herkunftsland:	USA
Typ:	einsitziger Luftüberlegenheits-Jäger mit Überschall
Triebwerk:	zwei 15.876-kg-Pratt-&-Whitney-F119-P-100-Strahltriebwerke
Leistung:	max. Geschwindigkeit 2.335 km/h; Dienstgipfelhöhe 19.812 m; Kampfradius 1.285 km
Gewicht:	leer 14.061 kg; max. Startmasse 27.216 kg
Abmessungen:	Spannweite 13,1 m; Länge 19,55 m; Höhe 5,39 m; Tragflügelfläche 77,1 qm
Bewaffnung:	Serienflugzeuge werden mit Geschützen und der kommenden Generation von Luft-Luft-Raketen im Waffenschacht ausgerüstet sein

Lockheed S-3A Viking

Die Entwicklung der tief tauchenden sowjetischen Nuklear-U-Boote bewog die amerikanische Marine, eine neue Generation von Jagdkämpfern als Ersatz für die Grumman S-2 in Auftrag zu geben. Lockheed bekam 1969 den Auftrag für die Entwicklung eines solchen Flugzeugs. Der erste Flug fand im Januar 1972 statt. Die ersten Auslieferungen begannen im Oktober 1973. Die Maschine hat eine erstaunlich gute Ladekapazität, und die hohen Kosten der Flugzelle sind angesichts der Ladung, die sie aufnehmen kann, gerechtfertigt. Das Originalmodell hat ein sehr fortschrittliches APS-116-Radar in der Spitze, das Trägheitsnavigationssystem CAINS (carrier aircraft inertial navigation system), ein Doppler-Radar, ein ausgedehntes Antennensystem, Radarwarnung und das Abwehrsystem ECM an Bord. Das abgebildete Flugzeug wurde an die 21. Anti-U-Boot-Staffel ausgeliefert, die von Bord der USS John F. Kennedy aus operierte.

Herkunftsland:	USA
Typ:	trägergestützter Patrouillen-Jäger
Triebwerk:	zwei 4.207-kg-General-Electric-TF34-GE-2-Strahltriebwerke
Leistung:	max. Geschwindigkeit 814 km/h; Dienstgipfelhöhe 10.670 m; Kampfradius über 3.705 km
Gewicht:	leer 12.088 kg; max. Startmasse 19.278 kg
Abmessungen:	Spannweite 20,93 m; Länge 16,26 m; Höhe 6,93 m; Tragflügelfläche 55,55 qm
Bewaffnung:	interner Waffenschacht mit Vorrichtungen für bis zu 907 kg Lasten, wie z. B. vier Mk-46-Torpedoes, vier Mk-82-Bomben, vier Bomben oder vier Minen; zwei Pylonen für Einzel- oder Dreifachausstoß für Bomben, Raketen-Aufsätze, Raketen, Tanks oder andere Lasten

Lockheed S-3B Viking

Die S-3A Viking war für die amerikanischen Flugzeugträgereinheiten von großer taktischer Bedeutung. Deshalb wurde dieses Flugzeug in seiner Dienstzeit immer einsatzbereit gehalten und öfter aufgerüstet. Alle Flugzeuge sind heute mit der Tarnung „Tactical-Paint-Scheme" ausgestattet. 1980 wurde mit Lockheed ein Vertrag über die Aufrüstung der S-3A hinsichtlich der ASW-Möglichkeiten geschlossen. Dieser Vertrag beinhaltete eine reichhaltige Erneuerung der Avionik, einen AYS-1-Proteus-Akustik-Signalprozessor, verbessertes ESM, ein erneuertes Texas-Instruments-AN/APS-137-(V)-1-Radar, eine neues Empfangssystem und eine Vorrichtung für die AGM-64-Harpoon. Zwei Flugzeuge wurden auf S-3B-Standard gebracht und von der amerikanischen Marine getestet. Im April 1988 bekam Lockheed den Auftrag für eine Aufrüstungseinheit für die S-3B, die im August 1992 geliefert wurde.

Herkunftsland:	USA
Typ:	trägergestützter Patrouillen-Jäger
Triebwerk:	zwei 4.207-kg-General-Electric-TF34-GE-2-Strahltriebwerke
Leistung:	max. Geschwindigkeit 814 km/h; Dienstgipfelhöhe 10.670 m; Kampfradius über 3.705 km
Gewicht:	leer 12.088 kg; max. Startmasse 19.278 kg
Abmessungen:	Spannweite 20,93 m; Länge 16,26 m; Höhe 6,93 m; Tragflügelfläche 55,55 qm
Bewaffnung:	interner Waffenschacht mit Vorrichtungen für bis zu 1.814 kg Lasten, wie z. B. vier Mk-46-Torpedos, vier Mk-82-Bomben, vier Bomben oder vier Minen; zwei Pylonen für Einzel- oder Dreifachausstoß für Bomben, Raketen-Aufsätze, Raketen, Tanks oder andere Lasten bis zu 1.361 kg

Lockheed SR-71 Blackbird

Auch nach 30 Dienstjahren sieht die SR-71 noch wie ein Flugzeug für das 21. Jahrhundert aus. Sie wurde von einem Team unter der Leitung von Kelly Johnson in den Lockheed „Skunk Works" entwickelt und war als strategischer Aufklärer und Nachfolger der U-2 gedacht. Obwohl die Konstruktionsarbeiten schon 1959 begonnen hatten, hielt die US-Regierung die Existenz dieses Flugzeugs bis 1964 geheim. Zu dieser Zeit war das Flugzeug für den Einsatz als Allwetter-Abfangjäger im Rahmen des Improved-Manned-Interceptor-Programms getestet worden. Die drei Flugzeuge, welche die amerikanische Luftwaffe vorsorglich bestellt hatte, während des Programms als YF-12A bezeichnet, wurden später in das AST-(Advanced-Super-sonic-Technology)-Programm der NASA und der amerikanischen Luftwaffe überführt. Die Produktion der SR-71 begann 1963. Sie wurde 1966 ausgeliefert.

Herkunftsland:	USA
Typ:	strategisches Aufklärungs-Flugzeug
Triebwerk:	zwei 14.742-kg-Pratt-&-Whitney-JT11D-20B-Bleed-Turbojets
Leistung:	Höchstgeschwindigkeit in 24.385 m Höhe über 3.219 km/h; Dienstgipfelhöhe 24.385 m; Reichweite 4.800 km
Gewicht:	leer 27.216 kg; max. Startmasse 77.111 kg
Abmessungen:	Spannweite 16,94 m; Länge 32,74 m; Höhe 5,64 m; Tragflügelfläche 167,22 qm

Lockheed TR-1A

Die erste Modelle der U-2 wurden 1956 in Lakenheath in England und in Wiesbaden getestet. Ihre wahre Aufgabe wurde lange Zeit geheim gehalten. In offiziellen Berichten hieß es, dass das Gleitflugzeug, ein Entwurf, der damals viele Fluganalysen beinflusste, vom National Advisory Committee for Aeronautics für atmosphärische Untersuchungen gebraucht würde. In Wahrheit hatte es jedoch eine viel wichtigere Aufgabe: es überflog kommunistisches Territorium zu Aufklärungszwecken. 1978 wurde die Produktion wieder aufgenommen und die ersten von 25 TR-1A Flugzeugen gebaut. Die TR-1A ist eine Weiterentwicklung der U-2R. Ihr Haupteinsatzbereich ist die taktische Überwachung. Sie ist mit einem Radar mit hoher Auflösung, wie z. B. dem Hughes-ASARS-2, ausgerüstet, das es ihr erlaubt, viele Stunden hinter den feindlichen Linien zu fliegen und taktische Ziele ausfindig zu machen.

Herkunftsland:	USA
Typ:	einsitziges Aufklärungs-Flugzeug
Triebwerk:	ein 7.711-kg-Pratt-&-Whitney-J75-P-13B-Turbojet
Leistung:	Operationshöhe 27.430 m; max. Reichweite 10.050 km
Gewicht:	leer 7.031 kg; max. Startmasse 18.733 kg
Abmessungen:	Spannweite 31,39 m; Länge 19,13 m; Höhe 4,88 m; Tragflügelfläche 92,9 qm

McDonnell FH-1 Phantom

Im Jahre 1942 beauftragte das Bureau of Aeronautics die Firma McDonnell, zu dieser Zeit ein Anfänger auf dem Gebiet des Flugzeugbaus, mit dem Entwurf und der Entwicklung von zwei Prototypen, die später die ersten trägergestützten einsitzigen Düsenjäger bei der amerikanischen Marine werden sollten. Die Flugzeuge hatten niedrige Tragflächen, ein einfahrbares Fahrwerk und wurden von zwei Turbojets angetrieben, die am hinteren Teil der Flügel angebracht waren. Der erste Flug am 26. Januar 1945 wurde nur mit einem Turbojet durchgeführt, weil Westinghouse den zweiten nicht rechtzeitig liefern konnte. Dieses Flugzeug war das erste, das bei den Tests von einem Flugzeugträger aus gestartet und wieder aufgenommen wurde. Daraufhin bestellte die amerikanische Marine 100 FD-1, doch die Bezeichnung wurde noch in FH-1 umgeändert, bevor im Januar 1947 die Auslieferung begann.

Herkunftsland:	USA
Typ:	trägergestützter Jäger
Triebwerk:	zwei 726-kg-Westinghouse-J30-WE-20-Turbojets
Leistung:	max. Geschwindigkeit 771 km/h; Dienstgipfelhöhe 12.525 m; Kampfradius 1.118 km
Gewicht:	leer 3.031 kg; max. Startmasse 5.459 kg
Abmessungen:	Spannweite 12,42 m; Länge 11,35 m; Höhe 4,32 m; Tragflügelfläche 24,64 qm
Bewaffnung:	vier 12,7-mm-Maschinengewehre

McDonnell F2H-2 Banshee

Der Erfolg der FH-1 Phantom brachte es mit sich, dass McDonnell um die Entwicklung eines Nachfolgemodells gebeten wurden. Das Banshee-Entwurfteam unter der Leitung von G.V. Covington hielt sich weitestgehend an den Vorgänger. Auch die Banshee hat einen niedrigen ungepfeilten Flügel in der Mitte des Rumpfes und ein dreirädriges Fahrgestell. Das neue Flugzeug war größer, hatte einen verlängerten Rumpf, um mehr Treibstoff unterbringen zu können, und stärkere Maschinen in verstärkten Flügelansätzen. Ursprünglich wurde es als F-2D, später dann als F2H und endlich als F2H-2 bezeichnet. Die erste F2H-1 wurde im August 1948 an die amerikanische Marine ausgeliefert. Ihr folgten sieben Varianten in den Dienst. Fast alle Flugzeuge waren mit verschiedenen Aufgaben im Koreakrieg im Einsatz. Die F2H-2 hatte Tanks auf den Flügelspitzen.

Herkunftsland:	USA
Typ:	trägergestützter Allwetter-Jäger
Triebwerk:	ein 1.474-kg-Westinghouse-J34-WE-34-Turbojet
Leistung:	max. Geschwindigkeit 933 km/h; Dienstgipfelhöhe 14.205 m; Kampfradius 1.883 km
Gewicht:	leer 5.980 kg; max. Startmasse 11.437 kg
Abmessungen:	Spannweite 12,73 m; Länge 14,68 m; Höhe 4,42 m; Tragflügelfläche 27,31 qm
Bewaffnung:	vier 20-mm-Geschütze; Unterflügelstationen mit Vorrichtungen für zwei 227-kg- oder vier 113-kg-Bomben

McDonnell F2H-2P Banshee

Der Erfolg der zwei Versionen F2H-1 und F2H-2 der Banshee im Koreaeinsatz führte zu einem Vertrag für den Bau einer Fotoaufklärerversion. Dieses Flugzeug wurde als F2H-2P bezeichnet. Die Spitze wurde soweit verlängert, dass darin sechs Kameras Platz fanden. Es wurden 89 Stück gebaut. Sie blieben länger im Dienst als die Jägerversion der Banshee, die durch modernere Flugzeuge ersetzt wurde. Dieses Flugzeug kann 122 Einsätze bei der maritimen Aufklärerstaffel VMJ-1 vorweisen, die im Koreakrieg von 1950 bis 1953 die Flugüberwachung durchführte. Die F2H-2P blieb bis Mitte der 60er Jahre im Dienst. McDonnell hatte auch eine Aufklärerversion des Allwetter-Jägers vorgeschlagen, die F2H-3, doch diese ging nie in Produktion.

Herkunftsland:	USA
Typ:	einsitziges trägergestütztes Aufklärungs-Flugzeug
Triebwerk:	zwei 1.474-kg-Westinghouse-J34-34-Turbojets
Leistung:	max. Geschwindigkeit 982 km/h; Dienstgipfelhöhe 17.000 m; Reichweite 3.220 km
Gewicht:	leer 5.800 kg; max. Startmasse 8.618 kg
Abmessungen:	Spannweite 13,67 m; Länge 15,48 m; Höhe 4,4 m; Tragflügelfläche 27,31 qm

McDonnell F3H-2 Demon

Von dem F3H-Programm wurde erwartet, dass es einen den anderen amerikanischen Flugzeugen vergleichbaren Jäger für die Marine hervorbringen würde, doch das stellte sich als sehr teuer und schwierig heraus. Trotz des neuen Flugzellenentwurfs wurden schon bald Mängel festgestellt. Der bedeutendste Mangel war das Versagen der Westinghouse-XJ40-Maschine, die speziell für dieses Flugzeug entwickelt worden war. Die amerikanische Marine versuchte das Problem zu lösen, indem sie verlangte, das Flugzeug zu einem Allwetter-Nachtjäger umzukonstruieren. Das erste Serienflugzeug, die F3H-1N, flog mit einem Ersatz, dem J40-WE-22-Turbojet, doch nach 11 Unfällen wurde die Produktion gestoppt. Man installierte einen Allison-J71-Turbojet, und die F3H-1 wurde als Schulflugzeug am Boden genutzt.

Herkunftsland:	USA
Typ:	trägergestützter Jäger
Triebwerk:	ein 6.350-kg-Allison-J71-A-2E-Turbojet
Leistung:	max. Geschwindigkeit 1.041 km/h; Dienstgipfelhöhe 13.000 m; Kampfradius 2.200 km
Gewicht:	leer 10.039 kg; max. Startmasse 15.377 kg
Abmessungen:	Spannweite 10,77 m; Länge 17,96 m; Höhe 4,44 m; Tragflügelfläche 48,22 qm
Bewaffnung:	vier-20-mm-Geschütze; vier Unterflügelpylonen mit Vorrichtungen für bis zu 2.722 kg Lasten, inkl. Bomben und Raketen

McDonnell F-101A Voodoo

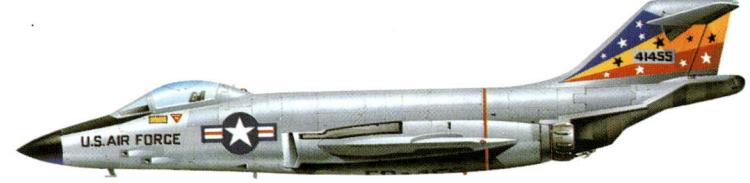

Ursprünglich waren die F-101A als Langstreckeneskorte für das Strategic Air Command gedacht, doch die ersten Prototypen hatten keine ausreichende Reichweite für diese Aufgabe. Daher wurde das Flugzeug vom Tactical Air Command als Jäger übernommen. Die erste F-101A flog im September 1954. Die Auslieferung begann im Frühjahr 1957. Zu dieser Zeit waren sie die schwersten und stärksten einsitzigen Jäger im Dienst der amerikanischen Lufwaffe. Es wurden 50 Stück des Modells F101A gebaut, denen 47 verbesserte „C"-Modelle folgten. Die F-101A wurde nur selten an der Front eingesetzt, und alle „A"- und „C"-Modelle wurden in unbewaffnete RF-101G- und H-Aufklärerflugzeuge für die Air National Guard umgebaut. Das abgebildete Fluzeug trägt eine typische Bemalung und zeigt die Ausrüstung des in England stationierten 81. Tactical Fighter Wing.

Herkunftsland:	USA
Typ:	einsitziger Jagdbomber
Triebwerk:	zwei 6.750-kg-Pratt-&-Whitney-J57-P-13-Turbojets
Leistung:	Höchstgeschwindigkeit in 10.675 m Höhe 1.623 km/h; Dienstgipfel-höhe 16.775 m; Reichweite 3.057 km
Gewicht:	leer 11.336 kg; max. Startmasse 23.768 kg
Abmessungen:	Spannweite 12,09 m; Länge 20,54 m; Höhe 5,49 m; Tragflügelfläche 34,19 qm
Bewaffnung:	vier-20-mm-Geschütze; ein Pylon mit Vorrichtung für eine taktische MT-Nuklearbombe und zwei Pylonen für zwei konventionelle 907-kg-Bomben oder vier 310-kg-Minen

McDonnell F-101B Voodoo

Die F-101B war eine zweisitzige Allwetter-Abfangjäger-Version der Voodoo mit großer Reichweite. Ein Pilot und der Radaroffizier hatten darin Platz und bedienten das MG-13-Abschusskontrollsystem. Durch den Einbau eines doppelsitzigen Cockpits musste die Firma einiges an der Treibstoffkapazität einsparen, was wiederum zu einer eingeschränkten Reichweite führte. Ein Versuch, dieses Problem in den Griff zu bekommen, war der Einbau einer Lufttankvorrichtung. Es wurden insgesamt 407 Stück gebaut. Das letzte Flugzeug wurde im März 1961 ausgeliefert. Im September 1962 bekam McDonnell einen Vertrag für die Verbesserung der 153 F-101B auf den F-101F-Standard. So sollten u. a. die Abschusskontrolle erneuert und der Lufttankstutzen entfernt werden. Das abgebildete Flugzeug diente in der 179. Abfangjägerstaffel der Minnesota-ANG in Duluth im Jahr 1973.

Herkunftsland:	USA
Typ:	zweisitziger Allwetter-Abfangjäger mit großer Reichweite
Triebwerk:	zwei 7.672-kg-Pratt & Whitney-J57-P-55-Turbojets
Leistung:	Höchstgeschwindigkeit in 12.190 m Höhe 1.965 km/h; Dienstgipfelhöhe 16.705 m; Reichweite 2.494 km
Gewicht:	leer 13.141 kg; max. Startmasse 23.768 kg
Abmessungen:	Spannweite 12,09 m; Länge 20,54 m; Höhe 5,49 m; Tragflügelfläche 34,19 qm
Bewaffnung:	zwei Mb-1-Genie-Raketen mit nuklearen Sprengköpfen und vier AIM-4C-, -4D- oder -4G-Falcon-Raketen oder sechs Falcon-Raketen

McDonnell RF-101H Voodoo

Die Aufklärerversionen der F-101 waren länger im Dienst als irgendeine andere Voodoo und sind wahrscheinlich auch die wichtigsten Varianten. Es wurden hauptsächlich zwei Typen produziert, die RF-101A und RF-101C. Beide hatten eine verlängerte Spitze, in der je vier KA-2- und drei KA-46-Kameras für Nachtfotografien Platz hatten. Insgesamt wurden 35 der RF-101A und 166 der RF-101C gebaut und in der Kuba-Krise und im Vietnamkrieg eingesetzt. Die erste RF-101A-Einheit war die 363. Tactical Reconnaissance Wing in Shaw AFB in Süd-Carolina. Die Mehrheit der 47 F-101C-Abfangjäger, von dem die Aufklärermodelle abstammten, wurden auf RF-101H-Standard gebracht und in der Air National Guard eingesetzt. Diese Arbeiten wurden von der Lockheed Aircraft Service Company ausgeführt, die viele F-101A auf RF-101G-Standard gebracht hatte.

Herkunftsland:	USA
Typ:	einsitziges taktisches Aufklärungs-Flugzeug
Triebwerk:	zwei 6.750-kg-Pratt-&-Whitney-J57-P-13-Turbojets
Leistung:	Höchstgeschwindigkeit in 10.675 m Höhe 1.623 km/h; Dienstgipfelhöhe 16.775 m; Reichweite 3.057 km
Gewicht:	leer 11.503 kg; max. Startmasse 23.768 kg
Abmessungen:	Spannweite 12,09 m; Länge 21,13 m; Höhe 5,49 m; Tragflügelfläche 34,19 qm

McDonnell Douglas A-4F Skyhawk

In ihrer langen Dienstkarriere hat die Skyhawk bewiesen, dass sie eines der vielseitigsten Kampfflugzeuge ist, das je gebaut wurde. Dieses kleine, leichte Flugzeug brauchte den Vergleich mit größeren, schwereren Maschinen nicht zu scheuen. Das abgebildete Flugzeug ist eine A-4F – die endgültige Kampfversion der amerikanischen Marine, die man an den Hügel auf dem Rücken erkennen kann – in der zusätzliche Avionik und die J52-P-8A-Turbine eingebaut sind. Sie hat die Bemalung der Angriffsstaffel 212, trägergestützter Air Wing 21 und die Registriernummer des Air Wing Commander. Mit diesem Modell VAF-212 ausgestattet, brach der Flugzeugträger USS Hancock zum Golf von Tonkin auf. Das Flugzeug ist mit der typischen Mischung von externen Lasten versehen, inklusive 227-kg-Mk-82-Bomben, zwei 300-US-Gallonen-Abwurftanks und zwei AGM-12-Bullpup-A-ASM.

Herkunftsland:	USA
Typ:	einsitziger Jagdbomber
Triebwerk:	ein 4.218-kg-J52-8A-Turbojet
Leistung:	max. Geschwindigkeit 1.078 km/h; Dienstgipfelhöhe 14.935 m; Reichweite mit 1.814 kg Zuladung 1.480 km
Gewicht:	leer 4.809 kg; max. Startmasse 12.437 kg
Abmessungen:	Spannweite 8,38 m; Länge ohne Lufttankstutzen 12,22 m; Höhe 4,66 m; Tragflügelfläche 24,15 qm
Bewaffnung:	zwei-20-mm-Mk-12-Geschütze mit 200 Schuss; fünf externe Stationen mit Vorrichtungen für 3.720 kg Lasten; inkl. AGM-12-Bullpup-Luft-Boden-Raketen, AGM-45-Shrike-Anti-Radar-Raketen, Bomben, Splitterbomben, Raketen-Abschuss-Aufsätzen, Geschütz-Aufsätzen, Abwurftanks und ECM-Aufsätzen

McDonnell Douglas A-4K Skyhawk

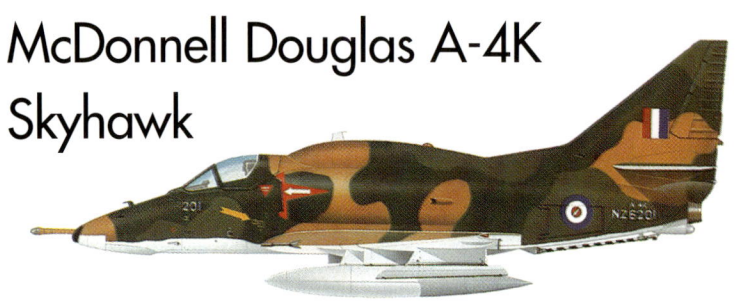

Die A-4 wurde in viele verschiedene Länder exportiert. Die Effektivität des Flugzeugs im Einsatz in Vietnam ermunterte Argentinien, Indonesien, Israel, Kuwait, Malaysia, Neuseeland und Singapur, das Flugzeug für ihre Armeen zu kaufen. Die argentinische Luftwaffe nutzte die Skyhawk im Konflikt um die Falklandinseln. Zwei Versionen, die A-4G und die A-4K, waren bei der neuseeländischen Luftwaffe im Dienst. Der Vorgänger wurde 1984 von Australien gekauft, doch 10 Flugzeuge des Typs A-4K kaufte Neuseeland direkt beim Hersteller. Die A-4K-Maschinen waren mit dem deutlich erkennbaren Hügel auf dem Rücken ausgestattet, in dem die starkt verbesserte Avionik eingebaut war, die zuerst in der A-4F eingeführt wurde. In jeder anderen Hinsicht ist die A-4K weitestgehend gleich mit der amerikanischen A-4F, doch diese ist mit einem Bremsfallschirm ausgestattet.

Herkunftsland:	USA
Typ:	einsitziger Jagdbomber
Triebwerk:	ein 4.218-kg-J52-8A-Turbojet
Leistung:	max. Geschwindigkeit 1.078 km/h; Dienstgipfelhöhe 14.935 m; Reichweite mit 1.814 kg Zuladung 1.480 km
Gewicht:	leer 4.809 kg; max. Startmasse 12.437 kg
Abmessungen:	Spannweite 8,38 m; Länge ohne Lufttankstutzen 12,22 m; Höhe 4,66 m; Tragflügelfläche 24,15 qm
Bewaffnung:	zwei-20-mm-Mk-12-Geschütze mit 200 Schuss; fünf externe Stationen mit Vorrichtungen für 2.268 kg Lasten; inkl. Luft-Boden-Raketen, Bomben, Splitterbomben, Raketen-Abschuss-Aufsätzen, Geschütz-Aufsätzen, Abwurftanks und ECM-Aufsätzen

McDonnell Douglas TA-4J Skyhawk

Nur wenige Menschen glaubten Ed Heinemann, damals Chefdesigner bei Douglas El Segundo, als er verkündete, er könne einen Kampfjäger für die Marine bauen, der nur halb soviel wiegen würde wie vorgegeben. Die erste Skyhawk, mit dem Spitznamen Heinemanns „Hot Rod", erreichte einen Weltrekord, indem sie eine 500 km lange Runde bei einer Geschwindigkeit von über 1.100 km/h flog. Das Flugzeug wurde 20 Jahre lang und in vielen verschiedenen Varianten gebaut. Die TA-4J war eine Variante für die amerikanische Marine, einem der Hauptnutzer dieses Typs. Der Rumpf ist um ca. 0,76 m verlängert, damit ein zweiter Mann im Cockpit Platz hat, was aber wiederum die Treibstoffkapazität verringerte. Ein Teil der Taktik-Avionik wurde entfernt, und das Flugzeug ist nur mit einem Geschütz bewaffnet. Es wurden auch Versionen für die Luftstreitkräfte Neuseelands, die TA-4K, und für die kuwaitische Luftwaffe, die TA-4KU, gebaut.

Herkunftsland:	USA
Typ:	zweisitziges trägergestütztes Schulflugzeug
Triebwerk:	ein 3.856-kg-J52-P-6-Turbojet
Leistung:	max. Geschwindigkeit 1.084 km/h; Dienstgipfelhöhe 14.935 m; Reichweite 1.287 km
Gewicht:	leer 4.809 kg; max. Startmasse 11.113 kg
Abmessungen:	Spannweite 8,38 m; Länge ohne Lufttankstutzen 12,98 m; Höhe 4,66 m; Tragflügelfläche 24,15 qm
Bewaffnung:	ein-20-mm-Geschütz

McDonnell Douglas A-4P Skyhawk

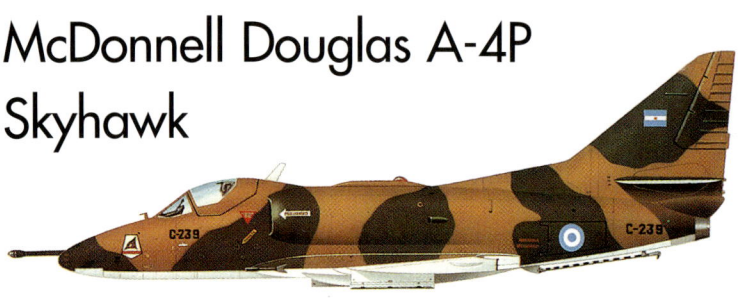

Im April 1967 schlossen sich die beiden Firmen McDonnell und Douglas Aircraft zusammen. Die A-4, die von Douglas produziert wurde, blieb auch unter dem neuen Firmennamen im Programm. Bis zum Februar 1979 wurden insgesamt 2.960 Flugzeuge fertig gestellt. Die A4D-2-Version (später A-4B) hatte einen verstärkten hinteren Rumpf, eine Ausrüstung für das Tanken im Flug, eine Vorrichtung für die Martin-Bullpup-Luft-Boden-Rakete, einen Navigations- und Abschusscomputer und den J65-W-16A-Turbojet. Etwa 542 Flugzeuge wurden für die amerikanische Marine gebaut, davon wurden 66 in den späten 60er Jahren für die argentinische Luftwaffe und Kriegsmarine als A-4P und A-4Q umgebaut. Die A-4P dient in der argentinischen Luftwaffe und wurde im Falklandkrieg 1982 eingesetzt. Das abgebildete Flugzeug diente bei der 4. Gruppe in den frühen 70er Jahren.

Herkunftsland:	USA
Typ:	einsitziger Jagdbomber
Triebwerk:	ein 3.538-kg-J65-W-16A-Turbojet
Leistung:	max. Geschwindigkeit 1.078 km/h; Dienstgipfelhöhe 14.935 m; Reichweite mit 1.814 kg Zuladung 1.480 km
Gewicht:	leer 4.809 kg; max. Startmasse 12.437 kg
Abmessungen:	Spannweite 8,38 m; Länge ohne Lufttankstutzen 12,22 m; Höhe 4,66 m; Tragflügelfläche 24,15 qm
Bewaffnung:	zwei-20-mm-Mk-12-Geschütze mit 200 Schuss; fünf externe Stationen mit Vorrichtungen für 2.268 kg Lasten; inkl. Luft-Boden-Raketen, Bomben, Splitterbomben, Raketen-Abschuss-Aufsätzen, Geschütz-Aufsätzen, Abwurftanks und ECM-Aufsätzen

McDonnell Douglas A-4Q Skyhawk

Argentinien ist einer der Hauptnutzer der Skyhawk; es wurden viele bei der amerikanischen Marine ausrangierte Flugzeuge aufgekauft. So waren es in den späten 60er Jahren 66 Flugzeuge des Typs A-4B, die in der eigenen Truppe in aufgerüsteter Form als A-4P und A-4Q dienten. Die A-4B war eine verbesserte Version mit der Möglichkeit, sie mit der Martin-Bullpup-ASM zu bewaffnen. Sie hatte einen Navigations- und Abschusscomputer, ein gesteuertes Heckruder und konnte im Flug betankt werden und auch andere Flugzeuge betanken. Insgesamt wurden 542 Flugzeuge für die amerikanische Marine gebaut. Bei den Argentiniern steht die Bezeichnung „P" für ein Flugzeug der Luftstreitkräfte und „Q" eines der Marine. Während des Falklandkriegs wurden damit Angriffe auf britische Schiffe geflogen.

Herkunftsland:	USA
Typ:	einsitziger Jagdbomber
Triebwerk:	ein 3.538-kg-J65-W-16A-Turbojet
Leistung:	max. Geschwindigkeit 1.078 km/h; Dienstgipfelhöhe 14.935 m; Reichweite mit 1.814 kg Zuladung 1.480 km
Gewicht:	leer 4.809 kg; max. Startmasse 12.437 kg
Abmessungen:	Spannweite 8,38 m; Länge ohne Lufttankstutzen 12,22 m; Höhe 4,66 m; Tragflügelfläche 24,15 qm
Bewaffnung:	zwei 20-mm-Mk-12-Geschütze mit 200 Schuss; fünf externe Stationen mit Vorrichtungen für 2.268 kg Lasten; inkl. Luft-Boden-Raketen, Bomben, Splitterbomben, Raketen-Abschuss-Aufsätzen, Geschütz-Aufsätzen, Abwurftanks und ECM-Aufsätzen

McDonnell Douglas CF-17A Globemaster III

Nach einem schwierigen Entwicklungsprogramm hat sich die Globemaster III einen Namen als bester moderner Schwertransporter gemacht. Das Flugzeug wurde in den frühen 80er Jahren entworfen und entwickelt, um die C-141 Starlifter in der Flotte zu ersetzen. Das Kabinenvolumen ist ähnlich groß wie das der viel größeren C-5 Galaxy und verbunden mit der Short-Field-Eigenschaft der C-130 Hercules. Die Auslieferung begann 1994. Obwohl die Maschine technisch sehr komplex ist, ist die Wartungszeit pro Flugstunde erstaunlich gering. Alle Flugzeuge dieses Typs fliegen beim Air Mobility Command.

Herkunftsland:	USA
Typ:	schwerer strategischer Transporter
Triebwerk:	vier 18.195-kg-Pratt-&-Whitney-F117-P-100-Strahltriebwerke
Leistung:	max. Geschwindigkeit in 10.670 m Höhe 829 km/h; Dienstgipfelhöhe 13.715 m; Reichweite mit 56.245 kg Zuladung 5.190 km
Gewicht:	leer 122.016 kg; max. Startmasse 263.083 kg
Abmessungen:	Spannweite 50,29 m; Länge 53,04 m; Höhe 16,79 m; Tragflügelfläche 353 qm

McDonnell Douglas F-4C Phantom II

Der größte Jäger der Nachkriegszeit wurde von McDonnell in den 50er Jahren als Teil eines privat finanzierten Forschungsprogramms zur Entwicklung eines Ersatzes der McDonnell F3H Demon entwickelt. Obwohl der Jäger als Angriffsjäger mit vier 20-mm-Geschützen geplant war, wurde er in einen sehr fortgeschrittenen Allwetter-Abfangjäger mit Raketenbewaffnung umgeändert. So trat er als F-4A im Februar 1960 in Dienst. 1961 wurde die F-4B mit den anderen Luftwaffenjägern im Dienst verglichen. Sie war mit Abstand das beste Flugzeug in ihrer Kategorie, speziell bei der Waffenzuladung und Radarleistung. Also wurde es – leicht modifiziert – als F-110, später als F-4C, bestellt. Die F-4C ist der F-4B ähnlich, hat aber eine doppelte Steuerung, einen J79-GE-15-Antrieb und einige Systemänderungen. Insgesamt wurden 635 Flugzeuge zur Ausstattung von 16 der 23 taktischen Luftkommando-Staffeln gebaut.

Herkunftsland:	USA
Typ:	zweisitziger Allwetter-Jäger
Triebwerk:	zwei 7.718-kg-General-Electric-J79-GE-15-Turbojets
Leistung:	Höchstgeschwindigkeit 2.414 km/h; Dienstgipfelhöhe 18.300 m; Reichweite ohne Zusatztanks und ohne Waffenzuladung 2.817 km
Gewicht:	leer 12.700 kg; max. Startmasse 26.308 kg
Abmessungen:	Spannweite 11,7 m; Länge 17,76 m; Höhe 4,96 m; Tragflügelfläche 49,24 qm
Bewaffnung:	vier AIM-7-Sparrow unter dem Rumpf, zwei Pylonen für zwei AIM-7- oder vier AIM-9-Sidewinder, Vorrichtungen für 20-mm-M-61-Geschütze in externen Aufsätzen; vier Pylonen für Tanks, Bomben oder andere Lasten bis zu max. 6.219 kg

McDonnell Douglas F-4D
Phantom II

Sowohl die F-4C als auch die F-4D können eine lange Dienstzeit vorweisen. In den späten 80er Jahren, ca. 20 Jahre nachdem der Bau des letzteren Flugzeugs beendet war, waren immer noch einige bei der Air National Guard und den Luftstreitkräften des Iran und Südkoreas im Einsatz. Die F-4D war eine verbesserte Version für die amerikanische Luftwaffe und genau auf deren Bedürfnisse abgestimmt. Das APQ-100-Radar der F-4C wurde durch das APQ-109 ersetzt, das die Treffsicherheit beim Bombenabwurf stark erhöhte. Piloten beschwerten sich über zu geringe interne Bewaffnungsmöglichkeiten (obwohl ein Kanonen-Aufsatz auf einer Pylone mitgeführt werden konnte), doch dieses Problem wurde erst bei der F-4E verbessert. Die amerikanische Luftwaffe bekam insgesamt 793 Maschinen. Die Auslieferung begann im März 1966. 1969 wurden 32 Flugzeuge an den Iran und 1972 18 Maschinen an die Republik Südkorea verkauft.

Herkunftsland:	USA
Typ:	zweisitziger Allwetter-Jäger
Triebwerk:	zwei 7.718-kg-General-Electric-J79-GE-15-Turbojets
Leistung:	Höchstgeschwindigkeit 2.414 km/h; Dienstgipfelhöhe 18.300 m; Reichweite ohne Zusatztanks und ohne Waffenzuladung 2.817 km
Gewicht:	leer 12.700 kg; max. Startmasse 26.308 kg
Abmessungen:	Spannweite 11,7 m; Länge 17,76 m; Höhe 4,96 m; Tragflügelfläche 49,24 qm
Bewaffnung:	vier AIM-7-Sparrow unter dem Rumpf, zwei Pylonen für zwei AIM-7- oder vier AIM-9-Sidewinder, Vorrichtungen für 20-mm-M-61-Geschütze in externen Aufsätzen; vier Pylonen für Tanks, Bomben oder andere Lasten bis zu max. 6.219 kg

McDonnell Douglas F-4D Phantom II

Ⅰn den späten 60er Jahren versorgten die USA den Iran mit 32 Flugzeugen des Typs F-4D, die die amerikanische Luftwaffe ausrangiert hatte. Dazu kamen später noch ca. 200 Stück vom Typ F-4E. Nach dem Stopp des Nachschubs aus den USA auf Grund der islamischen Revolution wurde es für den Iran zunehmend schwieriger, die Streitkräfte in Einsatzbereitschaft zu halten. Im ersten Golfkrieg gingen einige Flugzeuge verloren, und in der Mitte der 80er Jahre war nur noch ein Fünftel der Flotte einsatzbereit. Um die Schwierigkeiten noch zu verstärken, waren die Flugzeuge auf 13 Staffeln verteilt. Es ist sehr unwahrscheinlich, dass noch eine davon heute einsatzbereit ist, obwohl die Maschinen noch im Inventar der iranischen Streitkräfte stehen. Die abgebildete Maschine ist in typischer Weise ohne jegliches Staffelabzeichen und mit einem M61A1-Geschütz unter dem Rumpf bewaffnet.

Herkunftsland:	USA
Typ:	zweisitziger Allwetter-Jäger
Triebwerk:	zwei 7.718-kg-General-Electric-J79-GE-15-Turbojets
Leistung:	Höchstgeschwindigkeit 2.414 km/h; Dienstgipfelhöhe 18.300 m; Reichweite ohne Zusatztanks und ohne Waffenzuladung 2.817 km
Gewicht:	leer 12.700 kg; max. Startmasse 26.308 kg
Abmessungen:	Spannweite 11,7 m; Länge 17,76 m; Höhe 4,96 m; Tragflügelfläche 49,24 qm
Bewaffnung:	vier AIM-7-Sparrow unter dem Rumpf, zwei Pylonen für zwei AIM-7- oder vier AIM-9-Sidewinder, Vorrichtungen für 20-mm-M-61-Geschütze in externen Aufsätzen; vier Pylonen für Tanks, Bomben oder andere Lasten bis zu max. 6.219 kg

McDonnell Douglas F-4E Phantom II

Die F-4E repäsentiert einen bedeutenden Fortschritt gegenüber der F-4D. Allein für die amerikanische Luftwaffe wurden ca. 1.329 Maschinen gebaut. Man hoffte, das APQ-109/CORDS (Coherent On Receive Doppler System) an dieses Modell anpassen zu können, doch das CORDS-Programm wurde eingestellt, und McDonnell Douglas übernahm das Westinghouse-APQ-120-Radar. Eine weitere Verbesserung stellte der Einbau eines integrierten 20-mm-Vulcan-Geschützes dar, das in einer Vorrichtung in der Mitte des Rumpfes angebracht war. Um den dadurch verlagerten Schwerpunkt auszugleichen, wurden zusätzliche Treibstofftanks am hinteren Rumpf angebracht. Die Landeklappen am Rand der Tragflügel verbesserten die Start- und Landeleistung. Die wichtigste Aufrüstung der Avionik bestand in einem ASX-1-TISEO (Target Identification System, Electro-Optical).

Herkunftsland:	USA
Typ:	zweisitziger Allwetter-Jäger
Triebwerk:	zwei 8.119-kg-General-Electric-J79-GE-17-Turbojets
Leistung:	Höchstgeschwindigkeit 2.390 km/h; Dienstgipfelhöhe 19.685 m; Reichweite ohne Zusatztanks und ohne Waffenzuladung 2.817 km
Gewicht:	leer 12.700 kg; max. Startmasse 26.308 kg
Abmessungen:	Spannweite 11,7 m; Länge 17,76 m; Höhe 4,96 m; Tragflügelfläche 49,24 qm
Bewaffnung:	ein-20-mm-M61A1-Vulcan-Geschütz und vier AIM-7-Sparrow unter dem Rumpf oder andere Waffen bis zu 1.370 kg in Pylonen; vier Pylonen für zwei AIM-7- oder vier AIM-9-Sidewinder, für Tanks, Bomben oder anderen Lasten bis max. 5.888 kg

McDonnell Douglas F-4E Phantom II

Der Erfolg der israelischen Luftverteidigung während des Yom-Kippur-Kriegs 1973 festigte den Ruf der Phantom als das beste Kampfflugzeug seiner Generation. Israel kaufte 204 F-4E in den frühen 70er Jahren, und diese blieben lange Zeit im Fronteinsatz. Zu den Modifizierungen gehört der Einbau des heimischen Elta-EL/M-2021-Mehrzweck-Radars. Es wird allgemein angenommen, dass das Flugzeug soweit verändert wurde, dass es Nuklearwaffen tragen kann. Das abgebildete Flugzeug trägt die Standardbemalung in sandfarben und mintgrün sowie die Staffelbezeichnung auf der Finne. Eine Shrike-Rakete ist an Bord, um dem Einsatz der SA-2-„Guideline"-Luft-Boden-Rakete zu begegnen, die im Sechs-Tage-Krieg die effektivste Waffe war.

Herkunftsland:	USA
Typ:	zweisitziger Allwetter-Jäger
Triebwerk:	zwei 8.119-kg-General-Electric-J79-GE-17-Turbojets
Leistung:	Höchstgeschwindigkeit 2.390 km/h; Dienstgipfelhöhe 19.685 m; Reichweite ohne Zusatztanks und ohne Waffenzuladung 2.817 km
Gewicht:	leer 12.700 kg; max. Startmasse 26.308 kg
Abmessungen:	Spannweite 11,7 m; Länge 17,76 m; Höhe 4,96 m; Tragflügelfläche 49,24 qm
Bewaffnung:	ein 20-mm-M61A1-Vulcan-Geschütz und vier AIM-7-Sparrow unter dem Rumpf oder andere Waffen bis zu 1.370 kg an Pylonen; vier Pylonen für zwei AIM-7- oder vier AIM-9-Sidewinder-Raketen, Bomben, Tanks oder andere Lasten bis max. 5.888 kg

McDonnell Douglas F-4EJ
Phantom II

Die größten Luftstreitkräfte, bei denen die Phantom im Einsatz war, war die japanische Verteidigungsluftwaffe. Die EJ ist ein Lizenzbau für einen Verteidigungsjäger der F-4E. Das Originalmodell der F-4E(J) wurde von McDonnell Douglas gebaut (13 Flugzeuge) und die übrigen 126 in Lizenz von Mitsubishi mit Kawasaki als Subunternehmer; die letzten wurden im Mai 1981 ausgeliefert. Von den Originalen wurden 45 auf F-4EJ-Kai-Standard gebracht, mit verbessertem Waffen- und Avioniksystem, wie z. B. digitalen Displays, einem neuen Head-Up-Display, Abschusskontrolle, und in der Spitze mit einem Texas-Instruments-AN/APQ-172-Radar. Die Sicht und der Abschuss sind durch Sparrow- und Sidewinder-AAM eingeschränkt. Das Flugzeug ist bei fünf Staffeln im Einsatz, bei denen sie sich die Aufgabe der Luftverteidigung mit der McDonnell Douglas F-15 Eagle teilt. Japan operiert auch mit einer unbewaffneten Aufklärerversion, der RF-4EJ.

Herkunftsland:	USA
Typ:	zweisitziger Allwetter-Jäger
Triebwerk:	zwei 8.119-kg-General-Electric-J79-GE-17-Turbojets
Leistung:	Höchstgeschwindigkeit 2.390 km/h; Dienstgipfelhöhe 19.685 m; Reichweite ohne Zusatztanks und ohne Waffenzuladung 2.817 km
Gewicht:	leer 12.700 kg; max. Startmasse 26.308 kg
Abmessungen:	Spannweite 11,7 m; Länge 17,76 m; Höhe 4,96 m; Tragflügelfläche 49,24 qm
Bewaffnung:	ein 20-mm-M61A1-Vulcan-Geschütz und vier AIM-7-Sparrow unter dem Rumpf oder andere Waffen bis zu 1.370 kg an Pylonen; vier Pylonen für zwei AIM-7- oder vier AIM-9-Sidewinder-Raketen, Bomben, Tanks oder andere Lasten bis max. 5.888 kg

McDonnell Douglas F-4F Phantom II

Auch in Deutschland wurde die Phantom – zunächst als QRF-Kampfflugzeug und später auch als Verteidigungsflugzeug – eingesetzt. Die Bezeichnung der in Deutschand gebauten und eingesetzten F-4 lautet F-4F. Obwohl ein Großteil der Flugzellenteile in Deutschland gefertigt wurde, fand die Endmontage des Flugzeugs in den USA statt. Die Auslieferung der 175 Maschinen begann 1975 und wurde im darauf folgenden Jahr beendet. Eines der wichtigsten Dinge bei der F-4F war der Einbau von speziellen Landeklappen, die das Manövrieren im Langsamflug verbessern sollten. Ein vereinfachtes APQ-100-Radarsystem ersetzte das Luft-Boden-Raketensytem in der F-4E, der die F-4F ansonsten sehr ähnelt. Das Flugzeug übernahm bei vier Jagdgeschwadern und Jagdbombergeschwadern die Rolle eines Abfangjägers und schnellen Angriffsjägers.

Herkunftsland:	USA/Deutschland
Typ:	zweisitziger Allwetter-Jäger
Triebwerk:	zwei 8.119-kg-General-Electric-J79-GE-17-Turbojets
Leistung:	Höchstgeschwindigkeit 2.390 km/h; Dienstgipfelhöhe 19.685 m; Reichweite ohne Zusatztanks und ohne Waffenzuladung 2.817 km
Gewicht:	leer 12.700 kg; max. Startmasse 26.308 kg
Abmessungen:	Spannweite 11,7 m; Länge 17,76 m; Höhe 4,96 m; Tragflügelfläche 49,24 qm
Bewaffnung:	ein 20-mm-M61A1-Vulcan-Geschütz und vier AIM-7-Sparrow unter dem Rumpf oder andere Waffen bis zu 1.370 kg an Pylonen; vier Pylonen für zwei AIM-7- oder vier AIM-9-Sidewinder-Raketen, Bomben, Tanks oder andere Lasten bis max. 5.888 kg

McDonnell Douglas F-4G
Phantom II

Die F-4G wurde speziell für die Radarunterdrückung entwickelt und gebaut, nachdem die amerikanische Luftwaffe einige bedeutende Verluste durch die sowjetische SA-2-„Guideline"-SAM über Vietnam hinnehmen musste. Da die Phantom sich im Kampf gut bewährt hatte, wurde sie für diese Rolle ausersehen. 1972 hatten ca. 12 F-4C „Wild Weasels" ihren Einsatz bei den Streitkräften. Sie waren mit Westinghouse-ECM ausgestattet und konnten AGM-45-Shrike-Anti-Radiation-Raketen laden. Die F-4G war ein Resultat eines sehr viel größer ausgelegten Veränderungsprogramms und wurde durch den Umbau der F-4E erreicht, die zur Dienstzeitverlängerung zum MDC zurückkehrte. Unter den Avionik- und ECM-Systemen befinden sich das APR-38-Radarwarnsystem, ein System zum Erkennen von Raketen und ein Texas-Instruments-Computer-Management-System.

Herkunftsland:	USA
Typ:	zweisitziges EW-/Radarunterdrückungs-Flugzeug
Triebwerk:	zwei 8.119-kg-General-Electric-J79-GE-17-Turbojets
Leistung:	Höchstgeschwindigkeit 2.390 km/h; Dienstgipfelhöhe über 18.975 m; Reichweite ohne Zusatztanks mit Waffenzuladung 958 km
Gewicht:	leer 13.300 kg; max. Startmasse 28.300 kg
Abmessungen:	Spannweite 11,7 m; Länge 19,2 m; Höhe 5,02 m; Tragflügelfläche 49,24 qm
Bewaffnung:	zwei AIM-7-Sparrow unter dem Rumpf; Pylonen für Radarunterdrückungswaffen wie z. B. AGM-45-Shrike, AGM-65-Maverick und AGM-88-HARM-Raketen

McDonnell Douglas F-4S
Phantom II

Eine der weniger bekannten Varianten der F-4 ist die F-4S, eine Weiterentwicklung des Modells F-4J, das in kleiner Stückzahl für die amerikanische Marine gefertigt wurde. Die F-4J hatte ein AWG-10-Pulse-Doppler-Radar, ein spezielles Heck und J79-GE-10-Turbojets. Ein automatisches Landesystem für die Landung auf Flugzeugträgern war ebenfalls eingebaut. Die F-4S war ein Neuentwurf der 12 übrig gebliebenen F-4J, die mit einer verstärkten Zelle und Führungsklappen aufgerüstet wurden. Die Produktion der trägergestützten Phantom hielt sich 17 Jahre lang. Die Phantom wurde bei den Truppen durch die F/A 18 Hornet von McDonnell Douglas ersetzt. Die Marine-Phantom wurde hauptsächlich zur Versorgung von Bodentruppen eingesetzt. Das abgebildete Flugzeug gehört zum UMFA-33-USMC, die in MCAS Beaufort, Süd-Carolina, stationiert sind.

Herkunftsland:	USA
Typ:	zweisitziger Allwetter-Jäger, trägergestützt
Triebwerk:	zwei 8.119-kg-General-Electric-J79-GE-10-Turbojets
Leistung:	Höchstgeschwindigkeit 2.414 km/h; Dienstgipfelhöhe über 18.300 m; Reichweite ohne Zusatztanks und ohne Waffenladung 2.817 km
Gewicht:	leer 12.700 kg; max. Startmasse 26.308 kg
Abmessungen:	Spannweite 11,7 m; Länge 17,76 m; Höhe 4,96 m; Tragflügelfläche 49,24 qm
Bewaffnung:	vier AIM-7-Sparrow unter dem Rumpf; zwei Pylonen für zwei AIM-7- oder vier AIM-9-Sidewinder, Vorrichtungen für 20-mm-M61A1-Geschütze in externen Aufsätzen; vier Pylonen für Tanks, Bomben oder andere Lasten bis max. 6.219 kg

McDonnell Douglas RF-4C Phantom II

Die Bedeutung der taktischen Aufklärung wurde der amerikanischen Luftwaffe im Korea-krieg deutlich. Daraufhin wurden verstärkte Anstrengungen in dieser Richtung in den folgenden Jahren unternommen. Die große Leistungsfähigkeit der Phantom II machten sie zu einem geeigneten Träger für die Aufklärung und führten zur Entwicklung der RF-4B. Das Flugzeug war der F-4B sehr ähnlich, aber die Spitze war verlängert worden, um dort Kameras, Radar und Infrarot-Sensoren unterzubringen, die die Standard-Avionik ersetzten. Etwa 46 Stück wurden für die amerikanische Marine gebaut, die Auslieferung begann 1965. Die ame-rikanische Luftwaffe nahm 499 RF-4C (die Flugzelle der F-4C mit der Ausrüstung der RF-4B) seit 1964 entgegen. Für den Export wurde 1967 auch eine Aufklärerversion angeboten (RF-4E), die von Ländern wie Deutschland, Griechenland, Türkei, Iran, Israel und Japan einge-setzt wurde.

Herkunftsland:	USA
Typ:	zweisitziges taktisches Aufklärungs-Flugzeug
Triebwerk:	zwei 7.711-kg-General-Electric-J79-GE-8-Turbojets
Leistung:	Höchstgeschwindigkeit in 14.630 m Höhe 2.390 km/h; Dienstgipfel-höhe 18.900 m; Reichweite 800 km
Gewicht:	leer 13.768 kg; max. Beladung 24.766 kg
Abmessungen:	Spannweite 11,7 m; Länge 18 m; Höhe 4,96 m; Tragflügelfläche 49,24 qm

McDonnell Douglas Phantom FG.Mk 1

Die Entscheidung der britischen Marine für den Kauf der Phantom wurde mit der Bedingung verbunden, dass die Phantom mit britischen Motoren ausgestattet sein müsste. Also wurde eine englische Version der F-4J gebaut, die als F-4K bezeichnet und von zwei Rolls-Royce-Spey-Strahltriebwerken angetrieben wurde. Damit die Motoren passten, musste der Rumpf erweitert werden. An die Marine wurden ab 1964 28 Flugzeuge ausgeliefert. 20 weitere gingen an die britische Luftwaffe. Diese Maschinen werden bei den Briten als FG.Mk 1 bezeichnet. Die Luftwaffe erhielt des Weiteren 120 Flugzeuge des Modells F-4M, die auch mit einem britischen Motor angetrieben und dann als FGR.Mk 2 bezeichnet wurden. Sie hatten eine Vorrichtung, um die Ausrüstung zur taktischen Aufklärung mit sich zu führen. Das letzte Flugzeug im Dienst der britischen Marine wurde im September 1978 ausrangiert.

Herkunftsland:	USA
Typ:	zweisitziger Allwetter-Jäger, trägergestützt
Triebwerk:	zwei 9.305-kg-Rolls-Royce-Spey-202-Strahltriebwerke
Leistung:	Höchstgeschwindigkeit 2.230 km/h; Dienstgipfelhöhe über 18.300 m; Reichweite ohne Zusatztanks und ohne Waffenladung 2.817 km
Gewicht:	leer 12.700 kg; max. Startmasse 26.308 kg
Abmessungen:	Spannweite 11,7 m; Länge 17,55 m; Höhe 4,96 m; Tragflügelfläche 49,24 qm
Bewaffnung:	vier AIM-7-Sparrow unter dem Rumpf; zwei Pylonen für zwei AIM-7- oder vier AIM-9-Sidewinder, Vorrichtungen für 20-mm-M61A1-Geschütze in externen Aufsätzen; vier Pylonen für Tanks, Bomben oder andere Lasten bis max. 7.257 kg

McDonnell Douglas F-15A Eagle

Als Nachfolgerin der F-4 Phantom produzierte McDonnell Douglas die F-15 Eagle. Seit dem ersten Einsatz wird sie als bester Luftüberlegenheitsjäger bezeichnet, obwohl sie mittlerweile von späteren F-15C- und B-Varianten im Dienst der USA abgelöst wurde. Der erste Prototyp der F-15A, ein einsitziges Flugzeug mit Pfeilflügeln und Strahltriebwerken, flog im Juli 1972. Die leistungsstarken Pratt-&-Whitney-Motoren und die vermehrte Verwendung von Titan bei der Konstruktion ermöglichten sehr hohe Geschwindigkeiten (über Mach 2,5) in großen Flughöhen. Während der Flugtests wurde klar, dass das Flugzeug sehr gute Flugeigenschaften mitbrachte. Die Auslieferung an das 555. taktische Trainingsgeschwader in Langley AFB, Virginia, begann im November 1974. Die Produktion lief bis 1979. Insgesamt wurden 385 Flugzeuge gebaut.

Herkunftsland:	USA
Typ:	einsitziger Luftüberlegenheits-Jäger
Triebwerk:	zwei 10.885-kg-Pratt-&-Whitney-F100-PW-100-Strahltriebwerke
Leistung:	Höchstgeschwindigkeit 2.655 km/h; Steigungsrate über 15.240 m/min; Dienstgipfelhöhe 30.500 m; Reichweite ohne Zusatztanks 1.930 km
Gewicht:	leer 12.700 kg; mit max. Zuladung 25.424 kg
Abmessungen:	Spannweite 13,05 m; Länge 19,43 m; Höhe 5,63 m; Tragflügelfläche 56,48 qm
Bewaffnung:	ein-20-mm-M61A1-Geschütz mit 960 Schuss, externe Pylonen mit Vorrichtungen für bis zu 7.620 kg Lasten, z. B. vier AIM-7-Sparrow-Luft-Luft-Raketen und vier AIM-9-Sidewinder-AAM

McDonnell Douglas F-15DJ Eagle

Die zweisitzige F-15B Eagle wurde neben einer einsitzigen Version, der F-15A, entwickelt, um die amerikanische Luftwaffe mit einem Schulflugzeug zu versorgen, das mit dem tatsächlichen Flugzeug identisch war. Der erste Flug fand im Juli 1973 statt, nur ein Jahr nach der F-15A. Das vergrößerte Cockpit der F-15B für den Schüler wurde mit einigen kleineren Änderungen in der Struktur erreicht, jedoch ohne die Flugzelle komplett ändern zu müssen. Die gesamte Avionik der F-15A wurde beibehalten, damit das Training unter Echtbedingungen stattfinden konnte und die Kampfkraft erhalten blieb. Die F-15DJ ist eine zweisitzige Version der F-15C (die verbesserte Version der F- 15A und die Hauptproduktionsversion), die für die japanischen Luftstreitkräfte gebaut wurde. Das Flugzeug ist so konstruiert, dass es angepasste Treibstofftanks und dennoch die gesamte Waffenladung mitführen kann.

Herkunftsland:	USA
Typ:	doppelsitziger Luftüberlegenheits-Jäger/Schulflugzeug
Triebwerk:	zwei 10.782-kg-Pratt-&-Whitney-F100-PW-220-Strahltriebwerke
Leistung:	Höchstgeschwindigkeit 2.655 km/h; Steigungsrate über 15.240 m/min; Dienstgipfelhöhe 30.500 m; Reichweite ohne Zusatztanks 4.631 km
Gewicht:	leer 13.336 kg; max. Startmasse 30.844 kg
Abmessungen:	Spannweite 13,05 m; Länge 19,43 m; Höhe 5,63 m; Tragflügelfläche 56,48 qm
Bewaffnung:	ein-20-mm-M61A1-Geschütz mit 960 Schuss, externe Pylonen mit Vorrichtungen für bis zu 10.705 kg Lasten, z. B. vier AIM-7-Sparrow-Luft-Luft-Raketen und vier AIM-9-Sidewinder-AAM;

McDonnell Douglas F-15J Eagle

In den späten 70er Jahren realisierte die amerikanische Luftwaffe die dringende Notwendigkeit eines Abfangjägers, der bei Missionen über große Reichweiten Schutz bieten konnte. Die Kürzung des Verteidigungshaushaltes verhinderte die sofortige Entwicklung eines solchen Flugzeugs. Stattdessen wurde McDonnell beauftragt, das Design der F-15A zu nehmen und weiterzuentwickeln. Die F-15C ersetzte nach und nach die F-15A im Fronteinsatz von 1980 bis 1989. Die auffälligste Veränderung des Flugzeugs ist die Vorrichtung für zwei Treibstofftanks (CFT), die so angebracht sind, dass sie die schon vorhandenen Lastenstationen nicht behindern oder beeinträchtigen. Die Tanks sind mit Pylonen ausgerüstet, damit man zusätzliche Lasten mit einem Gewicht von 5.448 kg anbringen kann. Die Avionik enthält ein dreifach schnelleres APG-70-Radar. Das Flugzeug wurde unter der Bezeichnung F-15J in Japan in Lizenz gebaut.

Herkunftsland:	USA/Japan
Typ:	einsitziger Luftüberlegenheits-Jäger
Triebwerk:	zwei 10.782-kg-Pratt-&-Whitney-F100-PW-220-Strahltriebwerke
Leistung:	Höchstgeschwindigkeit 2.655 km/h; Steigungsrate über 15.240 m/min; Dienstgipfelhöhe 30.500 m; Reichweite mit Treibstofftanks 5.745 km
Gewicht:	leer 12.793 kg; max. Startmasse 30.844 kg
Abmessungen:	Spannweite 13,05 m; Länge 19,43 m; Höhe 5,63 m; Tragflügelfläche 56,48 qm
Bewaffnung:	ein-20-mm-M61A1-Geschütz mit 960 Schuss, externe Pylonen mit Vorrichtungen für bis zu 10.705 kg Lasten, i.d.R. vier AIM-7-Sparrow-Luft-Luft-Raketen und vier AIM-9-Sidewinder-AAM oder acht AIM-120A-AMRAAM; viele Kombinationen von konventionellen und gelenkten Bomben, Raketen, Luft-Boden-Raketen, Tanks und/oder ECM-Aufsätzen

McDonnell Douglas F-15E Strike Eagle

Die Strike Eagle wurde eigentlich in privater Regie entwickelt, wo man das Potential der F-15 für weitere Aufgaben als die ursprünglich vorgesehenen erkannt hatte. Der F-15E-Prototyp – er basiert auf der aufgerüsteten F-15B – wurde zuerst 1982 geflogen. Nach einem Vergleich mit der F-16XL von General Dynamics entschied sich die amerikanische Luftwaffe, das von McDonnell Douglas gebaute Flugzeug weiter zu fördern. Die Strike Eagle wird von einer zweiköpfigen Mannschaft bedient, dem Piloten und dem Offizier für die hinteren Waffensysteme und das Verteidigungssystem. Um die Avionikausrüstung beibehalten zu können, wurde einer der Treibstofftanks im Rumpf reduziert. Es konnten stärkere Motoren eingepasst werden, ohne dass die Flugzelle geändert werden musste. Die Verstärkung von Flugzelle und Fahrwerk erlauben eine höhere Zuladung an Waffen. Amerikanische Einheiten operierten mit der F-15E im Golfkrieg 1991.

Herkunftsland:	USA
Typ:	doppelsitziger Luftüberlegenheits-Jäger
Triebwerk:	zwei 10.885-kg-Pratt-&-Whitney-F100-PW-229-Strahltriebwerke
Leistung:	Höchstgeschwindigkeit 2.655 km/h; Steigungsrate über 15.240 m/min; Dienstgipfelhöhe 30.500 m; Reichweite mit Treibstofftanks 5.745 km
Gewicht:	leer 14.379 kg; max. Startmasse 36.741 kg
Abmessungen:	Spannweite 13,05 m; Länge 19,43 m; Höhe 5,63 m; Tragflügelfläche 56,48 qm
Bewaffnung:	ein-20-mm-M61A1-Geschütz mit 960 Schuss, externe Pylonen mit Vorrichtungen für bis zu 10.705 kg Lasten, i.d.R. vier AIM-7-Sparrow-Luft-Luft-Raketen und vier AIM-9 Sidewinder-AAM oder acht AIM-120A-AMRAAM; viele Kombinationen von konventionellen und gelenkten Bomben, Raketen, Luft-Boden-Raketen, Tanks und/oder ECM-Aufsätzen

McDonnell Douglas F/A-18A Hornet

In den frühen 70er Jahren benötigte die amerikanische Marine ein leichtes, preiswertes trägergestütztes Flugzeug, das für verschiedene Aufgaben adaptiert werden konnte und zusammen mit der schwereren Grumman F-14 Tomcat und als Ersatz für die F-4 Phantom II und Vought A-7 Corsair II herhalten konnte. Bei der amerikanischen Luftwaffe gab es einen ähnlichen Notstand hinsichtlich der F-15 Eagle, doch sie entschied sich für den Rivalen, die F-16 Fighting Falcon. Die Hornet war das Ergebnis eines von Northrop selbst initiierten Entwicklungsprogramms, an dem auch McDonnell Douglas mitwirkte. An der Produktion der als YF-17 bezeichneten Hornet waren ebenfalls beide Firmen beteiligt. Obwohl das Flugzeug eigentlich gleichzeitig Jäger- und Angriffsaufgaben erfüllen sollte, sind die Flugzeuge im Dienst sehr leicht für verschiedene Aufgaben auszurüsten. Die Auslieferung an die amerikanische Marine begann im Mai 1980 und endete 1987.

Herkunftsland:	USA
Typ:	einsitziger Jäger
Triebwerk:	zwei 7.264-kg-General-Electric-F404-GE-400-Strahltriebwerke
Leistung:	Höchstgeschwindigkeit in 12.190 m Höhe 1.912 km/h; Kampfhöhe 15.240 m; Kampfradius 1.065 km
Gewicht:	leer 10.455 kg; max. Startmasse 25.401 kg
Abmessungen:	Spannweite 11,43 m; Länge 17,07 m; Höhe 4,66 m; Tragflügelfläche 37,16 qm
Bewaffnung:	ein-20-mm-M61A1-Vulcan-Geschütz mit 570 Schuss; neun externe Stationen mit Vorrichtungen für bis zu 7.711 kg Lasten, inkl. Luft-Luft-Raketen, Luft-Boden-Raketen, freifallenden oder gelenkten Bomben, Splitterbomben, Napalmtanks, Raketen-Abschuss-Aufsätzen, Abwurftanks und ECM-Aufsätzen

McDonnell Douglas F/A-18D Hornet

Die Entscheidung, mit der F/A-18A Hornet weiterzuarbeiten, führte dazu, dass die amerikanische Marine ein zweisitziges Schulflugzeug verlangte. Unter der ersten Lieferung von 11 Hornets von MDC in Missouri waren zwei kampffähige zweisitzige Schulversionen, die F/A-18B. Das Flugzeug wurde mit den gleichen Navigations- und Angriffssystemen ausgestattet, wie die einsitzige Version, allerdings wurde die Treibstoffkapazität zugunsten des zweiten Sitzes unter dem längeren Kabinendach reduziert. Die Leistungen ähneln ebenso der Einsitzerversion, nur ist die Reichweite weniger ausgeprägt. Im Sommer 1982 wurden die ersten Piloten auf diesem Flugzeug trainiert, bei der Einheit VFA-125 in der Naval Air Station Leemore. Die amerikanische Marine will weitere 165 der F/A-18B in Dienst nehmen. Das abgebildete Flugzeug ist eines im Dienst der UMFA(AW)-225 der US-Marines.

Herkunftsland:	USA
Typ:	zweisitziges Schulflugzeug mit Kampfmöglichkeit
Triebwerk:	zwei 7.257-kg-General-Electric-F404-GE-400-Strahltriebwerke
Leistung:	Höchstgeschwindigkeit in 12.190 m Höhe 1.912 km/h; Kampfhöhe ca. 15.240 m; Kampfradius 1.020 km
Gewicht:	leer 10.455 kg; max. Startmasse 25.401 kg
Abmessungen:	Spannweite 11,43 m; Länge 17,07 m; Höhe 4,66 m; Tragflügelfläche 37,16 qm
Bewaffnung:	ein-20-mm-M61A1-Vulcan-Geschütz mit 570 Schuss, neun externe Stationen mit Vorrichtungen für bis zu 7.711 kg Lasten, inkl. AIM-7M- und AIM-9L-Luft-Luft-Raketen, Luft-Boden-Raketen, konventionellen und gelenkten Mk-82-Bomben, Hunting-BL755-CBU-Splitterbomben, LAU-5003-Raketen-Aufsätzen mit 19 CRV-7-70-mm-Raketen, Tanks und ECM-Aufsätzen

McDonnell Douglas CF-18A Hornet

Am 10. April 1980 gab der kanadische Truppenkommandant die Entscheidung seines Landes bekannt, 138 einsitzige Versionen der F-18A und 40 zweisitzige Versionen der F-18B zu kaufen, um die alternde Flotte der CF-104 Starfighter zu ersetzen. Die Bestellung der Einsitzerversion wurde auf 98 Stück heruntergefahren, die Auslieferung des Schulflugzeugs, der CF-18B, begann im Oktober 1982. Jede Staffel operiert mit einer Kombination von zwei Typen, um die verschiedenen Aufgaben abzudecken. Im Vergleich mit dem Flugzeug, das bei der amerikanischen Marine im Einsatz ist, hat die CF-18 ein anderes Landesystem, ein zusätzliches Flutlicht am Rumpf für die schnelle Identifikation im Nachtflug und einen Aufsatz für Waffensysteme. Ein ausgeklügelter Überlebenskoffer für die Crew befindet sich an Bord. Das abgebildete Flugzeug trägt Sidewinder-AAM auf Flügelstationen.

Herkunftsland:	USA
Typ:	einsitziger Mehrzweck-Jäger
Triebwerk:	zwei 7.257-kg-General-Electric-F404-GE-400-Strahltriebwerke
Leistung:	Höchstgeschwindigkeit in 12.190 m Höhe 1.912 km/h; Kampfhöhe ca. 15.240 m; Kampfradius 740 km oder 1.065 km je nach Einsatz
Gewicht:	leer 10.455 kg; max. Startmasse 25.401 kg
Abmessungen:	Spannweite 11,43 m; Länge 17,07 m; Höhe 4,66 m; Tragflügelfläche 37,16 qm
Bewaffnung:	ein-20-mm-M61A1-Vulcan-Geschütz mit 570 Schuss, neun externe Stationen mit Vorrichtungen für bis zu 7.711 kg Lasten, inkl. AIM-7M- und AIM-9L-Luft-Luft-Raketen, Luft-Boden-Raketen, Mk-82-Bomben, Hunting-BL755-CBU-Splitterbomben, LAU-5003-Raketen-Aufsätzen mit 19 CRV-7-70-mm-Raketen, Tanks und ECM-Aufsätzen

Martin B57-B

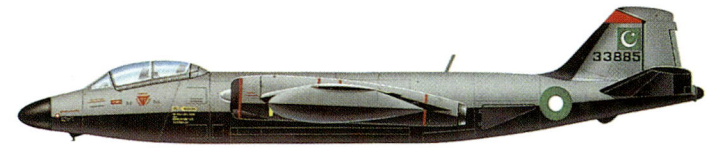

Nach der Entscheidung der amerikanischen Luftwaffe zum Kauf der Canberra der britischen Firma English Electric (BAC) wurde die Firma Martin mit dem Bau der B-57 beauftragt. Die B-57A wurde nach amerikanischen Standard entwickelt. Die Großzahl der Flugzeuge sind Zweisitzer. Nach seinem ersten Flug im Juni 1954 wurde dieses Modell in einer Stückzahl von 202 fertig gestellt und das Tactical Air Command (TAC) damit ab Januar 1955 ausgerüstet. Dieser Variante folgten 67 verbesserte B-57E in den Dienst. Das Flugzeug hatte beim TAC wenige Aufgaben, bis der Krieg in Vietnam ausbrach, wo die B-57B bei Einheiten der Air National Guard zum Einsatz kam. Viele Flugzeuge wurden später an die Luftwaffe von Pakistan abgegeben, die die Flugzeuge während der Grenzstreitigkeiten mit Indien einsetzte. Das abgebildete Flugzeug trägt die Farben der 7. Staffel der pakistanischen Luftstreitkräfte.

Herkunftsland:	USA
Typ:	zweisitziger Nachtbomber
Triebwerk:	zwei 3.226-kg-Wright-J65-W5-Turbojets
Leistung:	Höchstgeschwindigkeit in 12.190 m Höhe 937 km/h; Dienstgipfelhöhe 14.630 m; Reichweite 3.701 km
Gewicht:	leer 12.200 kg; max. Startmasse 24.950 kg
Abmessungen:	Spannweite 19,51 m; Länge 19,96 m; Höhe 4,75 m; Tragflügelfläche 89,18 qm
Bewaffnung:	acht 12,7-mm-Maschinengewehre oder vier 20-mm-Geschütze; 16 Unterflügel-Raketen und bis zu 2.722 kg Bomben im internen Bombenschacht

Martin EB-57

Die Einsatzflexibilität der britischen Canberra, ihre Vielseitigkeit, sehr gute Manövrierfähigkeit, gute Reichweite und Dauerhaftigkeit waren die Gründe der amerikanischen Luftwaffe zur Übernahme dieses Flugzeugs. Die B-57E war eine verbesserte Version der B-57B, die für Aufgaben mit langer Reichweite entwickelt worden war. Das Flugzeug war in seiner Konfiguration sehr ähnlich, es wurde ebenfalls von einer Armstrong-Siddeley-Sapphire angetrieben. Viele B-, C- und E-Modelle wurden mit der Ausrüstung für Nacht- und Allwetterflug, Zielpeilung und Zielwaffensystemen auf den neuesten Stand gebracht. Diese so umgerüsteten Flugzeuge erhielten die Bezeichnung B-57G. Einige wurden mit ECM während des Vietnamkriegs ausgestattet. Dieses Flugzeug ist eine EB-57 mit ECM- und EW-Ausrüstung für das Testen von Verteidigungssystemen in den 60er und 70er Jahren.

Herkunftsland:	USA
Typ:	zweisitziger Nachtbomber
Triebwerk:	zwei 3.226-kg-Wright-J65-W5-Turbojets
Leistung:	Höchstgeschwindigkeit in 12.190 m Höhe 937 km/h; Dienstgipfelhöhe 14.630 m; Reichweite 3.701 km
Gewicht:	leer 12.200 kg; max. Startmasse 24.950 kg
Abmessungen:	Spannweite 19,51 m; Länge 19,96 m; Höhe 4,75 m; Tragflügelfläche 89,18 qm
Bewaffnung:	acht 12,7-mm-Maschinengewehre oder vier 20-mm-Geschütze; 16 Unterflügel-Raketen und bis zu 2.722 kg Bomben im internen Bombenschacht

Martin B-57F

Im Jahr 1960 beauftragte Martin die Firma General Dynamics mit der Aufgabe, eine Version der B-57 für große Höhen zu entwickeln, die B-57F, um die Übergangslösung B-57D (die alle 1963 verschrottet wurden, da sie einen strukturellen Fehler hatten) zu ersetzen. Von den B-57F Modellen wurden 21 aus B- und D-Modellen umgebaut. Die Tragflächen sind ganz neu, mit der doppelten Fläche des vorherigen Canberra-Flügels. Das Flugzeug hat eine ermüdungsresistente Struktur. Fast der gesamte Rumpf ist neu, ebenso das vertikale Heck. Vier Unterflügelstationen für Pylonen wurden integriert. Die Spitze ist voller Elektronik. Mehrzweck-Sensoren sind über den ganzen Rumpf verteilt. Ebenso wie von den USA aus, operierte das Flugzeug von Japan, Panama, Argentinien, Alaska und verschiedenen Ländern des Mittleren Ostens aus.

Herkunftsland:	USA
Typ:	zweisitziges strategisches Aufklärungs-Flugzeug
Triebwerk:	zwei 8.165-kg-Pratt-&-Whitney-TF33-11A-Strahltriebwerke und zwei 1.500-kg-Pratt-&-Whitney-J60-9-Single-Shaft-Turbojets
Leistung:	max. Geschwindigkeit über 800 km/h; Dienstgipfelhöhe 22.860 m; Reichweite 5.955 km
Gewicht:	leer 16.330 kg; max. Startmasse 28.576 kg
Abmessungen:	Spannweite 37,32 m; Länge 21,03 m; Höhe 5,79 m; Tragflügelfläche 186 qm

Messerschmitt Me 163B Komet 1

Von allen Flugzeugen, die im 2. Weltkrieg zum Einsatz kamen, war die Me 163 sicher das radikalste und zukunftsweisendste. Das Konzept eines kurzlebigen schnellen Abfangjägers, der von einer Rakete angetrieben wurde, war sicher sehr interessant, aber nicht ungefährlich. Der erste Flug dieses Jägers von Alex Lippisch – ohne ein horizontales Heck und mit einem sehr kurzen Rumpf – wurde im Frühjahr 1941 im Gleitflug absolviert. Um das Flugzeug anzutreiben, wurden zwei hoch gefährliche Flüssigkeiten verwendet, die sich entzündeten, wenn sie miteinander in Berührung kamen. Um Gewicht zu sparen, hob die Komet von einem getrennten Fahrwerk ab und landete auf einer Gleitkufe. Beim Landen mischten sich die beiden Flüssigkeiten oft, wodurch es häufig zu Explosionen kam. Dabei verlor man viele Maschinen und Piloten.

Herkunftsland:	Deutschland
Typ:	einsitziger Abfangjäger
Triebwerk:	eine 1.700-kg-Walter-HWK-509A-2-Doppelpropeller-Rakete mit konzentriertem Hydrogenperoxid und Hydrazin/Methanol
Leistung:	Höchstgeschwindigkeit in 10.000 m Höhe 960 km/h; Dienstgipfelhöhe 16.500 m; Reichweite unter 100 km; Ausdauer ca. 8 Minuten
Gewicht:	leer 1.905 kg; max. Beladung 4.110 kg
Abmessungen:	Spannweite 9,3 m; Länge 5,69 m; Höhe 2,74 m
Bewaffnung:	zwei 300-mm-MK-108-Geschütze mit je 60 Schuss

Messerschmitt Me 262A-1a

Die Me 262 war in der Tat das fortschrittlichste Kampfflugzeug im 2. Weltkrieg und sicher auch das im Kampf erfolgreichste. Messerschmitt war erst spät mit der Entwicklung eines düsenangetriebenen Kampfjägers herausgekommen. Heinkel hatte mit der Entwicklung des Prototyps der He 280 eigentlich die Nase vorn, als im Januar 1939 Messerschmitt vom Reichsluftfahrtministerium beauftragt wurde, ein ähnliches Flugzeug herzustellen. Die Turbojets, die zur Verfügung standen, hatten nicht genug Kraft, um ein Flugzeug alleine anzutreiben, und so sah der Entwurf zwei Turbojets vor, die unter der Rumpfzelle am Flügel angebracht waren. Die Me 262 V7 war die Nachfolgeversion des Serienmodells Me 262A-1a. Dieses Flugzeug war eine Standard-Abfangversion und flog am 3. Oktober 1944 ihren ersten Einsatz. Das abgebildete Flugzeug gehörte zur 9. Staffel Jagdgeschwader Nr. 7, das 1945 in Parchim stationiert war.

Herkunftsland:	Deutschland
Typ:	einsitziger Luftüberlegenheits-Jäger
Triebwerk:	zwei 900-kg-Junkers-Jumo-004B-1-, -2- oder -3-Turbojets
Leistung:	Höchstgeschwindigkeit in 6.000 m Höhe 869 km/h; Dienstgipfelhöhe über 12.190 m; Reichweite 1.050 km
Gewicht:	leer 3.795 kg; max. Startmasse 6.387 kg
Abmessungen:	Spannweite 12,5 m; Länge 10,58 m; Höhe 3,83 m; Tragflügelfläche 21,73 qm
Bewaffnung:	vier 30-mm-Rheinmetall-Borsig-Mk-108A-3-Geschütze mit 100 Schuss oben und 80 Schuss unten; Vorrichtungen für 12 R4M-Luft-Luft-Raketen unter jeder Tragfläche

Messerschmitt Me 262 A-2a

Die Luftstreitkräfte der Alliierten hielten während der Landungen in Nordafrika und Italien die deutsche Luftwaffe und Marine zurück. Hohe deutsche Kommandanten, darunter auch Hitler, wollten die Me 262 zum Jagdbomber umrüsten. Im Herbst 1943 war der Krieg zwar eigentlich schon entschieden, doch man entschloss sich, einige Me 262A-1a in die A-2a umzurüsten, indem man Schloss-503A-1-Bombenrampen unter die Tragflächen installierte. Die erste Einheit, die mit der Me 262A-2a im Einsatz operieren konnte, war das „Erprobungskommando Schenk", das von Major Wolfgang Schenk angeführt wurde und sich im Juli 1944 in Lechfeld formierte. Im Januar 1945 wurden noch vier weitere Jagdbombereinheiten gebildet, doch nur die Einheiten I/KG(J)54, II/KG(J)54 und III/KG(J)6 wurden noch im Kampf eingesetzt.

Herkunftsland:	Deutschland
Typ:	einsitziger Jagdbomber
Triebwerk:	zwei 900-kg-Junkers-Jumo-004B-1-, -2- oder -3-Turbojets
Leistung:	Höchstgeschwindigkeit in 6.000 m Höhe 869 km/h; Dienstgipfelhöhe über 12.190 m; Reichweite 1.050 km
Gewicht:	leer 3.795 kg; max. Startmasse 6.387 kg
Abmessungen:	Spannweite 12,5 m; Länge 10,58 m; Höhe 3,83 m; Tragflügelfläche 21,73 qm
Bewaffnung:	vier 30-mm-Rheinmetall-Borsig-Mk-108A-3-Geschütze mit 100 Schuss oben und 80 Schuss unten; Vorrichtungen für 12 R4M-Luft-Luft-Raketen unter jeder Tragfläche

Messerschmitt Me 262B-1a/U1

Die Überlegung, die Me 262 auch für die Aufgabe als Nachtjäger einzusetzen, entsprang bei Versuchen im Oktober 1944 in Rechlin. Diese Flugtests wurden mit einsitzigen A-1a-Modellen, mit FuG-220-Abfangradar und vierpoligen Hirschgeweih-Antennen ausgerüstet. Erfolgreiche Tests führten zu der Entscheidung, eine zweisitzige Schulversion zu entwickeln, als Me 262B-1a/U1 bezeichnet, gleichzeitig eine Übergangslösung für einen Nachtjäger, noch vor der Entwicklung des Modells Me 262B-2a. Die B-1a/U1 wurde mit FuG-218-Neptun-V-Radar mit Hirschgeweih-Antenne und FuG- 350-ZC-Naxos für zur Ortung des britischen H2S-Radars ausgerüstet. Die erste Einheit, an die das Flugzeug geliefert wurde war das „Kommando Welter" (später 10./NJG 11), eine Spezialeinheit mit im Nachtflug erfahrenen Piloten, an die im Februar/März 1945 weniger als ein Dutzend Me 262B-1a/U1 geliefert wurden.

Herkunftsland:	Deutschland
Typ:	zweisitziger Nachtjäger
Triebwerk:	zwei 900-kg-Junkers-Jumo-004B-1-, -2- oder -3-Turbojets
Leistung:	Höchstgeschwindigkeit in 6.000 m Höhe 869 km/h; Dienstgipfelhöhe über 12.190 m; Reichweite 1.050 km
Gewicht:	leer 3.795 kg; max. Startmasse 6.387 kg
Abmessungen:	Spannweite 12,5 m; Länge 10,58 m; Höhe 3,83 m; Tragflügelfläche 21,73 qm
Bewaffnung:	zwei 30-mm-Rheinmetall-Borsig-Mk-108A-3-Geschütze mit 100 Schuss oben und 80 Schuss unten

Mikojan-Gurewitsch MiG-15 „Fagot"

Die MiG-15 hatte einen sehr großen Einfluss suf die Weiterentwicklung der Düsenjets. Ihre Existenz war nicht bekannt, bis sich amerikanische Kampfpiloten tatsächlich pfeilgeflügelten silbernen Jägern gegenübersahen, die schneller fliegen, besser steigen und fallen konnten und einen kleineren Wendekreis hatten. Die Entwicklung kann bis zu einer Zeit zurückverfolgt werden, als sich die Briten nach dem 2. Weltkrieg entschlossen, der Sowjetunion mindestens einen britischen Turbojet, den Rolls-Royce-Nene, zu schicken, lange bevor ein britischen Flugzeug davon angetrieben wurde. Ende Dezember 1947 flog der Prototyp, der von einer unlizensierten Version der Nene angetrieben wurde. Die Verluste in Korea waren groß, hauptsächlich weil die Piloten unerfahren waren. In den 60er Jahren wurde die MiG-15 noch in 15 Ländern als Jäger eingesetzt.

Herkunftsland:	UdSSR
Typ:	einsitziger Jäger
Triebwerk:	ein 2.700-kg-Klimow-VK-1-Turbojet
Leistung:	max. Geschwindigkeit 1.100 km/h; Dienstgipfelhöhe 15.545 m; Reichweite mit Tanks 1.424 km
Gewicht:	leer 4.000 kg; max. Beladung 5.700 kg
Abmessungen:	Spannweite 10,08 m; Länge 11,05 m; Höhe 3,4 m; Tragflügelfläche 20,6 qm
Bewaffnung:	ein 37-mm-N-37-Geschütz und zwei 23-mm-NS-23-Geschütze, bis zu 500 kg verschiedener Lasten auf Unterflügelpylonen

Mikojan-Gurewitsch MiG-17F „Fresco-C"

Obwohl sie äußerlich der MiG-15 sehr ähnelte, war die MiG-17 ein ganz anderes Flugzeug. Beobachter aus dem Westen glaubten, dass sie sehr rasch entworfen wurde, um die Mängel, die im Koreakrieg an der MiG-15 zu Tage getreten waren, zu verbessern. Darunter ist speziell die Instabilität bei hoher Geschwindigkeit zu nennen. Doch in Wahrheit begann der Entwurf der MiG-17 1949, und es war wahrscheinlich das letzte Flugzeug, bei dessen Entwicklung Mikhail I. Gurewitsch eine aktive Rolle spielte. Das wichtigste am neuen Entwurf waren die Tragflächen, die dünner waren und an versetzter Stelle an den Rumpf stießen und dadurch im Ganzen eine bessere Stabilität bei höherer Geschwindigkeit zuließen. Das neue Heck war an einen längeren Rumpf gebaut. Darin konnte sehr viel Avionik untergebracht werden. Die Maschine wurde in einer Stückzahl von 5.000 1952 an die Sowjetische Armee ausgeliefert.

Herkunftsland:	UdSSR
Typ:	einsitziger Jäger
Triebwerk:	ein 3.383-kg-Klimow-VK-1F-Turbojet
Leistung:	Höchstgeschwindigkeit in 3.000 m Höhe 1.145 km/h; Dienstgipfelhöhe 16.600 m; Reichweite mit Tanks 1.470 km
Gewicht:	leer 4.100 kg; max. Beladung 6.000 kg
Abmessungen:	Spannweite 9,45 m; Länge 11,05 m; Höhe 3,35 m; Tragflügelfläche 20,6 qm
Bewaffnung:	ein 37-mm-N-37-Geschütz und zwei 23-mm-NS-23-Geschütze, bis zu 500 kg verschiedener Lasten auf Unterflügelpylonen

Mikojan-Gurewitsch MiG-19PM „Farmer-D"

Mit der Bekanntmachung der Mig-19 sicherte sich Mikojan Gurewitsch seinen Platz unter den ersten Jägerkonstrukteuren. Der neue Jäger war bereits entworfen, als die Mig-15 in Korea eingesetzt wurde, und im Juni 1951 lagen bereits Bestellungen über fünf Prototypen vor. Der erste flog im Jahr 1953, angetrieben von zwei AM-5-Motoren. Mit nachbrennenden Motoren wurde die MiG-19 das erste Überschallflugzeug im russischen Dienst. Weiter verbesserte Versionen fanden ihren Höhepunkt in der MiG-19PM, bei der die herkömmlichen Waffen durch Pylonen für vier Luft-Luft-Raketen ersetzt wurden. 1960 wurde dieses einfache Flugzeug von westlichen Beobachtern für veraltet erklärt. 1970 zeigte ein chinesisches Flugzeug, die F-6 (MiG-19SF) in Nordvietnam und Pakistan so gute Leistungen, dass die NATO ihre Meinung revidierte.

Herkunftsland:	UDSSR
Typ:	einsitziger Allwetter-Abfangjäger
Triebwerk:	zwei 3.250-kg-Klimow-RD-9B-Turbojets
Leistung:	Höchstgeschwindigkeit in 9.080 m Höhe 1.480 km/h; Dienstgipfelhöhe 17.900 m; max. Reichweite mit zwei Abwurftanks 2.200 km
Gewicht:	leer 5.760 kg; max. Startmasse 9.500 kg
Abmessungen:	Spannweite 9 m; Länge 13,58 m; Höhe 4,02 m; Tragflügelfläche 25 qm
Bewaffnung:	Unterflügelpylonen für vier AA-1-Alkali-Luft-Luft-Raketen oder AA-2-Atoll

Mikojan-Gurewitsch MiG-21bis „Fishbed-N"

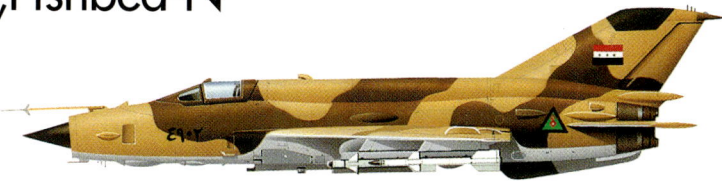

Die MiG-21 machte sich einen Namen als eines der vielseitigsten Kampfflugzeuge der Nachkriegszeit. Sie wurde in sehr großer Stückzahl – vermutlich 11.000 Maschinen – hergestellt und diente in 39 Einheiten. Die „Fishbed" wurde in nur 18 Monaten nach dem Koreakrieg entwickelt. Es wurden mindestens 30 Prototypen gebaut, bevor die Auslieferung der MiG-21F „Fishbed-C" 1958 begann. Die hier abgebildete MiG-21bis „Fishbed-N" ist eine verbesserte Version der MiG-21bis „Fishbed-L", die zuerst 1971 gebaut wurde und neue Konstruktionstechniken, größere Treibstoffkapazität und verbesserte Avionik für Mehrzweck-Jäger hatte. 1975 wurde die „Fishbed-N" eingeführt. Sie hatte zusätzlich noch stärkere Turbojets und eine weiter verbesserte Avionik.

Herkunftsland:	UdSSR
Typ:	einsitziger Allwetter-Mehrzweck-Jäger
Triebwerk:	ein 7.507-kg-Tumanskii-R-25-Turbojet
Leistung:	max. Geschwindigkeit über 11.000 m Höhe 2.229 km/h; Dienstgipfelhöhe 17.500 m; Reichweite ohne Zusatztanks 1.160 km
Gewicht:	leer 5.200 kg; max. Startmasse 10.400 kg
Abmessungen:	Spannweite 7,15 m; Länge (inkl. Lufttankstutzen) 15,76 m; Höhe 4,1 m; Tragflügelfläche 23 qm
Bewaffnung:	ein 23-mm-GSh-23-Geschütz unter dem Rumpf, vier Unterflügelpylonen mit Vorrichtungen für ca. 1.500 kg Lasten, inkl. AA-2-Atoll- oder AA-8-Aphid-Luft-Luft-Raketen, UV-16-57-Raketen-Aufsätzen, Napalmtanks oder Abwurftanks

Mikojan-Gurewitsch MiG-21U „Mongol"

Die zweisitzige Schulversion der MiG-21F war im Westen als „Mongol" bekannt. Diesen Namen hatte die NATO vergeben. Wenn man die notwendigen Flugzellenänderungen für den Ausbilder außer Acht lässt, ist die MiG-21U das Abbild der Hauptserienversion, der MiG-21F. Der erste Prototyp soll 1960 geflogen sein. Variationen gegenüber dem Einsitzer beinhalten eine vordere einteilige Luftbremse, Wegfall der Bewaffnung und die Übernahme größerer Räder, die schon bei der MiG-21PF eingeführt wurden. Weitere Veränderungen wurden an den Modellen MiG-21US und MiG-21UM vorgenommen. Diese beinhalten u.a. vertikale Hecks. Das Flugzeug wird immer noch in den ehemaligen Ostblock-Staaten und in Indien genutzt. Das abgebildete Flugzeug ist bei der finnischen Luftwaffe im Einsatz.

Herkunftsland:	UdSSR
Typ:	zweisitziges Schulflugzeug
Triebwerk:	ein 5.950-kg-Tumanskii-R-11F2S-300-Turbojet
Leistung:	max. Geschwindigkeit über 12.200 m Höhe 2.145 km/h; Dienstgipfelhöhe 17.500 m; Reichweite ohne Zusatztanks 1.160 km
Gewicht:	nicht bekannt
Abmessungen:	Spannweite 7,15 m; Länge (inkl. Lufttankstutzen) 15,76 m; Höhe 4,1 m; Tragflügelfläche 23 qm

Mikojan-Gurewitsch MiG-23M „Flogger-B"

Obwohl sie ein gutes Flugzeug ist, wurde die MiG-21 durch ihre geringen Leistungen hinsichtlich der Zuladung und Reichweite behindert. 1965 wurde eine Ausschreibung herausgegeben, die diese Probleme beheben sollte. Mikojan-Gurewitsch reichte zwei Vorschläge ein, einen für eine vergrößerte Version der MiG-21 und eine Alternative, die später als Ye-23-11/1-Prototyp realisiert wurde. Dieses Flugzeug ist die Basis für die MiG-23 und wurde zum ersten Mal 1967 bei einem Flugfest öffentlich vorgestellt. Neben dem variablen geometrischen Flügel waren andere Hauptvariationen gegenüber der frühen MiG seitliche Scharten, in denen ein Suchradar eingebaut wurde und eine höhere Treibstoffkapazität. Die MiG-23M „Flogger-B" war die erste Serienproduktionsversion und trat 1972 in der ehemaligen UdSSR ihren Dienst an.

Herkunftsland:	UdSSR
Typ:	einsitziger Luftkampf-Jäger
Triebwerk:	ein 10.208-kg-Khachaturow-R-29-300-Turbojet
Leistung:	Höchstgeschwindigkeit ca. 2.445 km/h; Dienstgipfelhöhe über 18.290 m; Kampfradius 966 km
Gewicht:	leer 10.400 kg; max. Beladung 18.145 kg
Abmessungen:	Spannweite 13,97 m und 7,78 m mit Pfeilung; Länge (inkl. Lufttankstutzen) 16,71 m; Höhe 4,82 m; Tragflügelfläche 37,25 qm
Bewaffnung:	ein 23-mm-GSh-23L-Geschütz, Unterflügelpylonen für AA-3-Anab-, AA-7-Apex- und/oder AA-8-Aphid-Luft-Luft-Raketen

Mikojan-Gurewitsch MiG-23MF „Flogger-B"

Die MiG-23 und die MiG-27 lösten die MiG-21 als wichtigstes Ausrüstungselement der sowjetischen taktischen Luftstreitkräfte und der Abfangjägereinheiten zur Heimatverteidigung ab. Das Flugzeug wird immer noch von allen Staaten des früheren Warschauer Paktes geflogen, obwohl es mittlerweile nicht mehr auf dem aktuellsten technischen Stand ist. Es war auch bei der Luftwaffe der ehemaligen DDR unter der Bezeichnung MiG-23MF im Einsatz. Dies war von 1978 an die wichtigste Version, mit verbessertem Radar und Infrarotsensor. Die Flosse am Rumpfbauch klappt vor der Landung zusammen. Die meisten MiG-23MF werden als Jäger eingesetzt und sind für hohe Leistung bei mäßiger Zuladung eingerichtet. Nach der Wiedervereinigung Deutschlands wurden die meisten Maschinen der ehemaligen DDR-Luftwaffe eingelagert.

Herkunftsland:	UdSSR
Typ:	einsitziger Luftkampfjäger
Triebwerk:	ein 10.000-kg-Rumanskii-R-27F2M-300
Leistungen:	Höchstgeschwindigkeit etwa 2.445 km/h; Dienstgipfelhöhe über 18.290 m; Operationsradius 966 km
Gewicht:	leer 10.400 kg; max. Zuladung 18.145 kg
Abmessungen:	Spannweite 13,97 m ohne und 7,78 m mit Pfeilung; Länge (einschließlich Tankstutzen) 16,71 m; Höhe 4,82 m; Tragflügelfläche 37,25 qm gespreizt
Bewaffnung:	eine 23-mm-GSh-23L-Kanone, Unterflügelstationen für AA-3-Anab-, AA-7-Apex- und/oder AA-8-Aphid-Luft-Luft-Rakete

Mikojan-Gurewitsch MiG-23M „Flogger-B"

I m Jahre 1975 wurden einige hundert MiG-23-Maschinen, darunter auch die Angriffs- und Übungsmodelle, an die Warschauer-Pakt-Staaten geliefert. Die Produktion lief bis Mitte der 80er Jahre. Bei weitem die meisten Flugzeuge wurden von der Sowjetunion eingesetzt. Einem Bericht zufolge erwarben die USA Ende der 80er Jahre ägyptische MiG-23-Maschinen, um Luftkämpfe zwischen amerikanischen und russischen Maschinen simulieren zu können. Die von der Sowjetunion eingesetzten Flugzeuge unterschieden sich von den Exportmodellen durch ihr Saphir-23D-Sh-„High-Lark"-Feuerkontroll-Radar, ihr Infrarot-Such-/Spürsystem und die Pulse-Doppler-Navigation. Zahlenmäßig sind sie immer noch die wichtigsten russischen Abfangjäger. Der Motor – einer der stärksten in einem Kampfflugzeug – bringt im Kurzstreckenbereich und die Geschwindigkeit betreffend gute Leistungen.

Herkunftsland:	UdSSR
Typ:	einsitziger Luftkampfjäger
Triebwerk:	ein 10.208kg-Khachaturow-R-29-300-Turbojet
Leistungen:	Höchstgeschwindigkeit etwa 2.445km/h; Dienstgipfelhöhe über 18.290 m; Operationsradius 966km
Gewicht:	leer 10.400 kg; max. Zuladung 18.145 k
Abmessungen:	Spannweite 13,97 m ohne und 7,78 m mit Pfeilung; Länge (einschließlich Tankstutzen) 16,71 m; Höhe 4,82 m; Tragflügelfläche 37,25 qm gespreizt
Bewaffnung:	eine 23-mm-GSh-23L-Kanone, Unterflügelstationen für AA-3-Anab-, AA-7-Apex- und/oder AA-8-Aphid-Luft-Luft-Raketen

Mikojan-Gurewitsch MiG-27 „Flogger-D"

Die MiG-27 war eine hoch entwickelte Version der MiG-23. Das Flugzeug wurde von Anfang an als ausgesprochenes Kampfflugzeug entworfen und ist für Einsätze über dem Schlachtfeld optimiert. Der größte Unterschied ist die Rumpfnase, deren Gestaltung dem Piloten während der Anflüge eine verbesserte Bodensicht geben soll. Da in der Spitze bloß ein Laser-Entfernungsmesser und ein Zielsuchgerät untergebracht werden mussten, konnten die Konstrukteure der MiG die Nase spitz zulaufen lassen, wie man oben sehen kann. Der Pilot wird durch Panzerung an der Seite des Cockpits vor Beschuss durch Handfeuerwaffen geschützt, und um die Leistungen im Tiefflug zu verbessern, sind die verstellbaren Lufteinlässe und die ebenfalls verstellbare Düse durch leichtere, fest installierte Elemente ersetzt worden. Das Flugzeug trat Ende der 70er Jahre in Dienst; verbesserte Versionen sind die MiG-27K und -27D „Flogger-J".

Herkunftsland:	UdSSR
Typ:	einsitziges Kampfflugzeug
Triebwerk:	ein 11.500-kg-Tumanskii-R-29B-300-Turbojet
Leistungen:	Höchstgeschwindigkeit in 8.000 m Höhe 1.885 km/h; Dienstgipfelhöhe über 14.000 m; Operationsradius mit voller Zuladung und drei Tanks 540 km
Gewicht:	leer 11.908 kg; max. Zuladung 20.300 kg
Abmessungen:	Spannweite 13,97 m ohne und 7,78 m mit Pfeilung; Länge 17,07 m; Höhe 5 m; Tragflügelfläche 37,35 qm gespreizt
Bewaffnung:	eine 23-mm-GSh-23L-Kanone mit 200 Schuss, sieben externe Stationen mit Aufsatz für bis zu 4.000 kg, Kh-29-Luft-Boden-Raketen, AS-7-Kerry-Luft-Boden-Raketen, Kanonenaufhängungen, Raketenstartanlagen, großkalibrige Raketen, Napalmtanks, Abwurftanks, ECM, konventionelle und gelenkte Bomben

Mikojan-Gurewitsch MiG-23 „Flogger-E"

Libyen und eine Reihe anderer arabischer Staaten haben eine vereinfachte Exportversion der MiG-23M „Flogger-B" mit der Bezeichnung MiG-23 „Flogger-E" gekauft. Zwar baut das Flugzeug auf der gleichen Flugzeugzelle auf, wird aber von dem 10.000-kg-Tumanskii-R-27F2M-300-Turbojet angetrieben. Auch ist es mit der weit weniger leistungsfähigen Version des „Jay Bird"-Radars in einem kürzeren Radom an der Spitze ausgerüstet. Es hat eine Such- und Spürweite von etwa 29 bzw. 18 km und keine Bodensicht. Die Avionik ist ebenfalls vereinfacht und hat weder eine Doppler-Navigation noch einen Infrarot-Sensor. Eine andere Version mit leicht anderer Ausstattung wird auch von zahlreichen anderen arabischen Staaten eingesetzt. Beide Exportmodelle sind wesentlich weniger leistungsfähig als die Maschinen der CIS. Dieses Flugzeug trägt die grünen islamischen Kennzeichen, die 1978 anstelle der rot-weiß-schwarzen, kreisförmigen Abzeichen der Ägypter angenommen wurden.

Herkunftsland:	UdSSR
Typ:	einsitziges Luftkampfflugzeug
Triebwerk:	ein 10.000-kg-Tumanskii-R-27F2M-300-Turbojet
Leistungen:	Höchstgeschwindigkeit ca. 2.445 km/h; Dienstgipfelhöhe über 18.290 m; Operationsradius 966 km
Gewicht:	leer 10.400 kg; max. Zuladung 18.145 kg
Abmessungen:	Spannweite 13,97 m ohne und 7,78 m mit Pfeilung; Länge (einschließlich Tankstutzen) 16,71 m; Höhe 4,82 m; Tragflügelfläche 37,25 qm ohne Pfeilung
Bewaffnung:	eine 23-mm-GSh-23L-Kanone mit 200 Schuss, sechs externe Stationen mit Aufsatz bis 3.000 kg, geeignet für AA-2-Atoll-Luft-Luft-Raketen, Kanonenaufhängungen, Raketenstartanlagen, großkalibrige Raketen und Bomben

Mikojan-Gurewitsch MiG-23UB „Flogger-C"

Eine zweisitzige Version der MiG-23 wurde als Übungsflugzeug gebaut. Angetrieben war sie von dem Tumanskii-R-27F2M-300-Turbojet, und sie besaß das „Jay-Bird"-Radar für den Export. Das zweite Cockpit für den Ausbilder befindet sich hinter dem eigentlichen Cockpit. Der Sitz ist leicht erhöht und mit einem einziehbaren Periskop versehen, um die Sicht nach vorne zu erweitern. Wie die meisten während des Kalten Krieges entstandenen, sowjetischen Militärflugzeuge ist sie voll einsatzfähig im Kampf und hat bei der NATO die Kennung MiG-23UB „Flogger-C". Libyen war eines der ersten Abnehmerländer des Flugzeuges, das auch bei anderen arabischen Staaten im Dienst ist. Obwohl diese Länder fortschrittliche Kampfflugzeuge bekamen, konnten der Ausbildungsstand der Piloten und die Wartungseinrichtungen auf den Flugplätzen den Flugzeugen nicht entsprechen, was der Gesamtleistung der Maschinen abträglich ist.

Herkunftsland:	UdSSR
Typ:	zweisitziges Übungsflugzeug
Triebwerk:	ein 10.000-kg-Tumanskii-R-27F2M-300-Turbojet
Leistungen:	Höchstgeschwindigkeit ca. 2.445 km/h; Dienstgipfelhöhe über 18.290 m; Operationsradius ca. 966 km
Gewicht:	leer 11.000 kg; max. Zuladung 18.145 kg
Abmessungen:	Spannweite 13,97 m ohne und 7,78 m mit Pfeilung; Länge (einschließlich Tankstutzen) 16,71 m; Höhe 4,82 m; Tragflügelfläche 37,25 qm
Bewaffnung:	eine 23-mm-GSh-23L-Kanone mit 200 Schuss; sechs externe Stationen mit Aufsatz bis 3.000 kg, geeignet für Luft-Boden-Raketen, Kanonenaufhängungen, Raketenstartanlagen und Bomben

Mikojan-Gurewitsch MiG-23BN „Flogger-F"

Die Mikojan-Gurewitsch MiG-23BN/BM „Flogger-F" ist im Prinzip eine Jagdbomberversion der MiG-23 für den Exportmarkt. Die Flugzeuge haben eine ähnlich geformte Rumpfnase, den gleichen Laser-Entfernungsmesser, einen erhöhten Sitz, die Außenpanzerung des Cockpits und die Niedrigdruckreifen der MiG-27 „Flogger-D" der Luftwaffe. Sie behielten jedoch das Triebwerk, die verstellbaren Lufteinlässe und die Kanonenbewaffnung des Abfangjägers MiG-23MF „Flogger-B" (einer verbesserten Version der auf S. 200 näher beschriebenen MiG-23M „Flogger-B"). Das Flugzeug kann nach entsprechenden Umgestaltungen auch die AS-7-Kerry-Luft-Boden-Rakete tragen und wurde nach Algerien, Kuba, Ägypten, Äthiopien, in den Irak, nach Libyen, Syrien und Vietnam sowie in die Warschauer-Pakt-Staaten exportiert. Diese Maschine gehörte einer Einheit der tschechischen Luftwaffe an und war in den späten 70er Jahren in Pardubice, 100 km östlich von Prag, stationiert.

Herkunftsland:	UdSSR
Typ:	einsitziger Jagdbomber
Triebwerk:	ein 10.000-kg-Tumanskii-R-27F2M-300-Turbojet
Leistungen:	Höchstgeschwindigkeit ca. 2.445 km/h; Dienstgipfelhöhe über 18.290 m; Operationsradius 966 km
Gewicht:	leer 10.400 kg; max. Zuladung 18.145 kg
Abmessungen:	Spannweite 13,97 m ohne und 7,78 m mit Pfeilung; Länge (einschließlich Tankstutzen) 16,71 m; Höhe 4,82 m; Tragflügelfläche 37,25 qm ohne Pfeilung
Bewaffnung:	eine 23-mm-GSh-23L-Kanone mit 200 Schuss, sechs externen Stationen mit Aufsatz bis 3.000 kg, geeignet für AA-2-Atoll-Luft-Luft-Raketen, AS-7-Kerry-Luft-Boden-Raketen, Kanonenaufhängungen, Raketenstartanlagen, großkalibrigen Raketen und Bomben

Mikojan-Gurewitsch MiG-25P „Foxbat-A"

Als Ende der 50er Jahre Berichte von der Entwicklung eines strategischen Hochgeschwindigkeits-Langstreckenbombers in den USA – der B-70 Valkyrie – bekannt wurden, sahen sich die sowjetischen Autoritäten veranlasst, den Entwurf und die Entwicklung eines für 1964 geplanten Abfangjägers voranzutreiben, der B-70 Paroli gleichwertig sein sollte. Sogar als das B-70-Programm 1961 abgebrochen wurden, ging die Arbeit an der Entwicklung des Abfangjägers weiter. Er war als MiG-25 bekannt und erhielt bei der NATO die Kennung „Foxbat". Das Flugzeug wurde 1967 am „Moskauer Tag der Luftfahrt" enthüllt. Die Prototypen stellten 1965–1967 einen Weltrekord nach dem anderen auf, und als das Serienflugzeug MiG-25P 1970 in Betrieb genommen wurde, ließ es in Bezug auf Geschwindigkeit und Höhe alle westlichen Flugzeuge weit hinter sich. Diese Maschine ist auch in Libyen, Algerien, Indien, im Irak und in Syrien im Dienst.

Herkunftsland:	UdSSR
Typ:	einsitziger Abfangjäger
Triebwerk:	zwei 10.200-kg-Tumanskii-R-15B-300-Turbojets
Leistungen:	Höchstgeschwindigkeit ca. 2.974 km/h; Dienstgipfelhöhe 24.385 m; Operationsradius 1.130 km
Gewicht:	leer 20.000 kg; max. Startmasse 37.425 kg
Abmessungen:	Spannweite 14,02 m; Länge 23,82 m; Höhe 6,1 m; Tragflügelfläche 61,4 qm
Bewaffnung:	externe Stationen für vier Luft-Luft-Raketen in Form von entweder je zwei IR- und AA-6-„Acrid"-Geschützen mit Radar oder zwei AA-7-„Apex"- und zwei AA-8-„Aphid"-Geschützen

Mikojan-Gurewitsch MiG-25RB „Foxbat-B"

Kurz nachdem sie von der Sowjetunion in Dienst genommen wurden, entsandte man vier MiG-25P-„Foxbat-A"-Maschinen zur Unterstützung der Aufklärung der ägyptischen Luftwaffe nach Ägypten. Vier Jahre lang erwies sich das Flugzeug als gefährlicher Gegner für die israelischen Abfangjäger F-4. Von da an drängte man zu der Entwicklung einer Aufklärerversion, die 1971 von der sowjetischen Luftwaffe in Dienst genommen wurde. Sie unterscheidet sich von dem Abfangjäger durch eine neu konstruierte Rumpfnase, in der fünf Kameras untergebracht werden konnten, durch eine leicht verringerte Spannweite mit einer konstant ebenen Form (die Führungskante der MiG-25P besteht aus einer zusammengesetzten Fläche), durch eine Elint-Ausstattung sowie durch ein Trägheits-Navigationssystem. Eine Reihe von Nebenvarianten wurden gebaut. Die geschätzte Gesamtproduktion der Foxbat-B- und Foxbat-D-Modelle betrug 170. Algerien bekam vier MiG-25R „Foxbat-B"-Maschinen.

Herkunftsland:	UdSSR
Typ:	einsitziger Aufklärer
Triebwerk:	zwei 11.200-kg-Tumanskii-R-15BD-300-Turbojets
Leistungen:	Höchstgeschwindigkeit ca. 3.339 km/h; Dienstgipfelhöhe 27.000 m; Operationsradius 900 km
Gewicht:	leer 19.600 kg; max. Startmasse 33.400 kg
Abmessungen:	Spannweite 13,42 m; Länge 23,82 m; Höhe 6,1 m; Tragflügelfläche unbekannt
Bewaffnung:	sechs externe Stationen für sechs 500-kg-Bomben

Mikojan-Gurewitsch MiG-25R „Foxbat-D"

Die MiG-25RB wurde später im Einsatz durch zwei Nebenvarianten ergänzt: die MiG-25RBT mit etwas anderer Ausrüstung und die MiG-25RBV mit der SRS-9-Elint-Ausstattung. Drei Weiterentwicklungen erhielten von der NATO die Bezeichung „Foxbat D". Diese Serie umfasst die MiG-25RBK, die MiG-25RBS und die MiG-25RBSh (eine aufgestockte Version der MiG-25RBS). Die Foxbat D-Serie wird für die nicht optische Aufklärung verwendet und behält die begrenzte Bombenkapazität der RB-Version. Die Seite der Rumpfnase hat anliegende dielektrische Tafeln. Auf der Steuerbordseite befindet sich ein großes seitliches Bordradar, das Einzelheiten auf dem Boden bis zu einer Reichweite von 200 km wahrnehmen kann. Eine Weiterentwicklung der MiG-25, bekannt als E.266M, hält seit 1977 mit 37.650 m immer noch den Weltrekord in der absoluten Höhe für Flugzeuge.

Herkunftsland:	UdSSR
Typ:	einsitziger Aufklärer
Triebwerk:	zwei 11.200-kg-Tumanskii-R-15BD-300-Turbojets
Leistungen:	Höchstgeschwindigkeit ca. 3.339 km/h; Dienstgipfelhöhe 27.000 m; Operationsradius 900 km
Gewicht:	leer 19.600 kg; max. Startmasse 33.400 kg
Abmessungen:	Spannweite 13, 42 m; Länge 23,82 m; Höhe 6,1 m; Tragflügelfläche unbekannt
Bewaffnung:	sechs externe Stationen für sechs 500 kg-Bomben

Mikojan-Gurewitsch MiG-29 „Fulcrum-A"

Im Jahre 1972 begann die sowjetische Luftwaffe, Nachfolger für die MiG-21-, -23-, Sukhoi Su-15-, und Sukhoi Su-17-Flotten zu suchen. MiG lieferte den Siegerentwurf, und die Testflüge des neuen Jagdflugzeuges, das von westlichen Nachrichtendiensten die Bezeichnung „Ram L" (später „Fulcrum") bekam, begannen im Oktober 1977. Erste Lieferungen des Flugzeuges gingen 1983 an die vordersten Luftwaffeneinheiten der Sowjetunion, und der Typ war ab 1985 im Einsatz. Eine genauere Analyse des Flugzeuges war bis 1986 nicht möglich, als ein Sonderkommando der Sowjetunion mit dieser Maschine Finnland besuchte. Der Besuch bestätigte viele Schätzungen über die Größe und Gestalt des Flugzeuges. Mehr als 600 Stück des ersten Serienmodells, der „Fulcrum-A", wurden im Rahmen zweier bedeutender Exportaufträge an Syrien und Indien geliefert. Die Lieferungen an die 28. und die 47. Staffel der indischen Luftwaffe begannen 1986.

Herkunftsland:	UdSSR
Typ:	einsitziger Luftüberlegenheitsjäger mit sekundären Tiefangriffsfähigkeiten
Triebwerk:	zwei 8.300-kg-Sarkisow-RD-33-Strahltriebwerke
Leistungen:	Höchstgeschwindigkeit in über 11.000 m Höhe 2.443 km/h; Dienstgipfelhöhe 17.000 m; Reichweite mit internem Treibstoff 1.500 km
Gewicht:	leer 10.900 kg; max. Startmasse 18.500 kg
Abmessungen:	Spannweite 11,36 m; Länge (einschließlich Tankstutzen) 17,32 m; Höhe 7,78 m; Tragflügelfläche 35,2 qm
Bewaffnung:	eine 30-mm-GSh-30-Kanone mit 150 Schuss, acht externe Stationen mit Aufsatz bis 4.500 kg, geeignet für sechs AA-11-„Archer"- und AA-10-„Alamo"-Infrarot- oder Radar-Luft-Luft-Lenkraketen, Raketenstartanlagen, großkalibrige Raketen, Napalmtanks, Abwurftanks, ECM, konventionelle und gelenkte Bomben

Mikojan-Gurewitsch MiG-29M „Fulcrum-D"

Die Arbeit an den moderneren Versionen der MiG-29 begann Ende der 70er Jahre und war vor allem darauf ausgerichtet, die Reichweite und Vielseitigkeit des Flugzeugs zu verbessern. Eine der wichtigsten Veränderungen war der Einbau eines modernen „Fly-by-Wire"-Kontrollsystems, gekoppelt mit verbesserten Head-Up- und Head-Down-Displays. Die äußere Erscheinung ist ähnlich, obwohl die MiG-29M eine Höhenflosse mit verlängerter Sehne und die Verkleidung des Rumpfrückens einen andere Form hat. Außerdem sind die Sarkisov-Strahltriebwerke zuverlässiger und sparsamer im Verbrauch. Die Avionik ist mit einem fortschrittlichen Radar-Datenprozessor, der vier Mal so stark ist wie sein Vorgänger, auf den neuesten Stand gebracht. Der Schwerpunkt ist nach hinten verlagert, um das „Fly-by-Wire"-System zu unterstützen. Zusätzlich wurden zwei weitere Unterflügelstationen angebracht.

Herkunftsland:	UdSSR
Typ:	einsitziger Luftüberlegenheitsjäger mit sekundärer Tiefangriffsmöglichkeit
Triebwerk:	zwei 9.409-kg-Sarkisow-RD-33K-Strahltriebwerke
Leistungen:	Höchstgeschwindigkeit in über 11.000 m Höhe 2.300 km/h; Dienstgipfelhöhe 17.000 m; Reichweite mit internem Treibstoff 1.500 km
Gewicht:	leer 10.900 kg; max. Startmasse 18.500 kg
Abmessungen:	Spannweite 11.36 m; Länge (einschließlich Tankstutzen) 17,32 m; Höhe 7,78 m; Tragflügelfläche 35,2 qm
Bewaffnung:	eine 30-mm-GSh-30-Kanone mit 150 Schuss, sechs externe Stationen mit Aufsatz bis 3.000 kg, geeignet für sechs AA-11 „Archer"- und AA-10 „Alamo"-Infrarot- oder Radar-Luft-Luft-Lenkraketen, Raketenstartanlagen, großkalibrige Raketen, Napalmtanks, Abwurftanks, ECM, konventionelle und gelenkte Bomben

Mikojan-Gurewitsch MiG-31 „Foxhound-A"

Die MiG-31 wurde in den 70er Jahren aus der MiG-25 „Foxbat" entwickelt, um der Bedrohung durch tief fliegende Marschflugkörper und Raketen zu begegnen. Ein Prototyp machte im September 1975 seinen Erstflug, doch wurde bald klar, dass das neue Flugzeug weit mehr als eine Neuauflage der „Foxbat" sein würde. In der Tat war die MiG-31 ihrem älteren Stallgefährten weit überlegen. Sie besaß ein Cockpit mit Tandemsitz, einen Infrarot-Such- und Spür-Sensor und das Zaslon-„Flash-Dance"-Pulse-Doppler-Radar, das vor allem bei Zielen auf niedrigeren Flughöhen gut geeignet war. Die „Foxhound-A" trat 1983 in Dienst. Das Flugzeug auf der Abbildung trägt die Farben der früheren sowjetischen Luftwaffe und flog von Stützpunkt im Archangelsk-Gebiet aus. Die weitere Entwicklung des Flugzeugs wurde durch Kürzungen im Verteidigungshaushalt aufgehalten.

Herkunftsland:	UdSSR
Typ:	zweisitziger Allwetter-Abfangjäger und ECM-Flugzeug
Triebwerk:	zwei 15.500-kg-Solowjew-D-30F6-Strahltriebwerke
Leistungen:	Höchstgeschwindigkeit in 17.500 m Höhe 3.000 km/h; Dienstgipfelhöhe 20.600 m; Operationsradius mit vier AAM-Geschützen und zwei Abwurftanks 1400 km
Gewicht:	leer 21.825 kg; max. Startmasse 46.200 kg
Abmessungen:	Spannweite 13,46 m; Länge 22,68 m; Höhe 6,15 m; Tragflügelfläche 61,6 qm
Bewaffnung:	eine 23-mm-GSh-23-6-Kanone mit 260 Schuss, acht externen Stationen mit Vorrichtungen für vier AA-9-„Amos"- und zwei AA-6-„Acrid"- oder vier AA-8-„Aphid"-Luft-Luft-Raketen, ECM oder Abwurftanks

Mitsubishi F-1

Japan verfolgte einen eher ungewöhnlichen, wenn auch letztlich weitsichtigen Plan, indem es den T-2-Übungsjet vor der F-1 entwickelte. Nach der erfolgreichen Konstruktion der T-2 baute Mitsubishi den zweiten und dritten Prototyp zu Einsitzern aus, um eine Jagdflugzeugversion zur Erdkampfunterstützung zu erhalten. Der erste Flug fand 1975 statt. Nach der Auswertung durch die japanische Luftwaffe in Gifu gab man das Flugzeug in die Serienfertigung. Insgesamt wurden 77 F-1S-Maschinen in Auftrag gegeben. Die Lieferungen begannen im September 1977. Das letzte Flugzeug wurde im März 1987 ausgeliefert, und der Typ wurde zum Nachfolgemodell der veralteten North American F-86 Sabre, die zu der Zeit noch im Dienst war. Das abgebildete Flugzeug diente in der 3. Luftstaffel des 3. Luftflügels der japanischen Luftverteidigungsstreitkräfte und war in den frühen 80er Jahren in Misawa stationiert.

Herkunftsland:	Japan
Typ:	Bodenkampfunterstützungs- und Schiffsbekämpfungsjäger
Triebwerk:	zwei 3.315-kg-Ishikawajima-Harima-TF40-IHI-801A-Strahltriebwerke
Leistungen:	Höchstgeschwindigkeit in 10.675 m Höhe 1.708 km/h; Dienstgipfelhöhe 15.240 m; Operationsradius mit 1.816 kg Zuladung 350 km
Gewicht:	leer 6.358 kg; max. Startmasse 13.700 kg
Abmessungen:	Spannweite 7,88 m; Länge 17,86 m; Höhe 4,39 m; Tragflügelfläche 21,17 qm
Bewaffnung:	eine sechsläufige 20-mm-JM61-Vulcan-Kanone mit 750 Schuss, fünf externe Stationen mit Aufsatz für 2.722 kg, geeignet für Luft-Boden-Raketen, konventionelle und lenkbare Bomben, Raketenstartanlagen, Abwurftanks, ECM; zwei Stationen für Luft-Luft-Raketen an den Flügelspitzen

Mitsubishi T-2

Um das tandemsitzige T-1-Schulflugzeug (Japans erstes Militärflugzeug nach dem Krieg) zu ersetzen, entwarf ein von Kenji Ikeda geleitetes Team die T-2, die auf der englisch-französischen SEPECAT Jaguar basierte. Nach der erfolgreichen Flugerprobung wurde eine einsitzige Version, die FST-2-Kai, in Auftrag gegeben (siehe F-1). Die beiden Flugzeuge sind fast identisch, abgesehen von dem hinteren Cockpit und der röhrenförmigen, passiven Warnradar-Antenne an der Oberseite der Flosse entlang. Mitte 1975 lagen Aufträge für die T-2 vor, die von Rolls-Royce-Turbomeca-Adour-Strahltriebwerken, gebaut von Ishikawajima-Harima, angetrieben wurde. Das Flugzeug wurde 1976 vom 4. Luftflügel, der in Mitsushima stationiert war, in Betrieb genommen. Sein Erfolg im Einsatz zeigte erneut, welche Vorteile die Anlage als Mehrzweckflugzeug für den F-1-Jäger hatte.

Herkunftsland:	Japan
Typ:	zweisitziges Fortgeschrittenen-Waffen- und Kampf-Schulflugzeug
Triebwerk:	zwei 3315-kg-Ishikawajima-Harima-TF40-IHI-801A-Strahltriebwerke
Leistungen:	Höchstgeschwindigkeit in 10.675 m Höhe 1.708 km/h; Dienstgipfelhöhe 15.240 m; Operationsradius mit 1.816 kg Zuladung 350 km
Gewicht:	leer 6.307 kg; max. Startmasse 12.800 kg
Abmessungen:	Spannweite 7,88 m; Länge 17,86 m; Höhe 4,39 m; Tragflügelfläche 21,17 qm
Bewaffnung:	eine sechsläufige 20-mm-JM61-Vulcan-Kanone mit 750 Schuss, fünf externe Stationen mit Aufsatz für 2.722 kg, geeignet für Luft-Boden-Raketen, konventionelle und lenkbare Bomben, Raketenstartanlagentanks, ECM; zwei Unterflügelstationen für Luft-Luft-Raketen

Morane-Saulnier MS.760 Paris

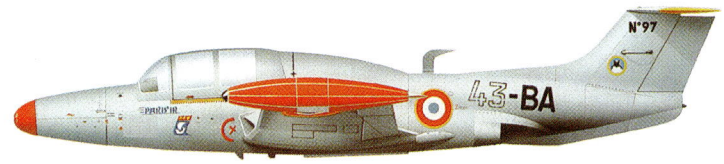

Die MS.760 ist die erfolgreichere, viersitzige Version der MS.755 Fleuret, welche eine Ausschreibung der französischen Luftwaffe zu Beginn der 50er Jahre nicht für sich gewinnen konnte. Die Firma Morane-Saulnier, die sich 1963 Potez anschloss, fuhr mit der Entwicklung des Kabineneindeckers mit niedrigen Tragflächen fort. Der erste Prototyp flog im Juli 1954. Anschließend gingen Aufträge ein, sowohl von der französischen Luftwaffe und Marine als auch von Abnehmern aus Übersee, darunter auch Brasilien und Argentinien. 1961 baute man stattdessen die MS.760B Paris II mit leistungsfähigeren Motoren, Tanks an den Führungskanten und vergrößertem Gepäckraum. Insgesamt wurden von der Paris I und II 165 Stück hergestellt, bevor man die Produktion 1964 einstellte. Eine Hand voll Exemplare dienen noch als Verbindungsflugzeuge bei der französischen Marine und in Argentinien.

Herkunftsland:	Frankreich
Typ:	vier-/fünfsitziges Verbindungs- und leichtes Transportflugzeug
Triebwerk:	zwei 400-kg-Turbomeca-Marbore-Turbojets
Leistungen:	Höchstgeschwindigkeit in 7.620 m Höhe 695 km/h; Dienstgipfelhöhe 12.000 m; Reichweite 1.740 km
Gewicht:	leer 2.067 kg; max. Startmasse 3.920 kg
Abmessungen:	Spannweite 10,15 m; Länge 10,24 m; Höhe 2,6 m; Tragflügelfläche 18 qm
Bewaffnung:	keine in Verbindungs-/Transportfunktion; Argentinien hat seine als COIN-Flugzeuge mit zwei 7,62-mm-Maschinengewehren in der Spitze und zwei 50-kg-Bomben oder vier 90-mm-Raketen unter den Flügeln ausgestattet

Myasischtschew M-4 „Bison-C"

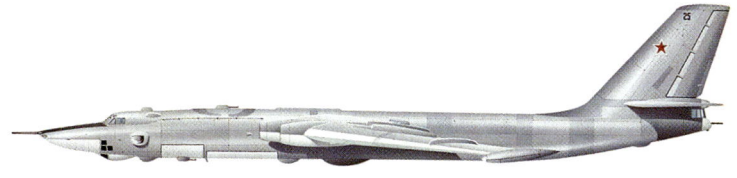

E in einziges dieser großen Flugzeuge nahm an der Parade über Moskau am 1. Mai 1954 teil. Man erwartete, dass es in verschiedenen sowjetischen Luftwaffen-Abteilungen in großer Zahl auftauchen würde, doch hörte man im Westen jahrelang nichts mehr von dem Modell. Tatsächlich wurde das Flugzeug in geringer Anzahl als strategischer Bomber „Bison-A" produziert. 1959 stellte ein verändertes Exemplar einige Rekorde von der Nutzlast bis zur Höhe auf. Die Mya-4-Bomber wurden anschließend für die Rolle als strategische Langstreckenaufklärer und ECM-Bereitschaftsflugzeuge eingerichtet. In dem Typ „Bison-C" wurden ein großes Suchradar in eine verlängerte und veränderte Spitze eingebaut. Das „C"-Modell sah man am häufigsten auf Höhen- und Tiefflügen über der Arktis und dem Atlantischen und Pazifischen Ozean. Sowjetische Bomber, die während der 60er Jahre im Dienst waren, hatten eine erdige Tarnfarbe.

Herkunftsland:	UdSSR
Typ:	Mehrzweck-Aufklärungsbomber
Triebwerk:	vier 13.000-kg-Solowjew-D-15-Turbojets
Leistungen:	Höchstgeschwindigkeit 900 km/h; Dienstgipfelhöhe 15.000 m; Reichweite mit 4.500 kg elektronischer Ausrüstung oder Bomben 11.000 km
Gewicht:	leer 80.000 kg; max. Zuladung 170.000 kg
Abmessungen:	Spannweite 50,48 m; Länge 47,2 m; Höhe 14,1 m; Tragflügelfläche 309 qm
Bewaffnung:	sechs 23-mm-Kanonen in zwei nach vorne ausgerichteten Geschütztürmen und einem Heckturm; ein interner Schacht mit Vorrichtungen für über 4.500 kg

Myasischtschew M-50 „Bounder"

Wladimir M. Myasischtschew trug von 1924 an zu der Konstruktion einer Reihe sowjetischer Flugzeuge bei, bevor er 1951 ein Konstruktionsbüro gründete. Sein Entwurf für die M-50 war sehr ehrgeizig und wurde als erhebliche Kriegswaffe angesehen, als Einzelheiten seiner Fähigkeiten erstmals bekannt wurden. Das Flugzeug war in Konstruktionstechnik und Design sehr fortschrittlich. Ein gestutzter Deltaflügel in Schulterposition war mit einem konventionellen Leitwerk mit geschwungenen Oberflächen gekoppelt. In dem mit Druckausgleich ausgestatteten Rumpf befand sich ein großer Waffenschacht. Der erste Prototyp flog wahrscheinlich 1957, und der letzte nahm am Tag der Luftfahrt 1961 teil. Dieser letzte Prototyp mit der Bezeichnung M-52 unterschied sich von den anderen durch die beiden äußeren Nachbrenner an den Flügelenden.

Herkunftsland:	UdSSR
Typ:	Prototyp eines strategischen Überschallbombers
Triebwerk:	vier 13.000-kg-Solowjew-D-15-Turbojets an den Flügeln
Leistungen:	(geschätzt) Höchstgeschwindigkeit 1.950 km/h
Gewicht:	keine Angaben
Abmessungen:	keine Angaben
Bewaffnung:	wahrscheinlich mindestens eine Kanone; interner Bombenschacht mit nuklearen Luft-Boden-Mittelstreckenwaffen

Nanchang Q-5 „Fantan"

Die Konstruktion des Bodenkampfunterstützungsjägers Fantan war von der Mikojan-Gurewitsch MiG-19 abgeleitet. Entworfen wurde er von 1958 an und behielt einen ähnlichen Tragflügel und Hinterrumpf. Er wird von zwei Turbojets, die Seite an Seite im Rumpf angebracht sind, angetrieben und hat ein Angriffsradar in der Rumpfnase. Die Einsatzlieferungen begannen 1970. 1980 waren ungefähr 100 Maschinen im Dienst. Unter den Exportabnehmern waren Pakistan (52 A-5C-Maschinen), Bangladesch (20 A-5C-Maschinen) und Nordkorea (Q-5 IA). Mehr als 900 Stück dieser Flugzeuge dienen heute bei der Luftwaffe und der Marine der chinesischen Streitkräfte. Die in der Provinz Kiangsi angesiedelte Nanchang-Fabrik entwickelte auch eine modernisierte Version des abgebildeten Grundmodells, die mit einem Alenia-FIAR-Pointer-2500-Messradar für den Export ausgerüstet ist. Sie trägt die Bezeichnung A-5M.

Herkunftsland:	China
Typ:	einsitziger Bodenkampfunterstützungsjäger mit sekundärer Kampfmöglichkeit
Triebwerk:	zwei 3.250-kg-Shenyang-WP-6-Turbojets
Leistungen:	Höchstgeschwindigkeit in 11.000 m Höhe 1.190 km/h; Dienstgipfelhöhe 16.000 m; Operationsradius im Tiefflug mit max. Zuladung 400 km
Gewicht:	leer 6.375 kg; max. Startmasse 11.830 kg
Abmessungen:	Spannweite 9,68 m; Länge (einschließlich Tankstutzen) 15,65 m; Höhe 4,33 m; Tragflügelfläche 27,95 qm
Bewaffnung:	zwei 23-mm-Type-23-2K-Kanonen mit je 100 Schuss; zehn externe Stationen mit Aufsatz bis 2.000 kg, geeignet für Luft-Luft-Raketen, frei fallende Bomben, Raketenstartanlagen, Napalmtanks, Abwurftanks und ECM

North American FJ-1 Fury

Die FJ-1 Fury war eines der von drei Strahltriebwerken angetriebenen Flugzeuge, die zu Auswertungszwecken von der US-Marine in Auftrag gegeben wurden. Die drei Prototypen waren stark von der deutschen Flugzeugforschung während des Kriegs beeinflusst. Die North American NA-134, die zur FJ-1 Fury wurde, absolvierte im November 1946 den Erstflug. Einhundert Serienflugzeuge wurden bis Mai 1945 in Auftrag gegeben, doch verringerte sich diese Zahl später auf 30. Die Lieferungen an die Marinestaffel VF-5A begannen im März 1948. Am 10. März 1948 landete die Maschine zum ersten Mal auf dem Flugzeugträger USS Boxer. Obwohl die Laufbahn des Typs unspektakulär war, war die Fury das erste Flugzeug, das eine Einsatztour auf See beenden konnte; sie war der Vorläufer für die F-86 Sabre. Für eine kurze Zeit konnte sie auch beanspruchen, das schnellste Flugzeug in Diensten der US-Marine zu sein.

Herkunftsland:	USA
Typ:	einsitziges, trägergestütztes Jagdflugzeug
Triebwerk:	ein 1.816-kg-Allison-J35-A-2-Turbojet
Leistungen:	Höchstgeschwindigkeit in 2.743m Höhe 880 km/h; Dienstgipfelhöhe 9.754 m; Reichweite 2.414 km
Gewicht:	leer 4.011 kg; max. Zuladung 7.076 kg
Abmessungen:	Spannweite 9,8 m; Länge 10,5 m; Höhe 4,5 m; Tragflügelfläche 20,5 qm
Bewaffnung:	sechs 12,7-mm-Maschinengewehre

North American F-86D Sabre

Eines der berühmtesten Kampfflugzeuge der Nachkriegszeit, die Sabre, wurde auf eine Ausschreibung der amerikanischen Luftwaffe für einen Tagbomber entwickelt, der auch als Eskortierungsjäger oder Sturzbomber verwendet werden konnte. Die F-86D war als All-wetter-Abfangjäger entworfen worden, und obwohl die Entwicklung erst 1949 begann, flog der erste Prototyp vom Muroc Dry Lake am 22. Dezember des Jahres. Die F-86D war hoch-komplex für ihre Zeit und führte das neue Konzept des waffenlosen Sperrflugs auf Kolli-sionskurs ein, der von einem AN/APG-36-Suchradar über dem Einlass an der Spitze und einem Autopiloten gesteuert wurde. Sie wurde von allen Flugzeugen der Sabre-Serie am häufigsten gebaut; insgesamt wurden 2.054 Stück fertig gestellt. In den 50er Jahren waren etwa 20 Kommandoflügel der Luftverteidigung mit diesem Typ ausgestattet. Er wurde im Rahmen des militärischen Hilfprogamms an viele NATO-Länder geliefert.

Herkunftsland:	USA
Typ:	einsitziger Allwetter-/Nacht-Abfangjäger
Triebwerk:	ein 3.402-kg-General-Electric-J47-GE-17B- oder 33-Turbojet
Leistungen:	Höchstgeschwindigkeit auf Meereshöhe 1.138 km/h; Dienstgipfel-höhe 16.640 m; Reichweite 1.344 km
Gewicht:	leer 5.656 kg; max. Startmasse 7.756 kg
Abmessungen:	Spannweite 11,3 m; Länge 12,29 m; Höhe 4,57 m; Tragflügelfläche 27,76 qm
Bewaffnung:	24 69,85-mm-„Mighty-Mouse"-Luft-Luft-Raketengeschosse in einer ausfahrbaren Schale unter dem Cockpitboden

North American F-86F Sabre

Die F-86F Sabre war im Wesentlichen eine aufgestockte Version der F-84E, die die kraft-betriebene, fliegende Höhenflosse und den mit Leisten versehenen Flügel einführte. Die F-86F war mit weiteren Verbesserungen ausgestattet, wie einer verlängerten Führungs-kante, einer erweiterten Profilsehne und einem Grenzschichtzaun im Flügel. Beide Flugzeu-ge wurden häufig im Vietnam-Krieg eingesetzt. Die ersten Sabre-Einheiten in Korea waren noch das frühere „A"-Modell; die „F" erschien Anfang 1953 an den Kriegsschauplätzen bei den 8. und 18. Jagdbomberflügeln. Das Flugzeug bestand im Kampf gegen die MiG-15. Ob-wohl ihre Leistung der des russischen Flugzeugs leicht unterlegen war, wurden die Nachteile durch die bessere Schulung und Erfahrung der Piloten wett gemacht. Die Gesamtproduktion der F-86F betrug 1.079 Stück; von 1954 an wurden viele im Rahmen des militärischen Hilfs-programms an Amerikas Verbündete geliefert.

Herkunftsland:	USA
Typ:	einsitziger Jagdbomber
Triebwerk:	ein 2710-kg-General-Electric-J47-GE-27-Turbojet
Leistungen:	Höchstgeschwindigkeit auf Meereshöhe 1.091 km/h; Dienstgipfel-höhe 15.240 m; Reichweite 1.344 km
Gewicht:	leer 5.045 kg; max. Zuladung 9.350 kg
Abmessungen:	Spannweite 11,3 m; Länge 11,43 m; Höhe 4,47 m; Tragflügelfläche 27,76 qm
Bewaffnung:	sechs 12,7-mm-Colt-Browning-M-3 mit 267 Schuss pro Waffe, Unterflügelstationen für zwei Tanks oder eine Waffenzuladung von 454 kg plus acht Raketen

North American FJ-3M Fury

Sowohl die Armee als auch die Marine unterschrieben 1944 Verträge mit North American über einen Düsenjäger, das Programm für landgestützte Flugzeuge lief jedoch am schnellsten an. Die gerade Flügelgestalt des frühen Entwurfs gab man dabei zugunsten einer geschwungenen Form auf, die Marine behielt sie jedoch bei und brachte die FJ-1 Fury heraus. Noch bevor dieser Typ im Dienst war, suchte die US-Marine einen Nachfolger. Die FJ-2 war im Prinzip eine marinetaugliche Version der landgestützten F-86E Sabre mit zusammenklappbaren Flügeln, verstärktem Fahrwerk und Haken für einen Katapultstart sowie Fanghaken. Etwa 200 Stück wurden gebaut und waren bei der US-Marine im Dienst. Sie wurden durch die FJ-3 abgelöst, die einen größeren und stärkeren Motor besaß. Dieser machte eine Vergrößerung der Rumpftiefe ebenso notwendig wie eine neue Haube, eine verlängerte Führungskante und eine größere Zuladung.

Herkunftsland:	USA
Typ:	einsitziger Jagdbomber
Triebwerk:	ein 3.648-kg-Wright-J65-W-2-Turbojet
Leistungen:	Höchstgeschwindigkeit auf Meereshöhe 1.091 km/h; Dienstgipfelhöhe 16.640 m; Reichweite 1.344 km
Gewicht:	leer 5.051 kg; max. Zuladung 9.350 kg
Abmessungen:	Spannweite 11,3 m; Länge 11,43 m; Höhe 4,47 m; Tragflügelfläche 27,76 qm
Bewaffnung:	sechs 12,7-mm-Colt-Browning-M-3 mit 267 Schuss pro Waffe, Unterflügelstationen für zwei Tanks oder eine Waffenzuladung von 454 kg plus acht Raketen

North American F-100D Super Sabre

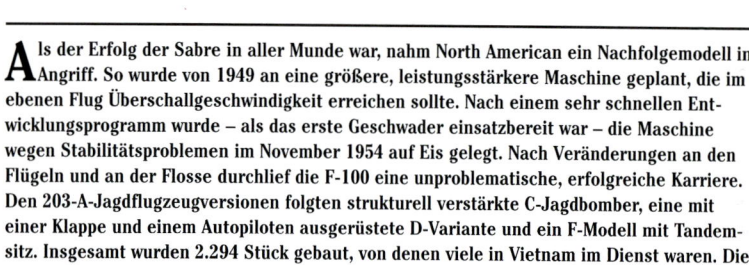

Als der Erfolg der Sabre in aller Munde war, nahm North American ein Nachfolgemodell in Angriff. So wurde von 1949 an eine größere, leistungsstärkere Maschine geplant, die im ebenen Flug Überschallgeschwindigkeit erreichen sollte. Nach einem sehr schnellen Entwicklungsprogramm wurde – als das erste Geschwader einsatzbereit war – die Maschine wegen Stabilitätsproblemen im November 1954 auf Eis gelegt. Nach Veränderungen an den Flügeln und an der Flosse durchlief die F-100 eine unproblematische, erfolgreiche Karriere. Den 203-A-Jagdflugzeugversionen folgten strukturell verstärkte C-Jagdbomber, eine mit einer Klappe und einem Autopiloten ausgerüstete D-Variante und ein F-Modell mit Tandemsitz. Insgesamt wurden 2.294 Stück gebaut, von denen viele in Vietnam im Dienst waren. Die F-100D war eine verbesserte Version, bei der Flosse und Ruder sowie die externe Zuladungskapazität vergrößert waren; erstmals waren auch Landeklappen vorhanden.

Herkunftsland:	USA
Typ:	einsitziger Jagdbomber
Triebwerk:	ein 7.711-kg-Pratt-&-Whitney-J57-P-21A-Turbojet
Leistungen:	Höchstgeschwindigkeit in 10.670 m Höhe 1.390 km/h; Dienstgipfelhöhe 14.020 m; Reichweite mit internem Treibstoff 966 km
Gewicht:	leer 9.525 kg; max. Startmasse 15.800 kg
Abmessungen:	Spannweite 11,82 m; Länge ohne Sonde 14,36 m; Höhe 4,95 m; Tragflügelfläche 35,77 qm
Bewaffnung:	vier 20-mm-Kanonen; acht externen Stationen mit Aufsatz für zwei Abwurftanks und bis zu 3.402 kg Waffenzuladung, Bomben, Splitterbomben, Raketenstartanlagen, Kanonenaufhängungen und ECM

North American A-5A Vigilante

Als die Vigilante erschien, war sie mit neuester Technologie ausgerüstet, wie etwa automatisch geregelten Motoreinlässe und Düsen, einem einflächigen, vertikalen Heck, unterschiedlichen Flossen, einem linearen Bombenschacht zwischen den Motoren und einem umfassenden Radar-Trägheits-Navigationssystem. Das Flugzeug war für trägergestützte Nuklearwaffeneinsätze bei jedem Wetter gedacht und wurde in dieser Funktion im Juni 1961 bei der Marinestaffel VAH-7 eingesetzt. Das primäre Geschütz der A-5A war eine frei fallende Atomwaffe, die nach hinten aus dem Bombenschacht ausgestoßen wurde. Die A-5A hatte als Angriffsflugzeug nur eine kurze Karriere, da die US-Träger von den nuklearen Schlägen entbunden wurden. Die meisten Maschinen wurden zu Aufklärern umgebaut. Die Gesamtproduktion belief sich auf 57 Flugzeuge, bevor der Typ von der verbesserten A-5B abgelöst wurde.

Herkunftsland:	USA
Typ:	trägergestütztes Angriffsflugzeug
Triebwerk:	zwei 7.332-kg-General-Electric-J79-2-Turbojets
Leistungen:	Höchstgeschwindigkeit 2.230 km/h; Dienstgipfelhöhe 20.400 m; Reichweite mit Abwurftanks 5.150 km
Gewicht:	leer 17.240 kg; max. Zuladung 36.285 kg
Abmessungen:	Spannweite 16,15 m; Länge 23,11 m; Höhe 5,92 m; Tragflügelfläche 70,05 qm
Bewaffnung:	interner Bombenschacht mit Vorrichtungen für nukleare Waffen

North American RA-5C Vigilante

Als die US-Marine ihre Funktion als nukleare Angriffsmacht aufgab, folgte den 57 A-5A Vigilantes eine Aufklärerversion mit der Bezeichnung RA-5C. Dieses Flugzeug bildete das Luftelement eines integralen Nachrichtensystems, in das die ganze Flotte und andere Streitkräfte einbezogen waren. Ursprünglich als A3J-3P bezeichnet, flog ein Prototyp der RA-5C im Juni 1962. In das Flugzeug waren alle Verbesserungen der Reichweite und der aerodynamischen Gestaltung integriert, die für das ausgelaufene A-5B-Project entwickelt worden waren. Fünfundfünfzig neue Flugzeuge wurden gebaut, und alle der ursprünglichen A-5A-Bomber außer vier Stück wurden auf den RA-5C-Standard aufgerüstet. RVAH-5, von der USS Ranger aus im Einsatz, war die erste Einheit, die das Flugzeug einsetzte. Die abgebildete Maschine war beim 6. Angriffsgeschwader im Dienst, das als die „Fleurs" bekannt war. Der Code „NL" am Heck bezeichnet die USS Constellation.

Herkunftsland:	USA
Typ:	trägergestützter Langstreckenaufklärer
Triebwerk:	zwei 8.101-kg-General-Electric-J79-GE-10-Turbojets
Leistungen:	Höchstgeschwindigkeit 2.230 km/h; Dienstgipfelhöhe 20.400 m; Reichweite mit Abwurftanks 5.150 km
Gewicht:	leer 17.009 kg; max. Zuladung 36.285 kg
Abmessungen:	Spannweite 16,15 m; Länge 23,11 m; Höhe 5,92 m; Tragflügelfläche 70,05 qm

North American XB-70 Valkyrie

Zweifellos ein sehr beeindruckendes Flugzeug war die XB-70, ein großer strategischer Bomber mit Deltaflügeln, der Mach 3 erreichte. Er sollte die B-52-Maschinen ersetzen, die Mitte der 60er Jahre beim strategischen Luftkommando im Dienst waren. Die erste Ausschreibung der amerikanischen Luftwaffe fand 1954 statt. Der Entwurf von North American wurde 1957 zur Entwicklung ausgewählt. Kürzungen im Budget hatten zur Folge, dass 1959 das Programm auf einen einzigen Prototyp reduziert wurde. 1960 konnte es teilweise wiederhergestellt werden, als weitere 265 Millionen US-Dollar für die Entwicklung zur Verfügung standen. Der erste Prototyp flog im September 1964 und erreichte gut 12 Monate später Mach 3. Der zweite Prototyp ging bei einer Kollision mit einem F-104-Jagdflugzeug im Juni 1966 verloren. Die übrigen Maschinen wurden an die NASA weitergegeben. 1969 wurde das Programm beendet.

Herkunftsland:	USA
Typ:	strategischer Langstreckenbomber
Triebwerk:	sechs 14.074 kg-General-Electric-YJ93-GE-3-Turbojets
Leistungen:	Höchstgeschwindigkeit in 24.400 m Höhe 3.185 km/h; Dienstgipfelhöhe 24.400 m; Reichweite 12.067 km
Gewicht:	max. Zuladung 238.350 kg
Abmessungen:	Spannweite 32,03 m; Länge 57,64 m; Höhe 9,15 m; Tragflügelfläche 585,62 qm

Northrop T-38A Talon

Das Schulflugzeug T-38A entstand aus einer Ausschreibung der amerikanischen Regierung Mitte der 50er Jahre für ein leichtgewichtiges Jagdflugzeug, das im Rahmen des militärischen Hilfsprogramms an befreundete Staaten weitergegeben werden sollte. Der anfängliche, privat finanzierte Entwurf von Northrop bildete die Basis für eine Flugzeugfamilie, die auch den F-5A Freedom Fighter einschloss, dem die T-38 äußerlich sehr ähnelt. Drei Prototypen der YT-38 wurden im Rahmen eines provisorischen Vertrages mit Northrop 1956 in Auftrag gegeben. Nach drei Jahren der Entwicklung unternahm man Flugtests, um die Leistung verschiedener Triebwerke einschätzen zu können, bevor die Maschine im März 1961 bei der Luftwaffe in Dienst trat. 1.139 Stück wurden fertig gestellt, von denen ungefähr 700 noch im Dienst sind. Auch Portugal und die Türkei besitzen das Flugzeug.

Herkunftsland:	USA
Typ:	zweisitziges Überschall-Schulflugzeug
Triebwerk:	zwei 1.746-kg-General-Electric-J85-GE-5-Turbojets
Leistungen:	Höchstgeschwindigkeit in 10.975 m Höhe 1.381 km/h; Dienstgipfelhöhe 16.340 m; Reichweite mit internem Treibstoff 1.759 km
Gewicht:	leer 3.254 kg; max. Startmasse 5.361 kg
Abmessungen:	Spannweite 7,7 m; Länge 14,14 m; Höhe 3,92 m; Tragflügelfläche 15,79 qm

Northrop F-5A Freedom Fighter

Northrop begann 1955 mit dem Entwurf eines leichten Jagdflugzeuges, das von zwei hängenden J85-Raketenmotoren angetrieben wurde. Dies war nur eines der zahllosen Projekte, die während der Koreakrise erdacht wurden, als die Piloten leichtere, einfachere Jagdflugzeuge mit einer höheren Leistung haben wollten. Das Konstruktionsteam – geleitet von Welko Gasich – vollendete den Entwurf, setzte die Motoren in den Rumpf und vergrößerte sie. Aus diesem Flugzeug, der T-38 Talon, wurde die F-5A entwickelt, die weitgehend ein privat finanziertes Projekt von Northrop war. Im Oktober 1962 beschloss das amerikanische Verteidigungsministerium den Kauf des Flugzeuges in großer Anzahl, um es günstig an befreundete Staaten weitergeben zu können. Mehr als 1.000 wurden an den Iran, Taiwan, Griechenland, Südkorea, die Phillippinen, die Türkei, Äthiopien, Marokko, Norwegen, Thailand, Libyen und Südvietnam übergeben. Abgebildet ist eine F-5A der griechischen Luftwaffe.

Herkunftsland:	USA
Typ:	leichtes taktisches Jagdflugzeug
Triebwerk:	zwei 1.850-kg-General-Electric-J85-GE-13-Turbojets
Leistungen:	Höchstgeschwindigkeit in 10.975 m Höhe 1.487 km/h; Dienstgipfelhöhe 15.390 m; Operationsradius mit max. Zuladung 314 km
Gewicht:	leer 3.667 kg; max. Startmasse 9.374 kg
Abmessungen:	Spannweite 7,7 m; Länge 14,38 m; Höhe 4,01 m; Tragflügelfläche 15,79 qm
Bewaffnung:	zwei 20-mm-M39-Kanonen mit 280 Schuss pro Waffe; Vorrichtungen für 1.996 kg Waffenzuladung an externen Stationen (geeignet für zwei Luft-Luft-Raketen an Stationen an den Flügelenden), Bomben, Splitterbomben, Raketenstartanlagen

Northrop CF-5A

Zusammen mit den Niederlanden baute die Canadair Lizenzversionen der einsitzigen F-5A und der zweisitzigen F-5B für die kanadischen Streitkräfte und die niederländische Luftwaffe. Die kanadischen Flugzeuge trugen die Bezeichnung CF-5A/CF-5D. 1987 erhielt die Bristol Aerospace Ltd den Auftrag aus Winnipeg, die 56 CF-5A-und CD-5D-Maschinen aufzurüsten, ihre Einsatzfähigkeit zu verlängern und sie für Übungszwecke im Einsatz für CF-18 Hornets zu optimieren. Bei diesem Programm mussten Flügel und Vertikalstabilisator neu bezogen, diverse Rumpfteile verstärkt und das Fahrwerk ausgetauscht werden. Die Flugzeugzelle wurde so für weitere 4.000 Stunden einsatzfähig gemacht, fortschrittliche Elektronik wurde eingebaut und aerodynamische Verbesserungen eingeführt. Die aufgearbeitete Bristol F-5A/B wird zur F5-2000, womit Einsatzfähigkeit bis über das Jahr 2000 hinaus gemeint ist. Die Kosten für das erste umgearbeitete Flugzeug sollen 4 Millionen Dollar betragen haben.

Herkunftsland:	USA
Typ:	leichtes taktisches Jagdflugzeug
Triebwerk:	zwei 1.950-kg-Orenda-(General-Electric)-J85-CAN-13-Turbojets
Leistungen:	Höchstgeschwindigkeit in 10.975 m Höhe 1.487 km/h; Dienstgipfelhöhe 15.390 m; Operationsradius mit max. Waffenzuladung 314 km
Gewicht:	leer 3.667 kg; max. Startmasse 9.374 kg
Abmessungen:	Spannweite 7,7 m; Länge 14,38 m; Höhe 4,01 m; Tragflügelfläche 15,79 qm
Bewaffnung:	zwei 20-mm-M39-Kanonen mit 280 Schuss pro Waffe; Vorrichtungen für 1.996 kg Zuladung an Außenstationen (geeignet für zwei Luft-Luft-Rakaten an Stationen an den Flügelenden), Bomben, Splitterbomben, Raketenstartanlagen

Northrop F-5E Tiger II

Die F-5E Tiger II gewann im November 1970 einen Wettbewerb der amerikanischen Industrie für die International Fighter Aircraft; gesucht wurde ein Nachfolger der F-5A. Das verbesserte Flugzeug ist mit einem stärkeren Triebwerk, einer gedehnten Spitze für bessere Leistungen im Kurzstreckenbereich, zusätzlichem Treibstoff in einem längeren Rumpf, neuen Einlasskanälen, verbreitertem Rumpf und Flügeln sowie Manövrierklappen ausgestattet. Mit den Lieferungen begann man 1972. Die amerikanische Luftwaffe setzt das Flugzeug für das Angriffstraining in den USA, in Großbritannien und auf den Philippinen ein. Die abgebildete Maschine gehört der Jagdflugzeug-Waffenschule der Marine-Luftstation in Miramar in Kalifornien an. Die Manövrierfähigkeit der F-5 macht sie für das Luftkampftraining besonders geeignet. Eine zweisitzige Übungsversion mit der Bezeichnung F-JF. Both wird ebenfalls produziert. Die F-5E wurde auch an die saudi-arabische Luftwaffe geliefert.

Herkunftsland:	USA
Typ:	leichtes taktisches Jagdflugzeug
Triebwerk:	zwei 2.268-kg-General-Electric-J85-GE-21B-Turbojets
Leistungen:	Höchstgeschwindigkeit in 10.975 m Höhe 1.741 km/h; Dienstgipfelhöhe 15.790 m; Operationsradius mit max. Waffenzuladung 306 km
Gewicht:	leer 4.410 kg; max. Startmasse 11.214 kg
Abmessungen:	Spannweite 8,13 m; Länge 14,45 m; Höhe 4,07 m; Tragflügelfläche 17,28 qm
Bewaffnung:	zwei 20-mm-M39-Kanonen mit 280 Schuss pro Waffe; zwei Luft-Luft-Raketen an Stationen an den Flügelenden, fünf externe Stationen mit Vorrichtungen für 3.175 kg Zuladung, geeignet für Luft-Boden-Raketen, Bomben, Splitterbomben, Raketenstartanlagen, ECM und Abwurftanks

Northrop RF-5E Tigereye

Die RF-5E ist eine Aufklärerversion der F-5E Tiger; die verbesserte Version des Freedom Fighter ist an anderer Stelle beschrieben. Der Erfolg dieses Flugzeugs im Export führte zu der Entwicklung einer spezialisierten taktischen Aufklärerversion, die erstmals bei der Pariser Luftschau 1978 erschien. Äußerlich ist die RF-5E dem Jagdflugzeug ähnlich, außer einer erweiterten, „meißelförmigen" Spitze, in der sich die Kameraausrüstung und der Tankstutzen befinden. Im Inneren kann das Flugzeug auf austauschbaren Platten unterschiedlichste Aufklärungsausrüstung mitführen. Der Pilot hat den zusätzlichen Vorteil neuester Navigations- und Kommunikationssysteme und kann sich so besser auf die Bedienung der Aufklärungselemente konzentrieren. Das Flugzeug auf der Abbildung gehört der saudi-arabischen Luftwaffe an. Saudi-Arabien war neben Malaysia das einzige Land, das das Flugzeug gekauft hat.

Herkunftsland:	USA
Typ:	leichter taktischer Aufklärungsjäger
Triebwerk:	zwei 2.268-kg-General-Electric-J85-GE-21B-Turbojets
Leistungen:	Höchstgeschwindigkeit in 10.975 m Höhe 1.741 km/h; Dienstgipfelhöhe 15.390 m; Operationsradius mit internem Treibstoff 463 km
Gewicht:	leer 4.423 kg; max. Startmasse 11.192 kg
Abmessungen:	Spannweite 8,13 m; Länge 14,65 m; Höhe 4,07 m; Tragflügelfläche 17,28 qm
Bewaffnung:	eine 20-mm-M39-Kanone mit 140 Schuss; zwei Luft-Luft-Raketen an Stationen an den Flügelenden, fünf externe Stationen mit Vorrichtungen für 3.175 kg Zuladung, geeignet für Luft-Boden-Raketen, Bomben, Splitterbomben, Raketenstartanlagen, ECM und Abwurftanks

Northrop-Grumman B-2 Spirit

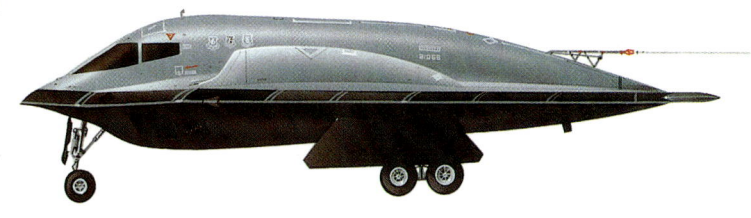

Die B-2 wurde von 1978 an für eine Ausschreibung der amerikanischen Luftwaffe entwickelt. Gesucht wurde ein strategischer Einflugsbomber, der die Rockwell B-1 Lancer und die Boeing B-52 Stratofortress ergänzen und ersetzen sollte. Das Flugzeug sollte Materialien mit geringer Erkennbarkeit (Stealth-Technologie) enthalten. Northrop war der wichtigste Vertragspartner. Die charakteristische Nurflügelkonstruktion wurde in intensiver Forschungsarbeit in den 50er Jahren entwickelt. Die Radarflektivität der B-2 ist aufgrund der glatten Mischoberflächen und der Verwendung strahlenabsorbierender Materialien sehr gering. Die Vermischung heißer Auspuffgase mit kalten Luftströmen reduziert die thermischen und akustischen Signale bedeutend. Der ursprüngliche Auftrag wurde von 132 auf ungefähr 20 Exepmplare verringert, z. T. wegen der hohen Kosten (über 1 Milliarde Dollar), z. T. wegen der inzwischen kleiner gewordenen Bedrohung durch die ehemalige Sowjetunion.

Herkunftsland:	USA
Typ:	strategischer Bomber und Raketenabschussbasis
Triebwerk:	vier 8.618-kg-General-Electric-F118-GE-110-Strahltriebwerke
Leistungen:	Höchstgeschwindigkeit 764 km/h; Dienstgipfelhöhe 15.240 m; Reichweite mit Standardtreibstoff und 16.919 kg Zuladung 11.675 km
Gewicht:	leer 45.360 kg; max. Startmasse 181.437 kg
Abmessungen:	Spannweite 52,43 m; Länge 21,03 m; Höhe 5,18 m; Tragflügelfläche mahr als 464,50 qm
Bewaffnung:	zwei interne Bombenschächte mit Aufsatz bis 22.680 kg Zuladung; in jeder Bucht können eine Boeing-Rotary-Raketenabschussvorrichtung mit acht Durchläufen für insgesamt 16 thermonukleare, frei fallende 1,1-Megatonnen-B83-Bomben, 22.680 kg Bombenzuladung oder 80.227 kg frei fallende Bomben untergebracht werden

Northrop/McDonnell Douglas YF-23A

Die amerikanische Luftwaffe schrieb 1981 ein fortschrittliches taktisches Jagdflugzeug aus, das die McDonnell Douglas F-15 Eagle ersetzen sollte. Zwei konkurrierende Konsortien reichten Entwürfe ein: ein von Lockheed geführtes Projekt, dem Boeing und General Dynamics angehörten, und eins von Northrop in Verbindung mit McDonnell Douglas. Der Entwurf von Northrop enthielt viele Stealth-Merkmale, die man von dem B-2 Spirit-Bomber kannte. Der erste von zwei Prototypen, der den Spitznamen „Grey Ghost" bekam, flog im August 1990. Nach erfolgreicher Flugerprobung, auch mit YF-23A-Prototypen (bezeichnet mit PAV-1 und PAV-2), entschied man sich gegen das Flugzeug und zugunsten der Lockheed YF-22. Die beiden Northrop-Maschinen wurden anschließend bei Edwards AFB eingelagert. Es ist durchaus interessant, Northrops Lösung des Stealth-Problems mit Lockheeds F-117 Night Hawk zu vergleichen.

Herkunftsland:	USA
Typ:	einsitziges taktisches Jagdflugzeug
Triebwerk:	ein Flugzeug mit zwei 15.890-kg-Pratt-&-Whitney-YF119-PW-100-Strahltriebwerken; eins mit General-Electric-YF120-GE-100-Strahltriebwerken
Leistungen:	Höchstgeschwindigkeit ungefähr Mach 2; Dienstgipfelhöhe 19.812 m; Reichweite mit internem Treibstoff 1.200 km
Gewicht:	leer 16.783 kg; Kampfmasse 29.030 kg
Abmessungen:	Spannweite 13,2 m; Länge 20,5 m; Höhe 4,2 m; Tragflügelfläche 87,8 qm
Bewaffnung:	(geplant) eine 20-mm-M61-Kanone, ein interner Schacht für AIM-9-Sidewinder-Luft-Luft-Raketen und AIM-120-AMRAAMS-, „Have-Dash-2"-AAM- und „Have-Slick"-Luft-Boden-Raketen

PZL Mielec TS-11 Iskra-bis B

Das in Polen konstruierte zweisitzige Schulflugzeug TS-11 Iskra wurde von der polnischen Luftwaffe 1961 für die Serienfertigung ausgewählt, obwohl es in einem Wettbewerb der sowjetischen Luftwaffe gegen die Aero L-29 unterlegen war. Die Maschine wurde ab 1964 eingesetzt. Nachdem Veränderungen am Triebwerk vorgenommen wurden, blieb die zweisitzige Version bis Mitte 1979 in Produktion. Eine einsitzige Aufklärerversion wurde bereits davor produziert. 1982 nahm man die Produktion einer verbesserten Kampf-/Aufklärerversion wieder auf, welche Ende der 80er Jahre auslief, nachdem über 600 Flugzeuge fertig gestellt worden waren. Auch für die indische Luftwaffe produzierte man das Modell; es wurden 50 Stück geliefert. In polnischen Diensten ist der Typ mittlerweile fast vollständig durch die I-22 Iryda ersetzt worden, und es ist wahrscheinlich, dass auch Indien seine Flugzeuge in der nahen Zukunft austauschen wird.

Herkunftsland:	Polen
Typ:	zweisitziges Kampf-Aufklärungs-Schulflugzeug
Triebwerk:	ein 1.100-kg-IL-SO-3W-Turbojet
Leistungen:	Höchstgeschwindigkeit in 5.000 m Höhe 770 km/h; Dienstgipfelhöhe 11.000 m; Reichweite mit internem Treibstoff 1.260 km
Gewicht:	leer 2.560 kg; max. Startmasse 3.840 kg
Abmessungen:	Spannweite 10,06 m; Länge 11,15 m; Höhe 3,5 m; Tragflügelfläche 17,50 qm
Bewaffnung:	eine 23-mm-Kanone, vier externe Stationen für eine Vielzahl von Waffen bis 400 kg

PZL I-22 Iryda

Die PZL I-22 Iryda wurde von einem Team des Instytut Lotnictwa unter der Leitung von Alfred Baron entworfen und sollte die TS-11 Iskra als primäres Düsen-Schulflugzeug der polnischen Luftwaffe ersetzen. Die I-22 ist eine weitaus vielseitigere Maschine und für fortgeschrittene Pilotenausbildung in Funktionen wie Tiefangriff, Luftkampf und Aufklärung geeignet. Sie hat eine ausreichende Waffenzuladung und kann auch leichte Angriffseinsätze fliegen. Das Flugzeug ist sowohl in der Konstruktion als auch in seinem Äußeren dem Dassault/Dornier Alpha Jet ähnlich und bringt im Großen und Ganzen auch gleiche Leistungen. Die Lieferung an die polnische Luftwaffe begannen 1993, allerdings ist es angesichts der Dominanz der Aero L-29 in den früheren Ostblockstaaten unwahrscheinlich, dass der Typ viel Erfolg im Export haben wird. Das Bild zeigt den ersten der beiden Prototypen, der im März 1985 seinen Erstflug absolvierte.

Herkunftsland:	Polen
Typ:	zweisitziges Mehrzweck-Schulflugzeug und leichtes Bodenkampf-unterstützungsflugzeug
Triebwerk:	zwei 1.100-kg-PZL-Rzeszow-SO-3W22-Turbojets
Leistungen:	Höchstgeschwindigkeit in 5.000 m Höhe 840 km/h; Dienstgipfelhöhe 11.000 m; Reichweite mit max. Waffenzuladung 420 km
Gewicht:	leer 4.700 kg; max. Startmasse 6.900 kg
Abmessungen:	Spannweite 9,6 m; Länge 13,22 m; Höhe 4,3 m; Tragflügelfläche 19,92 qm
Bewaffnung:	eine 23-mm-GSh-23L-Kanone mit 200 Schuss, vier externe Stationen mit Vorrichtungen für 1.200 kg Zuladung, geeignet für Bomben, Raketenstartanlagen und Abwurftanks

Panavia Tornado GR.Mk 1

Umfangreiche Planungen seit 1967 führten zu diesem multifunktionalen Tornado-Kampfflugzeug. Für die Planung und Durchführung zuständig war die aus drei Ländern zusammengesetzte Panavia-Gesellschaft, die 1969 aus der Zusammenarbeit der BAC, der MBB und Aeritalia gegründet wurde. Das Triebwerk (RB.199) sollte von dem Turbo-Union-Konglomerat (Rolls-Royce, MTU und Fiat) gebaut werden. Jedes der Teilhaberländer erwartete unterschiedliche Dinge von dem Flugzeug, und die Entscheidung für eine Konstruktion, die die meisten dieser Wünsche in einer einzigen Flugzeugzelle berücksichtigte, ist ein Beweis für die gute Zusammenarbeit. Der erste Prototyp flog im August 1974; geliefert wurde er 1981 an die trinationale Übungseinrichtung am italienischen Luftwaffenstützpunkt Cottesmore. Die deutsche Luftwaffe erhielt 212 GR.Mk-1-Angriffsflugzeuge. Die deutsche Marineluftwaffe gab 112 Maschinen in Auftrag und die italienische Luftwaffe 100.

Herkunftsland:	Deutschland, Italien und Großbritannien
Typ:	Mehrzweck-Kampfflugzeug
Triebwerk:	zwei 7.292-kg-Turbo-Union RB.199-34R-Mk-103-Strahltriebwerke
Leistungen:	Höchstgeschwindigkeit über 11.000 m 2.337 km/h; Dienstgipfelhöhe 15.240 m; Operationsradius mit Waffenzuladung 1.390 km
Gewicht:	leer 14.091 kg; max. Startmasse 27.216 kg
Abmessungen:	Spannweite 13,91 m ohne und 8,6 m mit Pfeilung; Länge 16,72 m; Höhe 5,95 m; Tragflügelfläche 26,60 qm
Bewaffnung:	zwei 27-mm-IWKA-Mauser-Kanonen mit 180 Schuss, sieben externe Stationen mit Aufsatz bis 9.000 kg, geeignet für Nuklear- und JP233-Waffen, ALARM-Antistrahlungsraketen, Luft-Luft-, Luft-Boden- und Schiffsbekämpfungsraketen, konventionelle und gelenkte Bomben, Splitterbomben, ECM und Abwurftanks

Panavia Tornado GR.Mk 1A

Deutschland und Italien waren die treibenden Kräfte bei der Entwicklung eines Aufklärungssystems, das in die Tornado Gr.Mk 1 eingebaut werden könnte. Eine solche Vorrichtung wurde in den frühen 80er Jahren von Messerschmitt-Bölkow-Blohm entwickelt. Die britische Luftwaffe unternahm 1985 Flugtests mit einer GR.Mk 1, bei der die Aufklärungsausrüstung in einen Kanonen-Munitionsschacht eingepasst war. Die Ausrüstung enthält Infrarotkameras und thermische Bildmodule, die im Rahmen des Aufklärungs-Regelsystems arbeiten. Diese Flugzeuge erhielten die Bezeichnung GR.Mk 1A. Sie sind ohne weiteres an der Radarkuppelverkleidung unter dem Rumpfbauch und an den transparenten Seitentafeln für die seitlich ausgerichteten Überwachungseinrichtungen zu erkennen. Dreißig Stück wurden an Großbritannien geliefert; davon wurden 15 aus GR.Mk 1-Maschinen umgebaut. Die neuen Maschinen wurden 1990 geliefert.

Herkunftsland:	Deutschland, Italien und Großbritannien
Typ:	Allwetter-Tag-/Nachtaufklärer
Triebwerk:	zwei 7.292-kg-Turbo-Union-RB.199-34R-Mk-103-Strahltriebwerke
Leistungen:	Höchstgeschwindigkeit über 11.000 m 2.337 km/h; Dienstgipfelhöhe 15.240 m; Operationsradius mit Waffenzuladung 1.390 km
Gewicht:	leer 14.091 kg; max. Startmasse 27.216 kg
Abmessungen:	Spannweite 13,91 m gespreizt und 8,6 m in Pfeilstellung; Länge 16,72 m; Höhe 5,95 m; Tragflügelfläche 26,60 qm
Bewaffnung:	sieben externe Stationen mit Aufsatz bis 9.000 kg, geeignet für Nuklear- und JP233-Waffen, ALARM-Antistrahlungsraketen, Luft-Luft-, Luft-Boden- und Schiffsbekämpfungsraketen, konventionelle und gelenkte Bomben, Splitterbomben, ECM und Abwurftanks

Panavia Tornado ADV

In den späten 60er Jahren entschloss sich die britische Luftwaffe, die McDonnell Douglas Phantom II und die BAe-Lighting-Abfangjäger auszutauschen und gab die Entwicklung der Tornado ADV als Luftverteidigungsvariante in Auftrag – ein ausgesprochenes Luftverteidigungsflugzeug mit Allwetterfähigkeit, das auf der gleichen Flugzeugzelle wie das Tiefangriffsflugzeug GR.Mk 1 basierte. Schon früh wurde klar, dass es – wenn man die Leistung eines Jagdflugzeugs haben wollte – notwendig sein würde, die primäre Bewaffnung des Flugzeugs, die BAe-Sky-Flash-Luft-Luft-Rakete, unter dem Mittelrumpf unterzubringen. Die Gesamtentwicklung wurde im März 1976 genehmigt, und das Flugzeug entspricht zu 80 % seinem Vorgänger. Unterschiedlich sind die verlängerte Spitze für das Foxhunter-Radar und der leicht verlängerte Rumpf. Der Lieferung von 18 F.Mk-2-Maschinen an Großbritannien folgten 155 F.Mk-3-Maschinen mit Mk-104-Motoren.

Herkunftsland:	Deutschland, Italien und Großbritannien
Typ:	Allwetter-Luftverteidigungsflugzeug
Triebwerk:	zwei 7.493-kg-Turbo-Union-RB.199-34R-Mk-104-Strahltriebwerke
Leistungen:	Höchstgeschwindigkeit über 11.000 m 2.337 km/h; Einsatzhöhe etwa 21.335; Abfangradius mehr als 1.853 km
Gewicht:	leer 14.501 kg; max. Startmasse 27.987 kg
Abmessungen:	Spannweite 13,91 m ohne und 8,6 m mit Pfeilung; Länge 18,68 m; Höhe 5,95 m; Tragflügelfläche 26,6 qm
Bewaffnung:	zwei 27-mm-IWKA-Mauser-Kanonen mit 180 Schuss, sechs externe Stationen mit Aufsatz bis 5.806 kg, geeignet für Sky-Flash-Luft-Luft-Mittelstreckenraketen, AIM-9L-Sidewinder-Luft-Luft-Kurzstreckenraketen und Abwurftanks

Republic F-84G Thunderjet

Die letzte der F-84-Familie mit geraden Flügeln und das häufigste Serienmodell war die F-84G, von der 3.025 Stück gebaut wurden. Dies war das erste einsitzige amerikanische Jagdflugzeug, das nukleare Waffen tragen konnte. Die Maschine hatte eine Luftbetankungsanlage und einen Autopiloten. Im September 1954 war die F-84G unter Nutzung der Luftbetankung der erste einsitzige Düsenjäger, der ohne Zwischenstopp den Atlantik überqueren konnte. Das strategische Luftkommando zog seine F-84G-Maschinen 1956 aus dem Verkehr. Das taktische Luftkommando behielt die Maschine noch einige Zeit. Von der Gesamtproduktion wurden 1.936 Stück an die Luftstreitkräfte der NATO geliefert. Der Start mit voller Waffenzuladung war oft langwierig und an der Grenze des Möglichen.

Herkunftsland:	USA
Typ:	einsitziger Jagdbomber
Triebwerk:	ein 2.542-kg-Wright-J65-A-29-Turbojet
Leistungen:	Höchstgeschwindigkeit 973 km/h in 1.220 m Höhe; Dientgipfelhöhe 12.353 m; Operationsradius mit Abwurftanks 1.609 km
Gewicht:	leer 5.203 kg; max. Startmasse 12.701 kg
Abmessungen:	Spannweite 11,05 m; Länge 11,71 m; Höhe 3,9 m; Tragflügelfläche 24,18 qm
Bewaffnung:	sechs 12,7-mm-Browning-M3-Maschinengewehre, externe Stationen mit Aufsätzen bis 1.814 kg, geeignet für Bomben und Raketen

Republic F-84F Thunderstreak

Republic begann 1944 mit der Entwicklung der Thunderjet, einem Flugzeug, das die P-47 Thunderbolt, die von einem Kolbenmotor angetrieben wurde, ablösen sollte. Der erste von drei Prototypen absolvierte am 28. Februar 1946 seinen Erstflug am Flugerprobungszentrum am Muroc Dry Lake. Die ersten Serienflugzeuge trugen die Bezeichnung F-84B und gingen im Mai 1947 in die volle Produktion für die amerikanische Luftwaffe. Insgesamt wurden 224 Stück gebaut. Mit der Variante F-84F wurden Pfeilflügel eingeführt. Sie flog erstmals im Juni 1950, obwohl die Entwicklung und die Lieferungen durch Probleme mit dem Allison-Triebwerk verzögert wurden. Etwa 2.713 F-84F-Maschinen wurden fertig gestellt, von denen 1.301 an die Luftstreitkräfte der NATO gingen. Der Typ blieb bei Einheiten der Air National Guard bis 1971 im Dienst. Das Flugzeug auf der Abbildung war in den 60er Jahren bei der belgischen Luftwaffe in Betrieb.

Herkunftsland:	USA
Typ:	einsitziger Jagdbomber
Triebwerk:	ein 3.278-kg-Wright-J65-W-3-Turbojet
Leistungen:	Höchstgeschwindigkeit 1.118 km/h; Dienstgipfelhöhe 14.020 kg; Operationsradius mit Abwurftanks 1.304 km
Gewicht:	leer 6.273 kg; max. Startmasse 12.701 kg
Abmessungen:	Spannweite 10,24 m; Länge 13,23 m; Höhe 4,39 m; Tragflügelfläche 30,19 qm
Bewaffnung:	sechs 12,7-mm-Browning-M3-Maschinengewehre, externe Stationen mit Aufsätzen bis 2.722 kg

Republic RF-84F Thunderflash

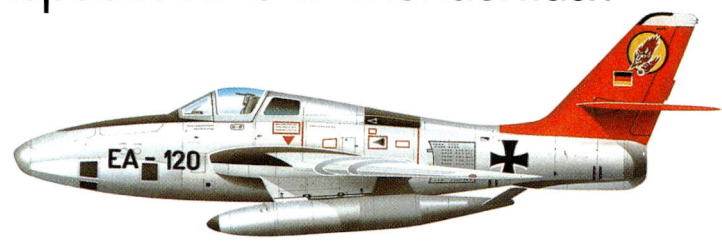

Das letzte bedeutende Modell der Pfeilflügel-Familie F-84 war der Aufklärer RF-84F mit Lufteinlässen an den Flügelansätzen und Kameras in der Spitze. Der Prototyp bekam die Bezeichnung YRF-84F und machte seinen Erstflug 1952. Im März 1954 begann man mit Lieferungen an Aufklärungseinheiten des strategischen und des taktischen Luftkommandos. Als die Lieferungen 1958 eingestellt wurden, hatte die Produktion 715 Stück erreicht, darunter 386, die durch das Air-Force-Mutual-Defense-Program für ausländische Abnehmer bestimmt waren. Etwa 25 Flugzeuge wurden später für das FICON(Fighter Conveyor)-Projekt verändert und bekamen ausfahrbare Haken in der Rumpfnase, um Langstrecken-Aufklärereinsätze zu ermöglichen. Das trägergestützte Flugzeug wurde zu dem veränderten Convair-B-36-Bomber. Die Flugzeuge (RF-84K) schlossen sich für Aufklärungseinsätze einem Langstreckentransport an, führten von dort aus ihren Auftrag durch und kehrten zum Stützpunkt zurück.

Herkunftsland:	USA
Typ:	einsitziger Fotoaufklärer
Triebwerk:	ein 3.541-kg-Wright-J65-W-7-Turbojet
Leistungen:	Höchstgeschwindigkeit 1.118 km/h; Dienstgipfelhöhe 14.020 kg; Operationsradius mit Abwurftanks 1.304 km
Gewicht:	leer 6.273 kg; max. Startmasse 12.701 kg
Abmessungen:	Spannweite 10,24 m; Länge 13,23 m; Höhe 4,39 m; Tragflügelfläche 30,19 qm
Bewaffnung:	sechs 12,7-mm-Browning-M3-Maschinengewehre, externe Stationen mit Aufsätzen bis 2.722 kg

Republic XF-91 Thunderceptor

U nter den vielen Düsenflugzeugen, die nach dem 2. Weltkrieg in westlichen Konstruktionsbüros in Arbeit waren, war die XF-91 ein gewagter Versuch, einen Höhenabfangjäger für eine Ausschreibung der amerikanischen Luftwaffe von 1946 zu bauen. Republic führte viele ungewöhnliche Elemente ein, darunter einen konischen, umgekehrten Flügel mit verstellbarem Neigungswinkel mit Tandemrad-Fahrgestell an den Spitzen. An einem der beiden Prototypen wurde eine Zeit lang ein „Schmetterlingsschwanz" angebracht. Ungewöhnlich war auch das doppelte Triebwerk. Die Verkleidung für einen Reaction-Motors-XLR-11-RM-9-Raketenmotor – sichtbar unter dem Heck – konnte die Höchstgeschwindigkeit für kurze Zeit noch vergrößern. Das Flugzeug flog erstmals am 9. Mai 1949 und erreichte beachtliche 1.812 km/h. Trotzdem war das Projekt letztlich zum Scheitern verurteilt. Kein Serienflugzeug wurde gebaut, und die beiden Prototypen dienten letztendlich nur der Forschung.

Herkunftsland:	USA
Typ:	experimenteller Höhenabfangjäger
Triebwerk:	ein General-Electric-J47-GE-3-Turbojet; Reaction-Motors-XLR-11-RM-9-Raketenmotor
Leistungen:	erreichte Höchstgeschwindigkeit 1.812 km/h; Dienstgipfelhöhe (ungefähr) 15.250 m
Gewicht:	keine Angaben
Abmessungen:	keine Angaben

Republic F-105B Thunderchief

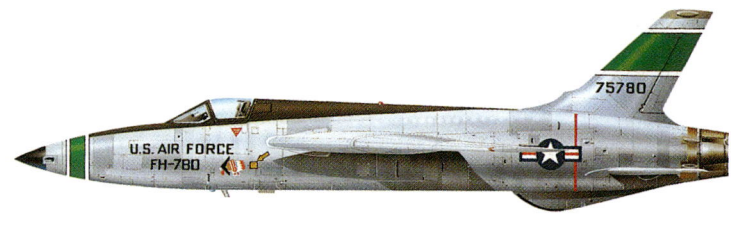

Noch bevor die F-84F Thunderstreak im Dienst war, hatte Republic mit Untersuchungen über ein mögliches Nachfolgemodell begonnen. Die Hauptfunktion dieses Flugzeugs war – wie man bald sah – der Abwurf nuklearer und konventioneller Waffen bei jedem Wetter, und zwar bei hohen Geschwindigkeiten und über Langstrecken. Verträge für zwei Prototypen wurden 1954 aufgesetzt; der erste Flug fand im Oktober 1955 statt. Von der F105A wurden keine Serienflugzeuge gebaut, da nun ein stärkeres Triebwerk zur Verfügung stand, und bald baute die Firma vier YF-105B-Maschinen mit diesen Motoren. Die F-105B wurde im August 1958 von der 335. Taktischen Jägerstaffel der amerikanischen Luftwaffe in Dienst genommen, drei Jahre später als geplant. 75 Maschinen wurden fertig gestellt, bevor das Flugzeug von der F-105D abgelöst wurde.

Herkunftsland:	USA
Typ:	einsitziger Jagdbomber
Triebwerk:	ein 10.660-kg-Pratt-&-Whitney-J75-Turbojet
Leistungen:	Höchstgeschwindigkeit 2.018 km/h; Dienstgipfelhöhe 15.850 m; Operationsradius mit Waffenzuladung 370 km
Gewicht:	leer 12.474 kg; max. Startmasse 18.144 kg
Abmessungen:	Spannweite 10,65 m; Länge 19,58 m; Höhe 5,99 m; Tragflügelfläche 35,8 qm
Bewaffnung:	eine 20-mm-M61-Kanone mit 1029 Schuss; ein interner Waffenschacht mit Aufsatz für bis zu 3.629 kg Bombenzuladung; fünf externe Stationen für eine Zusatzlast von 2.722 kg

Republic F-105D Thunderchief

Die wichtigste Version der Thunderchief, die in die Serienfertigung ging, war die F-105D, die den Piloten als „Thud" geläufig war. Das Flugzeug stellt mit seiner stärkeren Version des J75-Turbojets und der modernen Avionik wie dem NASARR-monopuls-Radar und dem Doppler-Navigationssystem einen wesentlichen Fortschritt gegenüber der B-Version dar. Durch diese Elemente war das Flugzeug für Angriffe bei jedem Wetter geeignet. Im Mai 1960 begann man mit Lieferungen an das 4. taktische Jägergeschwader. In Vietnam wurde die Thud erfolgreich eingesetzt und erlangte auch einen guten Ruf bei den Piloten. Nichtsdestotrotz wurden ca. die Hälfte der gebauten Maschinen zerstört. Etwa 350 der 600 produzierten Flugzeuge wurden während des Konflikts umgestaltet, damit sie das T-Stick-(Thunderstick)-Allwetter-Bombensystem für Blindangriffe tragen konnten.

Herkunftsland:	USA
Typ:	einsitziger Jagdbomber
Triebwerk:	ein 11.113-kg-Pratt-&-Whitney-J75-19W-Turbojet
Leistungen:	Höchstgeschwindigkeit 2.382 km/h; Dienstgipfelhöhe 15.850 m; Operationsradius mit 7.600 kg Bombenzuladung 370 km
Gewicht:	leer 12.474 kg; max. Startmasse 23.834 kg
Abmessungen:	Spannweite 10,65 m; Länge 19,58 m; Höhe 5,99 m; Tragflügelfläche 35,8 qm
Bewaffnung:	eine 20-mm-M61-Kanone mit 1.029 Schuss; ein interner Waffenschacht mit Aufsatz für bis zu 3.629 kg; fünf externe Stationen für eine Zusatzlast von 2.722 kg

Republic F-105F Thunderchief

Die amerikanische Luftwaffe gab 1962 143 zweisitzige F-105F-Schulflugzeuge in Auftrag. Die Maschinen waren mit Doppelsteuerung und voller Einsatzausrüstung ausgestattet. Um ein Tandemcockpit einzupassen, wurde der Rumpf etwas vergrößert. Urspünglich war beabsichtigt, das Flugzeug für Kampf- und Übergangstraining zu benutzen, doch der Druck, unter dem man durch das amerikanische Engagement im Vietnamkrieg stand, verursachte einen dringenden Bedarf an Hochleistungs-Jagdbombern, und viele wurden an den Kriegsschauplätzen eingesetzt. 86 der F-104F-Maschinen wurden zu der Wild-Weasel-Form für ECM-Einsätze über Nordvietnam umgestaltet und erhielten Warn- und Ziel-Radar, Störstationen, einen Raketen-Warnempfänger und andere spezielle Avionik, die es ihnen ermöglichte, Bedrohungen durch nordvietnamesische Boden-Luft-Raketen zu lokalisieren und zu identifizieren.

Herkunftsland:	USA
Typ:	zweisitziges Einsatz-Schulflugzeug
Triebwerk:	ein 11.113-kg-schwerer-Pratt-&-Whitney-J75-19W-Turbojet
Leistungen:	Höchstgeschwindigkeit 2.382 km/h; Dienstgipfelhöhe 15.850 m; Operationsradius mit 7.600 kg Bombenzuladung 370 km
Gewicht:	leer 12.890 kg; max. Startmasse 24.516 kg
Abmessungen:	Spannweite 10,65 m; Länge 21,21 m; Höhe 6,15 m; Tragflügelfläche 35,8 qm
Bewaffnung:	eine 20-mm-M61-Kanone mit 1.029 Schuss; ein interner Waffenschacht mit Aufsatz bis 3.629 kg Bombenzuladung; fünf externe Stationen für eine Zusatzlast von 2.722 kg

Republic F-105G Thunderchief

Die Bedrohung durch die in der Sowjetunion gebauten SA-2 „Guideline"-Boden-Luft-Rake-ten, die die nordvietnamesische Armee einsetzte, führte zu der schnellen Entwicklung und Einführung der F-105G Wild Weasel mit ECM. Diese Flugzeuge waren mit einer großen, extern angebrachten Station ausgerüstet, an der sich die Elektronik, das RHAW (Ziel- und Warnradar), ein Raketen-Warnempfänger und andere spezielle Avionik befanden. Die so konstruierten 86 Flugzeuge erhielten die Bezeichnung EF-105F. Eine umfassendere Überar-beitung wurde bei 60 dieser Maschinen durchgeführt, die mit F-105G bezeichnet sind. Der Typ trug die Hauptlast der Anti-SAM-(Boden-Luft-)Einsätze bis 1973. Dann wurde das Flug-zeug an Einheiten der Air National Guard weitergegeben wurde, bei der es bis 1984 im Dienst war. Das Bild zeigt eines der Flugzeuge, die der 561. taktischen Jägerstaffel des 23. taktischen Jägergeschwaders des McConnell-Stützpunktes in Kansas angehörten.

Herkunftsland:	USA
Typ:	zweisitziges ECM-Flugzeug
Triebwerk:	ein 11.113-kg-Pratt-&-Whitney-J75-19W-Turbojet
Leistungen:	Höchstgeschwindigkeit 2.382 km/h; Dienstgipfelhöhe 15.850 m; Überführungsreichweite 3.486 km
Gewicht:	leer 12.890 kg; max. Startmasse 24.516 kg
Abmessungen:	Spannweite 10,65 m; Länge 21,21 m; Höhe 6,15 m; Tragflügelfläche 35,8 qm
Bewaffnung:	eine 20-mm-M61-Kanone mit 1.029 Schuss; fünf externe Stationen für eine Zusatzlast von 2.722 kg, geeignet für Antistrahlungsrake-ten, konventionelle und gelenkte Bomben, Abwurftanks und ECM

Rockwell B-1B Lancer

Der Langstrecken-Einflugbomber B-1B wurde ursprünglich für eine Ausschreibung von 1965 der amerikanischen Luftwaffe für ein fortschrittliches, bemanntes, strategisches Flugzeug entworfen. Die damaligen North American Rockwell wurden als Vertragspartner für den neuen Bomber ausgewählt, der die Bezeichnung B-1 erhielt. Die F101-Motoren dafür sollte General Electric bauen. Verträge über Prototypen wurden im Juni 1970 unterschrieben, denen zufolge alle 244 Flugzeuge vor 1981 geliefert sein sollten. Der erste Prototyp absolvierte seinen Jungfernflug am 23. Dezember 1974, doch das Programm wurde wegen der zu hohen Kosten 1977 abgebrochen. 1982 unterschrieb man einen Vertrag über 100 aus der B-1 entwickelten Maschinen mit einer veränderten Rolle als Träger von Marschflugkörpern. Das Flugzeug verband eine veränderbare geometrische Konstruktion mit Stealth-Technologie und moderner Avionik.

Herkunftsland:	USA
Typ:	strategischer Mehrzweck-Langstreckenbomber
Triebwerk:	vier 1.3962-kg-General-Electric-F101-GE-102-Strahltriebwerke
Leistungen:	Höchstgeschwindigkeit 1.328 km/h; Dienstgipfelhöhe 15.240 m; Reichweite mit internem Kraftstoff 12.000 km
Gewicht:	leer 87.090 kg; max. Startmasse 216.634 kg
Abmessungen:	Spannweite 41,67 m ohne und 23,84 m mit Pfeilung; Länge 44,81 m; Höhe 10,36 m; Tragflügelfläche 181,16 qm
Bewaffnung:	drei interne Schächte mit Aufsätzen für bis zu 34.019 kg plus acht Unterflügelstationen mit Vorrichtungen für 26.762 kg Zuladung; das können nukleare AGM-69-SRAM-, AGM-86B-ALCM-, B-28-, B-43-, B-61- oder B-83-Bomben oder konventionelle Mk-82- oder Mk-84-Bomben sein

Rockwell B-1B Lancer

Seit ihrem Dienstbeginn im Juni 1985 war die B-1B nicht frei von Problemen. Die erste Einheit, die die Maschine einsetzte, die 96. BW in Dyess, bemängelte die Betriebsfähigkeit und den Treibstoffverlust bei dem Flugzeug. Einige Maschinen gingen nach Motorschäden verloren; nicht selten gab es in der Anfangszeit dieses radikal neuen Flugzeugs Startverbot. Diese Probleme wurden weitgehend behoben. Seitdem hat die B-1B sich mehr und mehr als überaus leistungsfähiges Waffensystem herausgestellt. Tiefflugeinsätze hängen von dem Stand der Avionik ab, etwa einer Satelliten-Kommunikationsverbindung, einem Doppler-Radar-Höhenmesser, einem nach vorne gerichtetem Geländebeobachtungsradar und einem Verteidigungssatz von über einer Tonne Gewicht. Alle Maschinen haben die graue Farbtönung, die auf dem oben abgebildeten Flugzeug zu sehen ist, welches der 77. Bomberstaffel des 29. Bombardierungsgeschwaders in Süd-Dakota angehört.

Herkunftsland:	USA
Typ:	strategischer Mehrzweck-Langstreckenbomber
Triebwerk:	vier 13.962-kg-General-Electric-F101-GE-102-Strahltriebwerke
Leistungen:	Höchstgeschwindigkeit 1.328 km/h; Dienstgipfelhöhe 15.240 m; Reichweite mit internem Treibstoff 12.000 km
Gewicht:	leer 87.090 kg; max. Startmasse 216.634 kg
Abmessungen:	Spannweite 41,67 m ohne und 23,84 m mit Pfeilung; Länge 44,81 m; Höhe 10,36 m; Tragflügelfläche 181,16 qm
Bewaffnung:	drei interne Schächte mit Aufsätzen für bis zu 34.019 kg plus acht Unterflügelstationen mit Vorrichtungen für 26.762 kg Zuladung; das können nukleare AGM-69-SRAM-, AGM-86B-ALCM-, B-28-, B-43-, B-61- oder B-83-Bomben oder konventionelle Mk-82- oder Mk-84-Bomben sein

Rockwell T-2 Buckeye

Die T-2 begann ihren Dienst 1960 als primäres Düsen-Schulflugzeug der amerikanischen Marine, und nach nunmehr fast 40 Jahren wird sie durch die T-45A Goshawk ersetzt. Der Flügel des Flugzeugs wurde aus der FJ-1 Fury entwickelt, und das Kontrollsystem ist dem der T-28 Trojan ähnlich. Die erste Maschine flog am 31. Januar 1958, und die Lieferungen begannen im folgenden Juli. Insgesamt 217 T-2A-Maschinen wurden unter dem Namen Buckeye an die Marine geliefert. Eine stärkere Version mit der Bezeichnung T-2B wurde ebenfalls gebaut. Die letzte Version war die T-2C mit noch stärkeren General-Electric-Motoren. Es wurden 273 Stück gebaut, von denen einige an Venezuela und Griechenland weitergegeben wurden. Auf dem Bild ist eine der T-2C-Maschinen zu sehen, die von der VT-23 des 2. Übungsgeschwaders der Marine eingesetzt wurde. Einige der Flugzeuge im Dienst der USA wurden zu Fernsteuerungs-Leitflugzeugen umgebaut.

Herkunftsland:	USA
Typ:	zweisitziges Mehrzweck-Düsen-Übungsflugzeug
Triebwerk:	ein 1.338-kg-General-Electric-J85-GE-4-Turbojet
Leistungen:	Höchstgeschwindigkeit in 7.620 m Höhe 838 km/h; Dienstgipfelhöhe 13.535 m; Reichweite 1.465 km
Gewicht:	leer 3.681 kg; max. Startmasse 5.978 kg
Abmessungen:	Spannweite 11,63 m; Länge 11,79 m; Höhe 4,51 m; Tragflügelfläche 23,70 qm

Ryan XV-5A

In den späten 50er Jahren wurde das Rennen um die Entwicklung eines praktischen VTOL-Flugzeugs für den militärischen Gebrauch verstärkt. Einige der erfolgreicheren amerikanischen Versuche stammten von Ryan, die in den 30er Jahren die „Spirit of St. Louis" gebaut hatten, mit der Lindbergh den Atlantik überquerte. Die XV-5A war die vierte in einer Reihe experimenteller Flugzeuge, deren Anfang 1955 die erfolgreiche X-13 Vertijet gemacht hatte, die senkrecht mit der Spitze zum Himmel startete und wie ein gewöhnliches Flugzeug landete. Mit der XV-5 ging Ryan das Problem anders an. Die Maschine war von ihrem Aussehen her ein konventioneller Mitteldecker, in dessen Passagierraum zwei Personen nebeneinander in Schleudersitzen untergebracht wurden. Der Antrieb stammte von zwei Turbojets, deren Auspuffgase zum Flügelgebläse für den Senkrechtflug oder für den normalen Düsenantrieb im Horizontalflug geleitet wurden.

Herkunftsland:	USA
Typ:	experimentelles VTOL-Flugzeug
Triebwerk:	zwei 1.206-kg-General-Electric-J85-GE-5-Turbojets
Leistungen:	keine Angaben
Gewicht:	keine Angaben
Abmessungen:	keine Angaben

SEPECAT Jaguar A

Die Jaguar wurde zusammen von der BAC in England und Dassault-Breguet in Frankreich für eine gemeinsame Ausschreibung der französischen und der britischen Luftwaffe entwickelt. Nach einem verzögerten Entwicklungsprozess entstand ein weitaus stärkeres und leistungsfähigeres Flugzeug als ursprünglich geplant. Die eigentliche Idee war ein leichtes Übungs- und Bodenkampfunterstützungsflugzeug mit 590 kg Waffenzuladung, doch wurde dies unter britischem Druck erheblich aufgestockt. Den Antrieb leistete ein Strahltriebwerk, das aus dem Rolls-Royce RB.172 von Rolls Royce und Turbomeca gemeinsam entwickelt wurde. Die erste französische Version, die tatsächlich flog, war die zweisitzige E, der im März 1969 die Jaguar A folgte, ein einsitziges taktisches Unterstützungsflugzeug. Es bildet das Rückgrat der französischen taktischen Nuklear-Angriffsmacht. Die 160 Flugzeuge wurden ab 1973 ausgeliefert.

Herkunftsland:	Frankreich und Großbritannien
Typ:	einsitziges taktisches Unterstützungs- und Angriffsflugzeug
Triebwerk:	zwei 3.313-kg-Rolls-Royce/Turbomeca-Adour-Mk-102-Strahltriebwerke
Leistungen:	Höchstgeschwindigkeit in 11.000 m Höhe 1.593 km/h; Kampfradius mit internem Treibstoff 557 km
Gewicht:	leer 7.000 kg; max. Startmasse 15.500 kg
Abmessungen:	Spannweite 8,69 m; Länge 16,83 m; Höhe 4,89 m; Tragflügelfläche 24 qm
Bewaffnung:	zwei 30-mm-DEFA-Kanonen mit 150 Schuss; fünf externe Stationen mit Vorrichtungen für 4.536 kg Zuladung, etwa eine taktische AN-52-Nuklearwaffe oder konventionelle Waffen wie eine AS.37-Martel-Anti-Radar-Rakete und zwei Abwurftanks oder acht 454-kg-Bomben oder Kombinationen von ASM, Abwurfbehältern, Raketenstartanlagen und einer Aufklärungsstation

SEPECAT Jaguar E

Vierzig der zweisitzigen Fortgeschrittenen-Übungsflugzeuge Jaguar E wurden für die französische Luftwaffe gebaut. Der erste von zwei Prototypen flog im September 1968. Bei ersten Flugtests wurde mehr als Mach 1 erreicht, was die Qualität der hoch angelegten Eindecker-Konstruktion bewies. Die beiden Besatzungsmitglieder sind in einem mit Druckausgleich ausgestatteten, klimatisierten Cockpit untergebracht; der Sitz des Ausbilders ist um 38 cm erhöht. Mit den Lieferungen wurde im Mai 1972 begonnen. Die Version für die britische Luftwaffe des oben abgebildeten französischen Flugzeugs hat die Einsatzbezeichnung Jaguar T.Mk 2. Sie ist voll einsatzfähig und ist auf demselben Standard wie die GR.Mk 1. Großbritannien erhielt 38 T.Mk-2-Maschinen, drei mehr als ursprünglich geplant. Ein überarbeitetes Modell ist die T.Mk 2A. Auf dem Bild oben ist eine T.Mk 2 der 54. Staffel, stationiert in Cottishall in East Anglia zu sehen.

Herkunftsland:	Frankreich und Großbritannien
Typ:	einsitziges taktisches Unterstützungs- und Angriffsflugzeug
Triebwerk:	zwei 3.647-kg-Rolls-Royce/Turbomeca-Adour-Mk-104-Strahltriebwerke
Leistungen:	Höchstgeschwindigkeit in 11.000 m Höhe 1.593 km/h; Kampfradius mit internem Treibstoff 557 km
Gewicht:	leer 7.000 kg; max. Startmasse 15.500 kg
Abmessungen:	Spannweite 8,69 m; Länge 16,83 m; Höhe 4,89 m; Tragflügelfläche 24 qm
Bewaffnung:	zwei 30-mm-DEFA-Kanonen mit 150 Schuss; fünf externe Stationen mit Vorrichtungen für 4.536 kg Zuladung, etwa eine taktische AN-52-Nuklearwaffe oder konventionelle Waffen wie eine AS.37-Martel-Anti-Radar-Rakete und zwei Abwurftanks oder acht 454-kg-Bomben oder Kombinationen von ASM, Abwurfbehältern, Raketenstartanlagen und einer Aufklärungsstation

SEPECAT Jaguar International

Die außerordentliche Vielseitigkeit der Jaguar ermutigte die englisch-französische SEPE-CAT-Gesellschaft, eine Version für den Exportmarkt zu entwickeln. Die erste Jaguar International flog im August 1976. Viele verschiedene Kombinationen von Avionik und Waffen wurden angeboten. Das Flugzeug war für die Schiffsbekämpfung, Luftverteidigung, den Tiefangriff und die Aufklärung optimiert. Obwohl man beträchtliche Exportaufträge erwartet hatte, wurden insgesamt nur 169 Stück von vier Nationen Mitte der 90er Jahre in Auftrag gegeben. Die indische Firma HAL setzte 45 Maschinen aus britischen Teilen zusammen, bevor sie zu eigener Produktion überwechselte. Diese Flugzeuge besitzen eine sehr fortschrittliche Avionik, darunter ein Smiths-HUD- und Waffenzielsystem. Ecuador, Nigeria und der Oman setzen den Typ ebenfalls ein. Auf der Abbildung ist eine der 9 ecuadorianischen Maschinen zu sehen, die der 211. Einheit „Agulas" bei Quito angehört.

Herkunftsland:	Frankreich und Großbritannien
Typ:	einsitziges taktisches Unterstützungs- und Angriffsflugzeug
Triebwerk:	zwei 3.810-kg-Rolls-Royce/Turbomeca-Adour-Mk-811-Strahltriebwerke
Leistungen:	Höchstgeschwindigkeit in 11.000 m Höhe 1.699 km/h; Operationsradius mit internem Treibstoff 537 km
Gewicht:	leer 7.700 kg; max. Startmasse 15.700 kg
Abmessungen:	Spannweite 8,69 m; Länge 16,83 m; Höhe 4,89 m; Tragflügelfläche 24,18 qm
Bewaffnung:	zwei 30-mm-Aden-Mk.4-Kanonen mit 150 Schuss; sieben externe Stationen mit Vorrichtungen für 4763 kg Zuladung, etwa Sidewinder- oder Magic-Luft-Luft-Raketen, Exocet- oder Sea-Eagle-Schiffsbekämpfungsraketen, lasergelenkte oder konventionelle Bomben, Splitterbomben, Flugplatzraketen, Raketenstartanlagen, Napalmtanks, Abwurftanks und ECM

SOKO G-2A Galeb

Die SOKO entstand, obwohl die Flugzeugindustrie des ehemaligen Jugoslawien im 2. Weltkrieg praktisch zerstört worden war. Man begann 1948 mit der Lizenzproduktion fremder Entwürfe, bevor man 1957 den Entwurf und die Konstruktion des G-2A-Galeb-Schulflugzeuges unternahm. Dabei handelte es sich um einen konventionellen Eindecker aus einer Ganzmetallkonstruktion mit einziehbarem Dreibein-Fahrgestell und Turbojet-Antrieb. Die Besatzung ist in Tandemsitzen in einem beheizten und klimatsierten Cockpit untergebracht. Die Avionik besteht aus einem Radiokompass und einem Kommunikations-Sender/Empfänger, obwohl ein vollständiges Blindflugsystem zum Standard gehört. Das erste Flugzeug wurde im Mai 1961 geflogen. Die Produktion für die jugoslawische Luftwaffe lief unter der Bezeichnung G-2A Galeb 1963 an. Das aufgestockte Exportmodell G-2A-E wurde bis 1983 weiter gebaut.

Herkunftsland:	Jugoslawien
Typ:	Standard-Schulflugzeug
Triebwerk:	ein 1.134-kg-Rolls-Royce-Viper-11-Mk-226-Turbojet
Leistungen:	Höchstgeschwindigkeit in 6.000 m Höhe 730 km/h; Dienstgipfelhöhe 12.000 m; Reichweite mit max. Standardtreibstoff 1.240 km
Gewicht:	leer 2.620 kg; max. Startmasse 4.300 kg
Abmessungen:	Spannweite 9,73 m; Länge 10,34 m; Höhe 3,28 m; Tragflügelfläche 19,43 qm
Bewaffnung:	zwei 12,7-mm-Maschinengewehre mit 80 Schuss; Unterflügelstationen für 150-kg-Bombenbehälter, 100-kg-Bomben, 12,7-mm-Raketen- und 55-mm-Raketen-Startanlagen

SOKO J-1 Jastreb

Es war relativ einfach für die Konstrukteure der SOKO, aus der G-2A Galeb ein einsitziges leichtes Angriffsflugzeug zu machen. Dazu waren keine bedeutenden strukturellen Änderungen notwendig, und da die Kabinenhaube ursprünglich zweiteilig war, musste man nur das hintere Cockpit mit Blech verkleiden. Um die Waffenkapazitäten zu erhöhen, setzte man eine verstärkte Version des Viper-Motors ein, doch wurde – abgesehen von punktuellen Verstärkungen der Flugzeugzelle, aufgestockten Aufhängepunkten an den Flügeln und der Installation eines Bremsfallschirms – kaum etwas verändert. Die ersten beiden Versionen, die in die Serienfertigung gingen, waren das Angriffsflugzeug J-1 und der Aufklärer RJ-1 für die jugoslawische Luftwaffe. Es ist keiner der beiden Typen mehr in Betrieb. Das abgebildete Flugzeug ist der zweite von zwei Prototypen und trägt die Kennzeichen der jugoslawischen Luftwaffe. Libyen und Zambia gehörten ebenfalls zu den Abnehmern.

Herkunftsland:	Jugoslawien
Typ:	einsitziges leichtes Angriffsflugzeug
Triebwerk:	ein 1.361-kg-Rolls-Royce-Viper-Mk-531-Turbojet
Leistungen:	Höchstgeschwindigkeit in 6.000 m Höhe 820 km/h; Dienstgipfelhöhe 12.000 m; Operationsradius mit Standard-Treibstoff 1.520 km
Gewicht:	leer 2.820 kg; max. Startmasse 5.100 kg
Abmessungen:	Spannweite 11,68 m; Länge 10,88 m; Höhe 3,64 m; Tragflügelfläche 19,43 qm
Bewaffnung:	drei 12,7-mm-Maschinengewehre mit 135 Schuss; Innenbordstationen mit Vorrichtungen für 500 kg Zuladung, etwa Bomben, Leuchtbomben, MG-Aufhängungen, Raketenstartanlagen und für sechs 12,7-mm-Raketen an Flügelbefestigungen

SOKO G-4 Super Galeb

Bald begann man mit der Entwicklung einer verbesserten Version der G-2A Galeb, um dieses Flugzeug sowie die Lockheed T-33 in den Standard- und den Fortgeschrittenen-Übungseinheiten der jugoslawischen Luftwaffe zu ersetzen. Obwohl sie den Namen von ihrem Vorgänger hat, ist die G-4 in Wirklichkeit ein völlig neues Flugzeug mit Pfeilflügeln und geschwungenem Heck. Das Cockpit ist viel moderner und kann den Ausbilder und den Flugschüler in Tandemsitzen unterbringen. Der hintere Sitz ist leicht erhöht, ähnlich wie bei der BAe Hawk. Die elektronische Ausstattung der G-4 ist weitaus umfassender und enthält einen Entfernungsmesser, einen Funk-Höhenmesser, einen Funkkompass, VHF-Funk und ein Hochfrequenz-Drehfunkfeuer/Instrumentenlandesystem. Obwohl sie etwa um ein Viertel schwerer ist als die G-2A, kann sie eine größere Waffenzuladung tragen. Wenige Maschinen wurden noch vor dem Zerfall des Staates an die jugoslawische Luftwaffe ausgeliefert.

Herkunftsland:	Jugoslawien
Typ:	Standard-Schulflugzeug/leichtes Angriffsflugzeug
Triebwerk:	ein 1.814-kg-Rolls-Royce-Viper-Mk-632-Turbojet
Leistungen:	Höchstgeschwindigkeit in 4.000 m Höhe 910 km/h; Dienstgipfelhöhe 12.850 m; Reichweite mit internem Treibstoff 1.900 km
Gewicht:	leer 3.172 kg; max. Startmasse 6.300 kg
Abmessungen:	Spannweite 9,88 m; Länge 12,25 m; Höhe 4,3 m; Tragflügelfläche 19,5 qm
Bewaffnung:	eine 23-mm-GSh-23L-Kanone mit 200 Schuss; vier externe Stationen für 2.053 kg, geeignet für Luft-Luft-Raketen, Bomben, Splitterbomben, Napalmtanks, großkalibrige Raketen, Raketenstartanlagen, Abwurftanks und ECM

SOKO/Avioane IAR-93A

Die J-22 war das Ergebnis einer Zusammenarbeit zwischen der rumänischen IAv und der jugoslawischen SOKO, die aus einer gemeinsamen Ausschreibung beider Ländern für ein Doppeldüsenflugzeug zur Bodenkampfunterstützung und für den Tiefangriff entstand. Der erste Entwurf basierte auf einem Vertrag zwischen dem rumänischen und dem jugoslawischen Luftfahrtinstitut. Jedes Land konstruierte Prototypen, die von zwei in Lizenz gebauten Rolls-Royce-Viper-Mk-632-41R-Motoren angetrieben wurden. Die ersten Flüge fanden simultan im Oktober 1974 statt. Die Produktion der ersten 20 rumänischen Flugzeuge, die die Bezeichnung IAR-93A trugen, begann 1979. SOKO ließ 1980 die Produktion der ähnlichen J-22 anlaufen. Eine verbesserte Version mit Nachbrennern wurde von 1984 an gebaut und trägt die Bezeichnung J-22(M) oder Orao 2; von ihr wurden in beiden Ländern 165 Stück gebaut.

Herkunftsland:	Jugoslawien
Typ:	einsitziges Bodenkampfunterstützungs-/Tiefangriffsflugzeug
Triebwerk:	zwei 2.268-kg-Turbomecanica-(Rolls-Royce-Viper-Mk-633-47)-Turbo-jets
Leistungen:	Höchstgeschwindigkeit auf Meereshöhe 1.160 km/h; Dienstgipfel-höhe 12.500 m; Operationsradius mit vier 250-kg-Bomben und Abwurftanks 530 km
Gewicht:	leer 5.900 kg; max. Startmasse 10.100 kg
Abmessungen:	Spannweite 9,62 m; Länge 14,9 m; Höhe 4,45 m; Tragflügelfläche 26 qm
Bewaffnung:	zwei 23-mm-GSh-23L-Kanonen mit 200 Schuss; fünf externe Statio-nen mit Aufsatz für 2.800 kg Zuladung, Luft-Luft-Raketen, Luft-Boden-Raketen, Bomben, Splitterbomben, Napalmtanks, Raketen-startanlagen und Abwurftanks

Saab 105

Saab etablierte seinen Ruf als Konstrukteur und Hersteller erstklassiger Düsenflugzeuge mit der Draken. Der Erfolg dieses Flugzeugs ermutigte die schwedische Firma, das Spektrum ihrer Flugzeuge mit der Entwicklung der privat finanzierten 105 zu erweitern. Dieser Typ ist ein Pfeilflügel-Eindecker mit Seite-an-Seite-Unterbringung in der Kabine für zwei oder vier Besatzungsmitglieder. Für den Antrieb sorgen zwei Turbojets. Der erste Prototyp flog im Juni 1963. Nach erfolgreicher Auswertung durch die schwedische Luftwaffe wurden Aufträge für 150 Flugzeuge erteilt. Dieser Typ trat 1966 in Dienst, zu Anfang bei der Flugschule am Stützpunkt Ljungbyhed. In der schwedischen Luftwaffe trägt das Flugzeug die Bezeichnung Sk 60A; die bewaffnete Bodenkampfunterstützungsvariante ist die Sk 60B, die Fotoaufklärerversion ist die Sk 60C.

Herkunftsland:	Schweden
Typ:	Schul-/Verbindungsflugzeug mit sekundärer Angriffsmöglichkeit
Triebwerk:	zwei 744-kg-Turbomeca-Aubisque-Strahltriebwerke
Leistungen:	Höchstgeschwindigkeit in 6.095 m Höhe 770 km/h; Dienstgipfelhöhe 13.500 m; Reichweite 1.400 km
Gewicht:	leer 2.510 kg; max. Startmasse 4.050 kg
Abmessungen:	Spannweite 9,5 m; Länge 10,5 m; Höhe 2,7 m; Tragflügelfläche 16,3 qm
Bewaffnung:	sechs externe Stationen mit Aufsätzen für bis zu 700 kg, geeignet für zwei Saab-Rb05-Luft-Boden-Raketen oder zwei 30-mm-Kanonenaufhängungen oder 12 135-mm-Raketen oder Bomben, Splitterbomben und Raketenstartanlagen

Saab A21R

Frid Wanstroms Entwurf ist das einzige Flugzeug der Welt, das sowohl mit Kolbenmotor als auch mit Düsenantrieb im Fronteinsatz war. Der Typ wurde zuerst im März 1941 geplant, und zwar als Antwort auf eine schwedische Anfrage nach einem Nachfolger für die veralteten Jagdflugzeuge, die zu der Zeit im Dienst waren. Die Version mit Kolbenmotor ging mit dem deutschen Daimler-Benz-605B-Antrieb 1945 in die Produktion. Die Umwandlung zu einem Düsenflugzeug lief erstaunlich glatt. Das Leitwerk wurde hoch an veränderten Flossen angebracht, und das Fahrwerk wurde verkürzt. Den Antrieb besorgte zunächst ein einziger de-Havilland-Goblin-2-Turbojet (J21RA) und später eine in Lizenz gebaute Version des gleichen Motors (J21RB). Von jedem Typ dieser Maschinen entstanden 30 Stück. Nach einer kurzen Laufbahn als Jagdflugzeug wurden sie zu Angriffsflugzeugen umgebaut und erhielten die Bezeichnung A21R bzw. A21RB.

Herkunftsland:	Schweden
Typ:	einsitziges Jagd-/Angriffsflugzeug
Triebwerk:	ein 1.361-kg-de-Havilland-Goblin-2-Turbojet
Leistungen:	Höchstgeschwindigkeit 800 km/h; Dienstgipfelhöhe 12.000 m; Reichweite 720 km
Gewicht:	leer 3.200 kg; max. Startmasse 5.000 kg
Abmessungen:	Spannweite 11,37 m; Länge 10,45 m; Höhe 2,9 m
Bewaffnung:	eine 20-mm-Bofors-Kanone und vier 13,2-mm-M/39A, eine Mittelstation für acht 13,2-mm-Geschütze, Flügelaufhängungen für zehn 100-mm- oder fünf 180-mm-Bofors-Raketen oder 10 80-mm-Panzerbekämpfungsraketen

Saab J32B Lansen

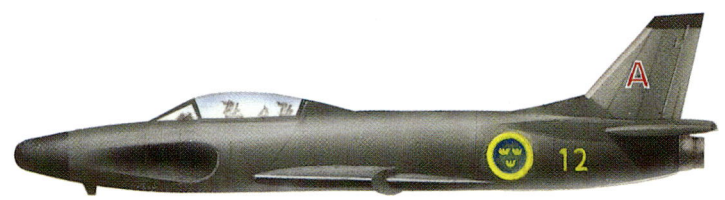

Als Nachfolger für den leichten Bomber Saab 18 entworfen, der bei der schwedischen Luft-waffe im Dienst war, war die Type 32 eine große, geschwungene Maschine von außerge-wöhnlicher Qualität, konstruiert und entwickelt weit vor ähnlichen Flugzeugen in Westeuropa. Dank ihrer nicht unbeträchtlichen Größe war sie zur Weiterentwicklung für drei Einsatzfor-men fähig. Das Allwetter-Angriffsflugzeug A32A war das erste, das 1953 in die Produktion ging, gefolgt von der J32B, einem Allwetter- und Nachtjäger, und dem Aufklärer S32C Mitte des Jahres 1958. Die Flugzeuge, die von den fast 450 gebauten übrig geblieben waren, dien-ten bis weit in die 90er Jahre hinein als Angriffsflugzeuge, Zielschlepper und Testflugzeuge. Die J32B auf der Abbildung hatte einen in Lizenz gebauten, leistungsstärkeren Rolls-Royce-Motor als ihr Vorgänger, sowie S6-Radar-Feuerkontrolle für Leit-/Verfolgungs- oder Abfang-einsätze. Zwischen 1958 und 1970 waren sieben Staffeln mit diesem Typ ausgerüstet.

Herkunftsland:	Schweden
Typ:	Allwetterjäger und Nachtjäger
Triebwerk:	ein 6.890-kg-Svenska-Flygmotor (Rolls-Royce Avon) RM6A
Leistungen:	Höchstgeschwindigkeit 1.114 km/h; Dienstgipfelhöhe 16.013 m; Reichweite mit externem Treibstoff 3.220 km
Gewicht:	leer 7.990 kg; max. Zuladung 13.529 kg
Abmessungen:	Spannweite 13 m; Länge 14,5 m; Höhe 4,65 m; Tragflügelfläche 37,4 qm
Bewaffnung:	vier 30-mm-Aden-M/55-Kanonen; vier Rb324-(Sidewinder)-Luft-Luft-Raketen oder FFAR-(Folding-Fin-Air-Launched-Rocket)-Stationen

Saab J35F Draken

Die Draken wurde für einen Auftrag der schwedischen Luftwaffe konstruiert. Man suchte einen einsitzigen Abfangjäger, der von kurzen Not-Startbahnen aus starten konnte, eine gute Steigleistung hatte und Überschallgeschwindigkeit erreichen sollte. Das von Saab unter der Leitung von Erik Bratt zwischen 1949 und 1951 konstruierte Flugzeug zeichnete sich durch neue Ideen aus: das einzigartige „Doppeldelta" war eine Methode, die Elemente hintereinander anzuordnen, so dass ein langes Flugzeug eine kleine Rumpfnase erhält und somit eine hohe aerodynamische Effizienz. Das Flugzeug befand sich zehn Jahre in der Entwicklung; die ersten J35A-Serienflugzeuge traten 1960 in Dienst. Saab bot die Draken auch unter der Bezeichnung Saab-35X zum Export mit vergrößerter Treibstoffkapazität und größerem Gesamtgewicht an. Finnland erhielt 24 ehemalige Flyguapnet-J34F-Einsitzer, von denen einer hier abgebildet ist.

Herkunftsland:	Schweden
Typ:	einsitziger Allwetter-Abfangjäger
Triebwerk:	ein 7.761-kg-Svenska-Flygmotor-RM6C-Turbojet
Leistungen:	Höchstgeschwindigkeit 2.125 km/h; Dienstgipfelhöhe 20.000 m; Reichweite mit max. Treibstoff 3.250 km
Gewicht:	leer 7.425 kg; max. Startmasse 16.000 kg
Abmessungen:	Spannweite 9,4 m; Länge 15,4 m; Höhe 3,9 m; Tragflügelfläche 49,2 qm
Bewaffnung:	eine 30-mm-Aden-M/55-Kanone mit 90 Schuss, zwei Rb27(mit Radar)- und zwei Rb28(mit IR)-Falcon-Luft-Luft-Raketen oder zwei von vier Rb24-Sidewinder-AAMs oder bis zu 4.082 kg Bombenzuladung auf Angriffseinsätzen

Saab Sk35C Draken

Eine der beiden Varianten der Draken, die für die schwedische Luftwaffe entwickelt wurde, war das tandem-/zweisitzige Einsatz-Übungsflugzeug Sk35C. Die andere ist das Aufklärungsflugzeug S35E, das aus der J35D entstanden ist. Die Sk35C-Flotte bestand hauptsächlich aus umgebauten J35A-Maschinen, bei denen die Bewaffnung entfernt wurde, so dass das Flugzeug nicht im Kampf einsetzbar war. 1995 schließlich waren nur noch 12 Flugzeuge im Dienst bei der Flygflottilj 10 in Angelholm in Südschweden. Elf Exportversionen des gleichen Flugzeugs mit der Bezeichnung Sk 35XD wurden an Dänemark geliefert, und fünf J35CS (schwedisch Sk35C)-Maschinen gingen an Finnland. Die Draken, nun praktisch durch die Viggen ersetzt, war das erste europäische Kampfflugzeug mit Überschallgeschwindigkeit. Auf dem Bild ist eine schwedische Sk35C mit einem Abwurftank in der Mitte. Das kurze Heck ist für den Type-55-Nachbrenner konstruiert.

Herkunftsland:	Schweden
Typ:	zweisitziges Einsatz-Übungsflugzeug
Triebwerk:	ein 6.804-kg-Svenska-Flygmotor-RM6B-Turbojet
Leistungen:	Höchstgeschwindigkeit 2.011 km/h; Dienstgipfelhöhe 20.000 m; Reichweite mit max. Treibstoff 3.250 km
Gewicht:	leer 7.425 kg; max. Startmasse 8.262 kg
Abmessungen:	Spannweite 9,4 m; Länge 15,4 m; Höhe 3,9 m; Tragflügelfläche 49,20 qm

Saab J35J Draken

Die letzte neu gebaute Luftverteidigungsversion der Draken war die J35F, eine Weiterentwicklung der J35D mit leistungsfähigerem Radar, Kollisionskurs-Feuerleitsystem und einem Hughes-Infrarotsensor, durch den man in Lizenz gebaute Hughes-Falcon-AAM-Geschütze mitführen konnte. In den späten 80er Jahren beschloss man, die 64 J35F-Maschinen auf den J35J-Standard aufzurüsten, damit drei Staffeln des F10-Geschwaders, die ihren Stützpunkt bei Angelholm in Südschweden hatten, bis Mitte der 90er Jahre einsatzbereit bleiben konnten. Verbessert wurden die Waffenelektronik, der Infrarot-Sensor, das Radar und die IFF-Ausrüstung. Zwei zusätzliche Innenbordstationen wurden an dem verstärkten Flügel zusammen mit einem Höhenwarnsystem angebracht. 1990 gingen alle Maschinen zurück ins Werk. Auf dem Bild ist eines der Flugzeuge der Flygflottilj 10 zu sehen; es hat Rb24-Sidewinder-Raketen an den Innen- und Außenstationen.

Herkunftsland:	Schweden
Typ:	einsitziger Allwetter-Abfangjäger
Triebwerk:	ein 7.830-kg-Svenska-Flygmotor-RM6C-Turbojet
Leistungen:	Höchstgeschwindigkeit in 11.000 m Höhe 2.125 km/h; Dienstgipfelhöhe 20.000 m; Reichweite mit internem Treibstoff 560 km
Gewicht:	leer 7.425 kg; max. Startmasse 16.000 kg
Abmessungen:	Spannweite 9,4 m; Länge 15,4 m; Höhe 3,9 m; Tragflügelfläche 49,2 qm
Bewaffnung:	eine 30-mm-Aden-M/55-Kanone mit 90 Schuss, zwei Rb27 (mit Radar)- und zwei Rb28(mit IR)-Falcon-Luft-Luft-Raketen oder zwei von vier Rb24-Sidewinder-AAM-Geschütze oder bis zu 4.082 kg Bombenzuladung auf Angriffseinsätzen

Saab AJ37 Viggen

Vor dem Erscheinen der Panavia Tornado konnte man durchaus behaupten, dass die Viggen das fortschrittlichste Kampfflugzeug war, das je in Europa produziert wurde. Als es 1971 in Betrieb genommen wurde, hatte die AJ37 ein viel moderneres Radar, einen größeren Geschwindigkeits-Spielraum und umfassendere Avionik als die meisten anderen europäischen Maschinen. Das schwedische Luftfahrtministerium plante das System 37 1958–1961 als standardisiertes Waffensystem, das in das Stril-60-Luftverteidigungsnetz aus Radar, Computern und Displays eingegliedert werden sollte. Integriert in dieses System ist eine Standard-Plattform – die Viggen-Familie–, die in fünf Versionen produziert wurde, von denen jede eine bestimmte Funktion hat. Die AJ37 ist ein ausgesprochenes Allwetter-Angriffsflugzeug, das die schwedische Luftwaffe mit Tiefangriffskapazitäten versorgt und dessen Avionik für diese Rolle optimiert ist. Diese Maschine gehört zur Flygflottilj 15 in Söderhamn.

Herkunftsland:	Schweden
Typ:	einsitziges Allwetter-Angriffsflugzeug
Triebwerk:	ein 11.800-kg-Volvo-Flygmotor-RM8-Strahltriebwerk
Leistungen:	Höchstgeschwindigkeit 2.124 km/h; Dienstgipfelhöhe 18.290 m; Operationsradius mit externer Bewaffnung 1.000 km
Gewicht:	leer 11.800 kg; max. Startmasse 20.500 kg
Abmessungen:	Spannweite 10,6 m; Länge 16,3 m; Höhe 5,6 m; Tragflügelfläche 46 qm
Bewaffnung:	sieben externe Stationen mit Aufsätzen für bis zu 6.000 kg Zuladung, etwa 30-mm-Aden-Kanonenaufhängungen, 135-mm-Raketenaufhängungen, Sidewinder- oder Falcon-Luft-Luft-Raketen zur Selbstverteidigung, Maverick-Luft-Boden-Raketen, Bomben, Splitterbomben

Saab JA37 Viggen

Die Abfangjäger-Version der Viggen (mit einem integralen Bestandteil der System 37-Serie) war die einsitzige JA37. Von außen hatte das Flugzeug starke Ähnlichkeit mit dem Angriffsflugzeug AJ37. Die Flosse ist etwas höher, und der Abfangjäger hat vier Verstellelemente für kombinierte Höhen- und Querruder unter dem Flügel anstatt drei wie bei anderen Versionen. Mit erheblicher Mühe optimierte man das von Pratt & Whitney konstruierte Volvo-Strahltriebwerk für große Höhen und Kampfmanöver mit Höchstbelastung. Das Ergebnis war das RM8B-Element, das in die JA37 eingebaut wurde. Der andere Entwicklungsbereich war die Bordavionik, vor allem das Ericsson-UAP-1023-I/J-Band-Langstrecken-Pulse-Doppler-Radar, das für die Zielsuche und -erfassung geeignet war. Von der JA37 wurden insgesamt 149 Flugzeuge gebaut, von denen das letzte im Juni 1990 geliefert wurde. Die Zahl 13 auf dem Rumpf steht für die Flygflottilj 13 der schwedischen Luftwaffe.

Herkunftsland:	Schweden
Typ:	einsitziger Allwetter-Abfangjäger mit sekundärer Angriffsmöglichkeit
Triebwerk:	ein 12.750-kg-Volvo-Flygmotor-RM8B-Strahltriebwerk
Leistungen:	Höchstgeschwindigkeit 2.124 km/h; Dienstgipfelhöhe 18.290 m; Operationsradius mit externer Bewaffnung 500 km
Gewicht:	leer 15.000 kg; max. Startmasse 20.500 kg
Abmessungen:	Spannweite 10,6 m; Länge 16,3 m; Höhe 5,9 m; Tragflügelfläche 46 qm
Bewaffnung:	eine 30-mm-Oerlikon-KCA-Kanone mit 150 Schuss; sechs externe Stationen mit Vorrichtungen für 6.000 kg Zuladung, etwa zwei Rb71-Sky-Flash- und vier Rb24-Sidewinder-Luft-Luft-Raketen oder Bomben und/oder 135-mm-Raketenaufhängungen

Saab SF37 Viggen

Die zweite Variante in der System-37-Serie war die SF37, eine einsitzige Aufklärerversion, welche die S 35E ersetzen sollte, die bei der schwedischen Luftwaffe im Dienst war. Der erste Prototyp flog im Mai 1973. Die Serienflugzeuge sind an ihrer meißelförmigen Spitze zu erkennen (siehe oben), in der sieben Kameras untergebracht sind, die oft durch Beobachtungsstationen an Aufhängungen in Schulterposition ergänzt werden. Eine nach vorne gerichtete Kamera dient der Infrarotfotografie, zwei sind senkrecht für Höhenaufnahmen und vier in einem nach unten ausgerichteten Bogen angebracht und dienen der Beobachtung tieferer Schichten. So ist für vollständige Beobachtung des gesamten Luftraums gesorgt. Die Flugzeuge behalten die volle Waffenkapazität des JA37-Abfangjägers, doch die Kameraanlage in der Spitze enthält keinerlei Radar. Im April 1977 begann die Lieferung von 26 SF37-Maschinen.

Herkunftsland:	Schweden
Typ:	einsitziger Allwetter-Fotoaufklärer
Triebwerk:	ein 11.800-kg-Volvo-Flygmotor-RM8-Strahltriebwerk
Leistungen:	Höchstgeschwindigkeit 2.124 km/h; Dienstgipfelhöhe 18.290 m; Operationsradius mit externer Bewaffnung 1.000 km
Gewicht:	leer 11.800 kg; max. Startmasse 17.000 kg
Abmessungen:	Spannweite 10,6 m; Länge 16,3 m; Höhe 5,9 m; Tragflügelfläche 46 qm
Bewaffnung:	(in sekundärer Angriffsfunktion) sieben externe Stationen mit Vorrichtungen für 6.000 kg, geeignet für 30-mm-Aden-Kanonenaufhängungen, 135-mm-Raketenaufhängungen, Sidewinder- oder Falcon-Luft-Luft-Raketen zur Selbstverteidigung, Maverick-Luft-Boden-Raketen, Bomben, Splitterbomben

Saab JAS 39 Gripen

Saab baute ein weiteres exzellentes, leichtgewichtiges Jagdflugzeug in Form der Gripen, und angesichts der Leistungen dieses Flugzeuges ist es sehr erstaunlich, dass nicht mehr Exportaufträge eingingen. Das Flugzeug wurde in den späten 70er Jahren entworfen und sollte die AJ-, SH-, SF- und JA-Versionen der Saab 37 Viggen ersetzen. Die Gestalt folgt Saabs erprobter und bewährter Linie mit einem hinten angebrachten Delta- und Enten-Vorderflügel in Pfeilstellung. Die Tragflächen werden von einem Fly-by-Wire-System kontrolliert. Fortschrittliche Avionik, darunter ein pulse-Doppler-Such- und Erfassungsradar, FLIR, Head-Up- und Head-Down-Displays, die die normalen Fluginstrumente ersetzen und hervorragende ECM- und Navigationssysteme verleihen dem Typ Mehrzweck-Allwettertauglichkeit. Ab 1995 wurde die JAS 39A eingesetzt.

Herkunftsland:	Schweden
Typ:	einsitziger Allwetterjäger, Angriffs- und Aufklärungsflugzeug
Triebwerk:	ein 8.210-kg-Volvo-Flygmotor-RM12-Strahltriebwerk
Leistungen:	Höchstgeschwindigkeit mehr als Mach 2; Reichweite mit externer Bewaffnung 3.250 km
Gewicht:	leer 6.622 kg; max. Startmasse 12.473 kg
Abmessungen:	Spannweite 8 m; Länge 14,1 m; Höhe 4,7 m
Bewaffnung:	eine 27-mm-Mauser-BK27-Kanone mit 90 Schuss, sechs externe Stationen mit Vorrichtungen für Rb71-Sky-Flash- und Rb24-Sidewinder-Luft-Luft-Raketen, Maverick-Luft-Luft-Raketen, Rb15F-Schiffsbekämpfungsraketen, Splitterbomben, Raketenstartanlagen, Aufklärungselemente, Abwurftanks und ECM

Saunders-Roe SR.53

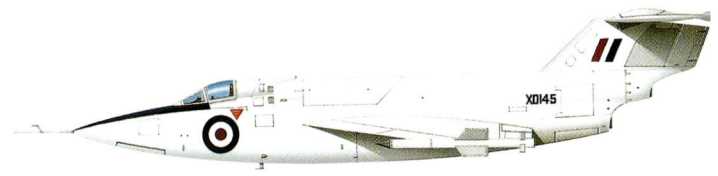

Die SR.53 lässt sich in gewisser Weise mit der Republic XF-91 vergleichen. Nachdem Großbritannien zu Beginn der der Entwicklung der Düsentechnologie eine entscheidende Rolle gespielt hatte, konnten die britischen Firmen den industriell und finanziell besser gestellten USA später kaum etwas entgegensetzen. So erzielte man seine Fortschritte durch Einfallsreichtum und technisches Können, was an der BAC TSR.2 ersichtlich wurde. Im Verteidigungsbericht von 1957 wurde klar, dass der Anschluss an die USA noch nicht geschafft war. Die Saunders-Roe SR.53 war einer von zwei Kurzstrecken-Abfangjägern (neben der Avro 720) mit gemischtem Raketen-/Turbojet-Antrieb, deren Prototypen die britische Luftwaffe in Auftrag gab. Die SR.53 hatte einen Viper-Turbojet und einen Spectre-Motor. Der Raketenmotor wurde für die Steigung, der Turbojet für Flüge bei Reisegeschwindigkeit und bei elektrischer Kraft benutzt.

Herkunftsland:	Großbritannien
Typ:	experimenteller Hochgeschwindigkeits-Abfangjäger
Triebwerk:	ein 794-kg-Armstrong-Siddeley-Viper-Turbojet; eine 3.632-kg-de-Havilland-Spectre-Rakete
Leistungen:	Mach 2 plus
Gewicht:	keine Angaben
Abmessungen:	keine Angaben

State Aircraft Factory
Shenyang JJ-5

Die physische Ähnlichkeit der Shenyang JJ-5 mit der MiG-15 ist kein Zufall. China profitierte von sowjetischer Unterstützung, als die kommunistische Regierung die Shenyang-Fabrik nach dem 2. Weltkrieg wieder errichtete. Die Zusammenarbeit ging bis zum Lizenzbau von Maschinen sowjetischer Konstruktion für die neue Republik. Die ersten Flugzeuge mit Düsenantrieb, die in China gebaut wurden, waren ein- und zweisitzige Versionen der MiG-15 „Fagot" und der MiG-17F. Die chinesischen Konstrukteure der Chengdu-Fabrik, in der die Flugzeuge hergestellt wurden, entwickelten ein Flugzeug, das Merkmale beider Modelle enthielt. Der Antrieb war von eine chinesische Kopie eines sowjetischen Motors. Ein Prototyp des Flugzeugs flog im Mai 1966 und dient zur Zeit als Standard-Fortgeschrittenen-Schulflugzeug. Ein Exportmodell für Pakistan, Bangladesch, Sudan und Tansania trägt die Bezeichnung FT-5.

Herkunftsland:	China
Typ:	zweisitziges Fortgeschrittenen-Schulflugzeug
Triebwerk:	ein 2.700-kg-Xian-WP-5D-Turbojet
Leistung:	normale Einsatzgeschwindigkeit 775 km/h; Dienstgipfelhöhe 14.300 m; Reichweite mit max. Treibstoff 1.230 km
Gewicht:	leer 4.080 kg; max. Startmasse 6.215 kg
Abmessungen:	Spannweite 9,63 m; Länge 11,5 m; Höhe 3,8 m
Bewaffnung:	eine 23-mm-Type-23-1-Kanone in einem abnehmbaren Bündel unter den Flügeln

State Aircraft Factory
Shenyang J-6

Die nationale Flugzeugbaugesellschaft in Shenyang fuhr bis 1960 damit fort, eine Version der Mikojan-Gurewitsch MiG-19S aus Einzelteilen zusammenzusetzen, die sie von der sowjetischen Regierung geliefert bekam. In diesem Jahr kühlten sich die chinesisch-sowjetischen Beziehungen jedoch ab, und Komponenten aus eigener Herstellung wurden stattdessen verwendet. Die in China gebaute MiG-19S erhielt die Bezeichnung J-6, trat ab Mitte 1962 bei der chinesischen Luftwaffe in Dienst und wurde ihr Standard-Tagesjäger. Die Nanchang-Flugzeugbaugesellschaft in der Provinz Jiangxi war auch an der großen Produktion des Flugzeuges beteiligt. Pakistan war einer der Hauptabnehmer der F-6, von denen noch viele im Dienst sind. Diese Maschinen wurden mit westlicher Avionik ausgerüstet. Obwohl sie noch im Einsatz sind, sind sie insgesamt jedoch bereits veraltet.

Herkunftsland:	China
Typ:	einsitziger Tagesjäger
Triebwerk:	zwei 3.250-kg-Shenyang-WP-6-Turbojets
Leistungen:	Höchstgeschwindigkeit 1.540 km/h; Dienstgipfelhöhe 17.900 m; Reichweite mit internem Treibstoff 1.390 km
Gewicht:	leer 5.760 kg; max. Startmasse 10.000 kg
Abmessungen:	Spannweite 9,2 m; Länge 14,9 m; Höhe 3,88 m; Tragflügelfläche 25 qm
Bewaffnung:	drei 30-mm-NR-30-Kanonen; vier externe Stationen mit Aufsätzen für bis zu 500 kg Waffen, geeignet für Luft-Luft-Raketen, 250 kg Bomben, 55-mm-Raketen-Startanlagen, 212-mm-Raketen oder Abwurftanks

Sud-Ouest Aquilon 203

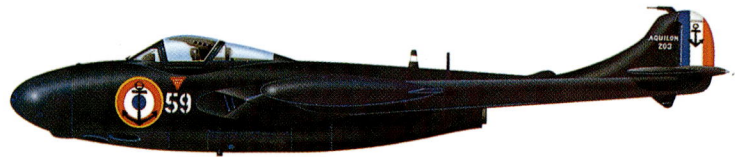

Obwohl sie aus der de Havilland Venom entstanden war, war die Sud-Ouest Aquilon deutlich anders und in vieler Hinsicht leistungsfähiger als die trägergestützten Versionen, die bei der britischen Marine im Dienst waren. Die französische Firma war so überzeugt von dem Plan für die Sea Venom Mk 52, die auf der Sea Venom FAW.Mk 20 basierte, dass sie bereits mit der Lizenzproduktion in Marignane bei Marseilles begann. Daraus wurde eine rein französische Flugzeuggruppe mit dem Westinghouse-APQ-65-Radar und den von Fiat gebauten de-Havilland-Ghost-48-Motoren. Die einsitzige Aquilon 203 hatte den Pilotensitz leicht auf die Steuerbordseite verschoben, besaß ein französisches APQ-65-Radar und Nord-5103-Luft-Luft-Raketen. Wie die 202 war sie klimatisiert, hatte Martin-Baker-Schleudersitzen und Hispano-404-Kanonen. 40 Stück wurden fertig gestellt. Die abgebildete Maschine hat die Farben der Flottila 16F.

Herkunftsland:	Frankreich/Großbritannien
Typ:	einsitziges, trägergestütztes Jagdflugzeug
Triebwerk:	ein 2.336-kg-de-Havilland-Ghost-48-Turbojet
Leistungen:	Höchstgeschwindigkeit 1.030 km/h; Dienstgipfelhöhe 14.630 m; Reichweite mit Abwurftanks 1.730 km
Gewicht:	leer 4.174 kg; max. Zuladung 6.945 kg
Abmessungen:	Spannweite (mit Tanks an den Spitzen) 12,7 m; Länge 10,38 m; Höhe 1,88 m; Tragflügelfläche 25,99 qm
Bewaffnung:	vier 20-mm-Hispano-404-Kanonen mit 150 Schuss, zwei Flügelstationen für Nord 5103-(AA.20)-Luft-Luft-Raketen

Sud-Ouest Vautour IIB

Nach dem 2. Weltkrieg war die französische Flugzeugindustrie bemüht, die fünf verlorenen Jahre nachzuholen, besonders in der neuen Technologie des Düsenantriebs. Mitte März 1951 hatte Sud-Ouest den Prototyp eines fortschrittlichen Hochleistungs-Doppeldüsenbombers geflogen, der die Bezeichnung S.O. 4000 trug. Daraus wurde die S.O. 4050 entwickelt. Die S.O. 4050 unterschied sich in wesentlichen Punkten von ihrem Vorgänger. Sie hatte Pfeilflügel, und die Motoren waren in Gondeln unter dem Flügel angebracht. Einer der drei S.O.-4050-Prototypen wurde als zweisitziger Bomber fertig gestellt und besaß Armstrong-Siddeley-Sapphire-Turbojets und eine verglaste Bombenzielposition in der Rumpfnase. Das Flugzeug erhielt die Bezeichnung S.O. 4050-3 und machte am 5. Dezember 1954 den Erstflug. Seine Auswertung führte zu Aufträgen für 40 Maschinen, die – wie alle Varianten – von dem SNECMA-Atar-Turbojet angetrieben wurden.

Herkunftsland:	Frankreich
Typ:	zweisitziger mittelschwerer Bomber
Triebwerk:	zwei 3.503-kg-SNECMA-Atar-101E-3-Turbojets
Leistungen:	Höchstgeschwindigkeit 1.105 km/h; Dienstgipfelhöhe mehr als 15.000 m
Gewicht:	leer 10.000 kg; max. Startmasse 20.000 kg
Abmessungen:	Spannweite 15,09 m; Länge 15,57 m; Höhe 4,5 m
Bewaffnung:	interne Bombenschächte mit Aufsätzen für bis zu 10 Bomben und Unterflügelstationen für zwei Bomben bis zu 450 kg oder zwei Abwurftanks

Sud-Ouest Vautour IIN

Die S.O. 4050 schien kein aussichtsreicher Kandidat für ein Jagdflugzeug zu sein, denn schließlich war sie ursprünglich als mittelschwerer Bomber entworfen worden. Nichtsdestotrotz wurde einer der drei von der französischen Luftwaffe in Auftrag gegebenen Prototypen als zweisitziger Allwetter-Abfangjäger fertig gestellt. Angetrieben wurde er von SNECMA-Atar-101B-Turbojets. Dieses Flugzeug bildete die Ausgangsbasis für die Vautour II-N, die von dem Atar 101E angetrieben wurde, und zum ersten Mal im Oktober 1956 flog. Die Bewaffnung bestand aus Kanonen und Raketen. Dazu kam noch ein Radarsystem. 70 Stück wurden zwischen 1957 und 1959 gebaut, halb so viele wie eigentlich geplant. Die meisten dieser Flugzeuge dienten bei dem 30sten Allwettergeschwader, das in Tours stationiert war. Eine aufgerüstete Version mit beweglicheren Leitwerken bekam die Bezeichnung Vautour II-1N. Anfang der 70er Jahre trat die Dassault Mirage F1 an ihre Stelle.

Herkunftsland:	Frankreich
Typ:	zweisitziger Allwetterjäger
Triebwerk:	zwei 3.503-kg-SNECMA-Atar-101E-3-Turbojets
Leistungen:	Höchstgeschwindigkeit 1.105 km/h; Dienstgipfelhöhe mehr als 15.000 m
Gewicht:	leer 10.000 kg; max. Startmasse 20.000 kg
Abmessungen:	Spannweite 15,09 m; Länge 15,57 m; Höhe 4,5 m
Bewaffnung:	vier 30-mm-DEFA-Kanonen, ein interner Bombenschacht mit Aufsätzen für bis zu 240 Raketen; Unterflügelstationen für Luft-Luft-Raketen, MATRA-M.116E-Raketen oder 24 120-mm-Raketen oder zwei Abwurftanks

Sud-Ouest Vautour IIN

I srael baute nach dem 2. Weltkrieg eine enge Beziehung zur französischen Flugzeugindustrie auf. 1957 vereinbarte die israelische Regierung ein Geschäft mit Sud-Ouest über die Lieferung von 18 Vautour-IIA-Maschinen, denen im Einsatz sieben IIN-Maschinen folgten. Diese Maschinen wurden im Sechstagekrieg 1967 eingesetzt, und zwar sowohl bei Bomber- als auch bei Abfangeinsätzen. Eine achte IIN wurde 1966 gekauft. Sie hatte eine verlängerte Rumpfnase und war für elektronische Kriegsführung ausgerüstet. Vier Vautours der israelischen Luftwaffe wurden 1967 abgeschossen, doch die übrigen waren ohne Unterbrechung bis August 1970 im Dienst. Die Tarnfarben auf dem abgebildeten Flugzeug gleichen denen der heutigen israelischen taktischen Flugzeuge.

Herkunftsland:	Frankreich
Typ:	zweisitziger Nacht-/Allwetterjäger
Triebwerk:	zwei 3.503-kg-SNECMA-Atar-101E-3-Turbojets
Leistungen:	Höchstgeschwindigkeit 1.105 km/h; Dienstgipfelhöhe mehr als 15.000 m; Reichweite 4.000 km
Gewicht:	leer 10.000 kg; max. Startmasse 20.700 kg
Abmessungen:	Spannweite 15,09 m; Länge 15,57 m; Höhe 4,5 m
Bewaffnung:	vier 30-mm-DEFA-Kanonen mit 100 Schuss, ein interner Bombenschacht mit Aufsätzen für bis zu 240 SNEB-Raketen; vier Unterflügelstationen für vier MATRA-5103-(R-511)-Luft-Luft-Raketen, MATRA-M.116E-Raketen oder 24 120-mm-Raketen oder zwei Abwurftanks

Sukhoi Su-7B „Fitter-A"

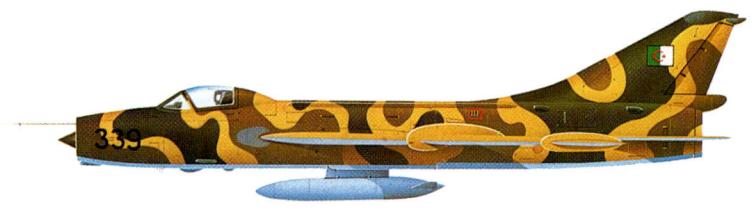

Eine große Zahl vorher unbekannter sowjetischer Flugzeuge wurde auf dem „Tag der Luftfahrt" 1956 in Tushino vorgestellt, darunter ein großes Sukhoi-Jagdflugzeug mit Pfeilflügeln, das bei NATO die Kennung „Fitter" hatte. Seitdem weiß man, dass das Flugzeug als Jagdflugzeug geplant war. Es sollte die North American F-100 und F-101, die bei der amerikanischen Luftwaffe im Dienst waren, abfangen, wurde später jedoch der taktische Standardbomber der sowjetischen Luftwaffe. Der S-1-Prototyp wurde von Pavel Sukhoi nach der Wiedereinführung des Sukhoi OKB 1953 entworfen. Die weitere Entwicklung führte zur S-2 und schließlich zur S-22. Die Su-7B wurde 1958 in Auftrag gegeben, und in einer Vielzahl von Nebenvarianten wurde sie zum Standard-Angriffsflugzeug des Ostblocks. Tausende Maschinen gingen an alle ehemaligen Warschauer-Pakt-Staaten, darüber hinaus auch an Afghanistan, Algerien, Ägypten, Kuba, Indien, Syrien, den Irak und Nordvietnam.

Herkunftsland:	UdSSR
Typ:	Tiefangriffsjäger
Triebwerk:	ein 9.008-kg-Lyulka-AL-7F-Turbojet
Leistungen:	Höchstgeschwindigkeit in 11.000 m Höhe ungefähr 1.700 km/h; Dienstgipfelhöhe 15.150 m; typischer Operationsradius 320 km
Gewicht:	leer 8.620 kg; max. Startmasse 13.500 kg
Abmessungen:	Spannweite 8,93 m; Länge 17,37 m; Höhe 4,7 m
Bewaffnung:	zwei 30-mm-NR-30-Kanonen mit 70 Schuss; vier externe Stationen für 750 kg Zuladung und zwei 500-kg-Bomben, aber mit zwei Tanks an Rumpfstationen beträgt die Gesamt-Waffenzuladung an den Außenstationen nur noch 1.000 kg

Sukhoi Su-17M-4 „Fitter-K"

Die frühe sowjetische Erforschung der „Schwenkflügel"-Technologie konzentrierte sich auf die Su-7. Den Hauptflügel des Flugzeugs sah man als ungeeignet für einen Umbau an. So wurde ein komplett neu gestalteter Flügel mit verstellbarem Grundriss an dem Flugzeug erprobt. Es erhielt die Bezeichnung Su-7IG und flog zum ersten Mal im August 1966. Ausgestattet mit einem stärkeren Motor, erwies sich der Typ als viel leistungsstärker als sogar die am weitesten entwickelte Su-7, besonders bei Kurzstreckeneinsätzen. Das Flugzeug wurde von 1971 an eingesetzt und intensiv von den sowjetischen Luftabteilungen genutzt. Die letzte Weiterentwicklung des Flugzeuges war die Su-17M-4. Diese Maschine ist an einer Luftschaufel für das Kühlsystem an der Führungskante der Heckflossenwurzel erkennbar und besitzt eine fortschrittliche Avionik. Etwa 165 dieser Flugzeuge im Dienst der CIS können eine Aufklärungsstation in der Mitte tragen.

Herkunftsland:	UdSSR
Typ:	einsitziger Tiefangriffsjäger
Triebwerk:	ein 11.250-kg-Lyul'ka-AL-21F-3-Turbojet
Leistungen:	Höchstgeschwindigkeit über 11.000 m ungefähr 2.220 km/h; Dienstgipfelhöhe 15.200 m; Operationsradius mit 2.000 kg Waffenzuladung 675 km
Gewicht:	leer 9.500 kg; max. Startmasse 19.500 kg
Abmessungen:	Spannweite 13,8 m ohne und 10 m mit Pfeilung; Länge 18,75 m; Höhe 5 m; Tragflügelfläche 40 qm
Bewaffnung:	zwei 30-mm-NR-30-Kanonen mit 80 Schuss; neun externe Stationen mit Aufsätzen für bis zu 4.250 kg, geeignet für taktische Nuklearwaffen, Luft-Luft-Raketen, Luft-Boden-Raketen, gelenkte Bomben, Splitterbomben, Napalmtanks, großkalibrige Raketen, Raketenstartanlagen, Kanonenaufhängung, Abwurftanks und ECM

Sukhoi Su-20 „Fitter-C"

Die erste Version des Tiefangriffsflugzeugs Sukhoi Su-17 mit verstellbaren Flügeln für den Export erhielt die Bezeichnung Su-20. Dieses Flugzeug war der Su-17M „Fitter C" sehr ähnlich, etwa durch die Innenbord-Grenzschichtzäune an den Flügeln, eine breitsehnige Heckflosse, einen einzelnen Bremsfallschirm und acht Zuladungsstationen. Polen war das einzige Land, das die „Fitter-C" mit vollem Standard erhielt, doch eine Version mit reduzierter Ausstattung wurde von Afghanistan, Algerien, Angola, Ägypten, dem Irak, Nordkorea und Vietnam geflogen. Eine spätere Version, die Su-22, hatte eine Station unter der Spitze mit einem Boden-Ausweich- und einem Pulse-Doppler-Radar. Ein anderes Merkmal, worin sich die Su-22 von der Su-20 mit dem Hinterrumpf mit gleichbleibendem Durchmesser unterscheidet, ist der auffällige Buckel hinter dem Hauptfahrwerk. Diese strukturelle Veränderung war notwendig, um den Khachaturov-Turbojet unterzubringen, der das Lyul'ka-Element in der Su-20 ersetzt.

Herkunftsland:	UdSSR
Typ:	einsitziger Tiefangriffsjäger
Triebwerk:	ein 11.250-kg-Lyul'ka-AL-21F-3-Turbojet
Leistungen:	Höchstgeschwindigkeit in über 11.000 m Höhe ungefähr 2.220 km/h; Dienstgipfelhöhe 15.200 m; Operationsradius mit 2.000 kg Waffenzuladung 675 km
Gewicht:	leer 9.500 kg; max. Startmasse 19.500 kg
Abmessungen:	Spannweite 13,8 m ohne und 10 m mit Pfeilung; Länge 18,75 m; Höhe 5 m; Tragflügelfläche 40 qm
Bewaffnung:	zwei 30-mm-NR-30-Kanonen mit 80 Schuss; neun externe Stationen mit Aufsatz für bis zu 4.250 kg, geeignet für taktische Nuklearwaffen, Luft-Luft-Raketen, Luft-Boden-Raketen, gelenkte Bomben, Splitterbomben, Napalmtanks, großkalibrige Raketen, Raketenstartanlagen, Kanonenaufhängung, Abwurftanks und ECM

Sukhoi Su-15 „Flagon-A"

Der einsitzige Allwetter-Abfangjäger Su-15 wurde für eine Ausschreibung entwickelt, bei der ein Nachfolgemodell für die Sukhoi Su-11 – die aus der Su-7 entstanden war – gesucht wurde. Sie hat deshalb große Ähnlichkeit mit diesem Flugzeug in einigen Elementen der Konstruktion. Am auffälligsten sind dabei die Flügel und das Heck. Der erste Prototyp, die T-5, aus dem die Su-15 entwickelt wurde, war im Wesentlichen eine vergrößerte Version der Su-11 mit zwei Motoren und dem gleichen Pitot-Einlass an der Rumpfnase. Die darauf folgende T-58 hatte eine massive Radarspitze, in der sich ein Oriol-D-Radar und Einlässe auf den Rumpfseiten befanden. Die „Flagon A" kam 1967 bei der IA-PVO Strany in Dienst. Schätzungsweise wurden etwa 1.500 Sukhoi-15-Maschinen in allen Versionen gebaut. Alle Flugzeuge wurden von sowjetischen Einheiten geflogen, da man den Typ nie zum Export freigab. Oft waren sie mit der riesigen AA-3 „Anab" AAM bewaffnet.

Herkunftsland:	UdSSR
Typ:	einsitziger Allwetter-Anfangjäger
Triebwerk:	zwei 6.205-kg-Tumanskii-R-11F2S-300-Turbojets
Leistungen:	Höchstgeschwindigkeit über 11.000 m Höhe ungefähr 2.230 km/h; Dienstgipfelhöhe 20.000 m; Operationsradius 725 km
Gewicht:	leer (geschätzt) 11.000 kg; max. Startmasse 18.000 kg
Abmessungen:	Spannweite 8,61 m; Länge 21,33 m; Höhe 5,1 m; Tragflügelfläche 36 qm
Bewaffnung:	vier externe Stationen für zwei R8M-Mittelstrecken-Luft-Luft-Raketen außen und zwei AA-8-„Aphid"-Kurzstrecken- AAMs innen, plus zwei Unterflügelstationen für 23-mm-UPK-23-Kanonen oder Abwurftanks

Sukhoi Su-15TM „Flagon-F"

Eine ganze Reihe von verschiedenen Versionen der Su-15 wurden gebaut. Die definitive Su-15TM „Flagon-F" wurde 1971 konstruiert. Sie hatte erstmals ein schräges, wenig Luftwiderstand verursachendes Radom an der Spitze, das den Abtaster für ein leistungsstärkeres Typhoon-M-Suchradar für begrenzte Sicht bzw. den Schuss nach unten geeignet machte, sowie stärkere Motoren. Die Su-15TM trat 1975 in Dienst. Mitte der 90er Jahre flogen nur noch zwei Einheiten der sowjetischen Heimatverteidigung das Flugzeug. Mittlerweile wurde es im Einsatz komplett durch die Sukhoi Su-27 und die Mikojan-Gurewitsch-MiG-31 ersetzt. Der Typ war 1983 an dem Abschuss eines Passagierflugzeugs der Korean Airlines mit 747 Insassen beteiligt.

Herkunftsland:	UdSSR
Typ:	einsitziger Allwetter-Abfangjäger
Triebwerk:	zwei 7.200-kg-Tumanskii-R-13F2-300-Turbojets
Leistungen:	Höchstgeschwindigkeit in über 11.000 m Höhe ungefähr 2.230 km/h; Dienstgipfelhöhe 20.000 m; Operationsradius 725 km
Gewicht:	leer (geschätzt) 11.000 kg; max. Startmasse 18.000 kg
Abmessungen:	Spannweite 9,15 m; Länge 21,33 m; Höhe 5,1 m; Tragflügelfläche 36 qm
Bewaffnung:	vier externe Stationen für zwei AA-3-„Anab"-Mittelstrecken-Luft-Luft-Raketen außen und zwei AA-8-„Aphid"-Kurzstrecken-AAMs innen, plus zwei Unterflügelstationen für Aufhängungen für zweiläufige 23-mm-GSh-23L-Kanonen oder Abwurftanks

Sukhoi Su-24MR „Fencer-E"

Die „Fencer E" ist eine Version des Angriffsflugzeugs Su-24, das für die taktische Aufklärung konstruiert und als Nachfolger für die Tupolew Tu-16 gedacht war. Ungefähr 65 Su-24MR-Maschinen wurden mit internen und externen Sensoren verschiedenen Typs konstruiert. Einige der Sensoren können Daten zu Empfängern am Boden zur Echtzeit-Beobachtung übertragen. Äußerlich ist das Flugzeug kaum von der „Fencer-D" zu unterscheiden. Es kann zusätzlich Luft-Boden-Raketen tragen. Ein auffälliger Unterschied ist die Einführung eines größeren Wärmetauschers auf dem Grat am Rumpfrücken, um die Kühlung für die Aufklärungsinstrumente zu verbessern. Die Lieferungen begannen 1985. Abgebildet ist ein Flugzeug, das der ehemaligen sowjetischen Luftwaffe angehörte. Es wurde an die Luftwaffe der Ukraine weitergegeben.

Herkunftsland:	UdSSR
Typ:	zweisitziger Seeaufklärer
Triebwerk:	zwei 11.250-kg-Lyul'ka-AL-21F-3A-Turbojets
Leistungen:	Höchstgeschwindigkeit in über 11.000 m Höhe ungefähr 2.316 km/h; Dienstgipfelhöhe 17.500 m; Operationsradius mit 3.000 kg Waffenzuladung 1.050 km
Gewicht:	leer 19.00 kg; max. Startmasse 39.700 kg
Abmessungen:	Spannweite 17,63 m ohne und 10,36 m mit Pfeilung; Länge 24,53 m; Höhe 4,97 m; Tragflügelfläche 42 qm
Bewaffnung:	(in sekundärer Angriffsfunktion) neun externe Stationen mit Aufsatz für bis zu 8.000 kg, geeignet für Luft-Luft-Raketen, Luft-Boden-Raketen wie der AS-14 „Kedge" oder Abwurftanks und/oder ECM

Sukhoi Su-24M „Fencer-D"

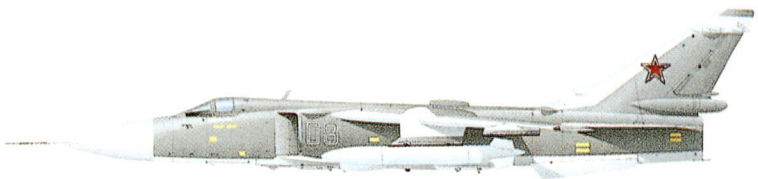

Die sowjetische Regierung brachte Sukhoi 1965 dazu, mit der Entwicklung eines neuen, sowjetischen Angriffsflugzeugs mit verstellbarem Grundriss zu beginnen, dessen Leistung etwa der der F-111 entsprechen sollte, damit es in den USA eingesetzt werden könnte. Zu den wichtigsten Vorgaben für das neue Flugzeug gehörte die Fähigkeit, die immer besseren Radar-Verteidigungssysteme zu unterlaufen, und zwar durch Tiefflug im Überschallbereich. Außerdem sollte das Flugzeug von kurzen Not-Startbahnen aus starten können. Die anfängliche Entwicklung eines VTOL-Flugzeuges mit diesem Ziel wurde abgebrochen, und man begann mit der Arbeit an dem Schwenkflügel-Flugzeug mit der Bezeichnung Su-24, das seinen Erstflug 1970 machte. Geliefert wurde es von 1974 an. Die „Fencer D" (Su-24M), die 1986 in Betrieb genommen wurde, ist eine verbesserte Version mit Luftbetankungsanlage, modernisierten Marine-Angriffssystemen, Kaira-Laser, Fernzielbestimmer und Abwehr.

Herkunftsland:	UdSSR
Typ:	zweisitziges Angriffsflugzeug
Triebwerk:	zwei 11.250-kg-Lyul'ka-AL-21F-3A-Turbojets
Leistungen:	Höchstgeschwindigkeit in über 11.000 m Höhe ungefähr 2.316 km/h; Dienstgipfelhöhe 17.500 m; Operationsradius mit 3.000 kg Waffenzuladung 1.050 km
Gewicht:	leer 19.000 kg; max. Startmasse 39.700 kg
Abmessungen:	Spannweite 17,63 m ohne und 10,36 m mit Pfeilung; Länge 24,53 m; Höhe 4,97 m; Tragflügelfläche 42 qm
Bewaffnung:	eine sechsläufige 23-mm-GSh-23-6-Kanone, neun externe Stationen mit Aufsätzen für bis zu 8.000 kg, geeignet für Nuklearwaffen, Luft-Luft-Raketen, Luft-Boden-Raketen wie der AS-14 "Kedge", gelenkte Bomben, Splitterbomben, großkalibrige Raketen, Abwurftanks und ECM

Sukhoi Su-25 „Frogfoot-A"

Westliche Nachrichtenquellen identifizierten die „Frogfoot" zuerst 1977 im Testzentrum in Ramenskoye und gaben ihr die provisorische Bezeichnung „Ram-J". Der Prototyp machte 1975 seinen Erstflug. Die Produktion des einsitzigen Bodenkampfunterstützungsflugzeuges Su-25K – sie wird oft mit der Fairchild A-10 Thunderbolt II verglichen – lief 1978 an. Der Pilot sitzt in einem bewaffneten Cockpit und hat bei der Su-25K ein Sirena-3-Radar-Warnsystem und eine Stör-/Schein-Leuchtbombenstation am Heckkonus, um das Flugzeug zu schützen. Ein Entfernungsmesser an der Spitze und ein Zielsuchgerät ermöglichen eine Bombengenauigkeit von bis zu 5 Metern über einer Luft-Boden-Entfernung von 20 km. Eine Erprobungseinheit wurde schon 1980 nach Afghanistan gesandt, gefolgt von einer ganzen Staffel, um die sowjetischen Truppen in dem gebirgigen Land zu unterstützen. Die Staffel operierte mit Mi-24 „Hind"-Kampfhubschraubern, und das Flugzeug wird seit 1984 voll eingesetzt.

Herkunftsland:	UdSSR
Typ:	einsitziges Bodenkampfunterstützungsflugzeug
Triebwerk:	zwei 4.500-kg-Tumanskii-R-195-Turbojets
Leistungen:	Höchstgeschwindigkeit auf Meereshöhe 975 km/h; Dienstgipfelhöhe 7.000 m; Operationsradius mit 4.400 kg Zuladung 750 km
Gewicht:	leer 9.500 kg; max. Startmasse 17.600 kg
Abmessungen:	Spannweite 14,36 m; Länge 15,53 m; Höhe 4,8 m; Tragflügelfläche 33,7 qm
Bewaffnung:	eine 30-mm-GSh-30-2-Kanone mit 250 Schuss; acht externe Stationen mit Aufsätzen für bis zu 4.400 kg, geeignet für AAM-, ASM-, ARM-, und Panzerbekämpfungsraketen, gelenkte Bomben, Splitterbomben, großkalibrige Raketen, Raketenstartanlagen, Abwurftanks und ECM

Sukhoi Su-25UTG „Frogfoot-B"

Die Anpassungsfähigkeit der Su-25 wird durch die Vielzahl der gebauten Versionen belegt. Eine der ersten war die Su-25UB „Frogfoot-B", ein zweisitziges Schulflugzeug mit einem längeren Vorderrumpf, in dem ein zweites Cockpit untergebracht werden konnte. Der Typ blieb voll einsatzfähig als Bodenkampfunterstützungsflugzeug. Eine zweisitzige Variante für den Export nach Bulgarien, in die Tschechoslowakei, in den Irak und nach Nordkorea trägt die Bezeichnung Su-25UBK. Wenigstens eines der irakischen Flugzeuge wurde im Golfkrieg 1991 abgeschossen. Der Bau einer marinetauglichen Version, der Su-25UTG, begann in den späten 80er Jahren mit verstärktem Fahrwerk und Fanghaken. Das abgebildete Flugzeug wurde nach der Auflösung der UdSSR an die ukrainische Luftwaffe weitergegeben, aber seitdem von der verbesserten Su- 25UBP abgelöst. Am Heck ist das Kennzeichen der Einheit zu sehen.

Herkunftsland:	UdSSR
Typ:	zweisitziges Träger-Übungsflugzeug
Triebwerk:	zwei 4.500-kg-Tumanskii-R-195-Turbojets
Leistungen:	Höchstgeschwindigkeit auf Meereshöhe 950 km/h; Dienstgipfelhöhe 10.000 m; Operationsradius mit 4.400 kg Waffenzuladung 4.000 km
Gewicht:	leer 9.500 kg; max. Startmasse 17.600 kg
Abmessungen:	Spannweite 14,36 m; Länge 15.53 m; Höhe 4,8 m; Tragflügelfläche 33,7 qm
Bewaffnung:	eine 30-mm-GSh-30-2-Kanone mit 250 Schuss; acht externe Stationen mit Aufsätzen für bis zu 4.400 kg, geeignet für AAM-, ASM-, ARM-, und Panzerbekämpfungsraketen, gelenkte Bomben, Splitterbomben, großkalibrige Raketen, Raketenstartanlagen, Abwurftanks und ECM

Sukhoi Su-27UB „Flanker-C"

Mit der Entwicklung der Su-27 wurde Mitte der 70er Jahre begonnen. Man wollte ein Kampfflugzeug für die sowjetische Luftwaffe bauen, das der McDonnell Douglas F-15 Eagle vergleichbar sein sollte. Mit dieser gewagten Vorgabe ging die Arbeit bei Sukhoi erstaunlich zügig voran; Ende Mai 1977 hatte der Prototyp Su-27 seinen Erstflug schon hinter sich. Vom Prototyp zum Serienflugzeug war es allerdings ein langwieriger Weg, da aufgrund von Mangel an Stabilität, großem Luftwiderstand und übergroßem Gewicht einige grundsätzliche Änderungen vorgenommen werden mussten. Erst 1980 lief die Serienfertigung an, und 1984 war der Typ einsatzbereit. Das Flugzeug stellt einen bedeutenden Fortschritt dar und bietet gleichzeitig ein großes Potenzial für die weitere Entwicklung. Die moderne Avionik macht es zu einem gefährlichen Jagdflugzeug. Die erste Variante, das tandemsitzige Schulflugzeug Su-27UB „Flanker-C", ist voll einsatzfähig.

Herkunftsland:	UdSSR
Typ:	tandemsitziges Einsatz-Schulflugzeug
Triebwerk:	zwei 12.500-kg-Lyul'ka-AL-31F-Strahltriebwerke
Leistungen:	Höchstgeschwindigkeit 2.500 km/h; Dienstgipfelhöhe 18.000 m; Operationsradius 1.500 km
Gewicht:	max. Startmasse 30.000 kg
Abmessungen:	Spannweite 14,70 m; Länge 21,94 m; Höhe 6,36 m; Tragflügelfläche 46,5 qm
Bewaffnung:	eine 30-mm-GSh-3101-Kanone mit 149 Schuss; 10 externe Stationen mit Vorrichtungen für 6.000 kg Zuladung, etwa AA-10A(„Alamo-A")-, AA-10B(„Alamo-B")-, AA-10C(„Alamo-C")-, AA-11(„Archer")- oder AA-8(„Aphid")-Luft-Luft-Raketen

Sukhoi Su-35

Eine Weiterentwicklungen der Su-27 ist der einsitzige Allwetter-Luftüberlegenheitsjäger Su-35, der aus der „Flanker-B" entstand. Dieses Flugzeug, dessen Triebwerk und Gestalt der Su-27 ähneln, ist ein Versuch, eine Su-27 der zweiten Generation mit verbesserter Beweglichkeit und Einsatzfähigkeit zu bauen. Das Programm wurde durch Probleme mit dem Radar und dem vierfachen digitalen Fly-by-Wire-Kontrollsystem behindert, welches das analoge System in dem früheren Typ ersetzt. Ein neues Feuerleitsystem mit einem Luft-Boden- und einem Luft-Luft-Modus wurde eingebaut, um die Tiefangriffsfähigkeit zu verbessern. Damit verbunden ist ein neuer elektro-optischer Komplex mit Laser- und TV-Erkennung für Luft-Boden-Raketen sowie ein Laser-Entferungsmesser. Eine Luftbetankungsanlage ist ebenfalls vorhanden. Der erste von sechs Su-27M-Prototypen absolvierte seinen Jungfernflug 1988.

Herkunftsland:	UdSSR
Typ:	einsitziger Allwetter-Luftüberlegenheitsjäger
Triebwerk:	zwei 12.500-kg-Lyul'ka-AL-31M-Strahltriebwerke
Leistungen:	Höchstgeschwindigkeit 2.500 km/h; Dienstgipfelhöhe 18.000 m; Operationsradius 1.500 km
Gewicht:	max. Startmasse 30.000 kg
Abmessungen:	Spannweite 14,7 m; Länge 21,94 m; Höhe 6,36 m; Tragflügelfläche 46,5 qm
Bewaffnung:	eine 30-mm-GSh-3101-Kanone mit 149 Schuss; 10 externe Stationen mit Vorrichtungen für 6.000 kg Zuladung, etwa AA-10A(„Alamo-A")-, AA-10B(„Alamo-B")-, AA-10C(„Alamo-C")-, AA-11(„Archer")- oder AA-8(„Aphid")-Luft-Luft-Raketen

Supermarine Swift FR.Mk 5

Konstruiert von einem Supermarine-Team, das schon an der Spitfire und der Attacker gearbeitet hatte, wies die Swift dennoch eine problematische Entwicklung auf, zu der noch eine unerfüllte Einsatzzeit kam. Der Prototyp 541 Swift hatte viele Mängel. Die gefederten Querruder gestatteten keine Sturzflüge im Überschallbereich. Die späteren Oberflächen mit getriebegesteuerten Hilfsrudern machten Überschallflüge möglich, doch war die Kontrolle an allen Achsen dürftig und über 7.500 m sogar gefährlich. Da weder die Mk 1 noch die Mk 2 als Abfangjäger geeignet waren, beschloss man, sich auf die Entwicklung der Swift als taktischen Aufklärer zu konzentrieren. Zweiundsechzig FR.Mk-5-Maschinen wurden anschließend mit verlängerter Rumpfnase gebaut, um drei Kameras unterzubringen, ferner mit einer rahmenlosen Kabinenhaube und einem veränderten Flügel. Das Flugzeug rüstete sowohl die 2. als auch die 79. Staffel der 2. Alliierten Taktischen Luftwaffe in Deutschland aus.

Herkunftsland:	Großbritannien
Typ:	einsitziger taktischer Aufklärer
Triebwerk:	ein 4.287-kg-Rolls-Royce-Avon-114-Turbojet
Leistungen:	Höchstgeschwindigkeit 1.100 km/h; Dienstgipfelhöhe 13.690 m; Reichweite 1.014 km
Gewicht:	leer 5.800 kg; max. Startmasse 9.706 kg
Abmessungen:	Spannweite 9,85 m; Länge 12,88 m; Höhe 3,8 m; Tragflügelfläche 45,06 qm
Bewaffnung:	zwei 30-mm-Aden-Kanonen plus Vorrichtungen für Raketen und Bomben unter den Flügeln

Supermarine Scimitar F.Mk 1

Der Reifungsprozess der Scimitar zog sich sehr in die Länge, was zum Teil an dem nicht funktionierenden Beschaffungsprogramm lag. 1945 schrieb man einen Marinejäger ohne normales Fahrwerk auf flexiblem Tragdeck aus. Der erste Prototyp, die Supermarine 508, war eine schmale Konstruktion mit geraden Flügeln und Schmetterlingsschwanz. Dies wurde zu einem konventionellen, geschwungenen Entwurf abgeändert; die 525 hatte einen kreuzförmigen Schwanz, die 544 schließlich aufgeblasene Landeklappen und ein platten-förmiges Heck. Drei Prototypen Type 544 wurden konstruiert, von denen das erste im Januar 1956 flog. Serienflugzeuge wurden ab August 1957 geliefert, und der Typ wurde vom Juni 1958 an bei der neu gebildeten 803. Staffel eingesetzt. Insgesamt wurden 76 Stück gebaut, mit denen die Marineluftwaffe ein leistungsfähiges Überschall-Angriffsflugzeug besaß, bis die Scimitar 1969 von der Buccaneer abgelöst wurde.

Herkunftsland:	Großbritannien
Typ:	einsitziges trägergestütztes Mehrzweckflugzeug
Triebwerk:	zwei 5105 kg schwere Rolls-Royce Avon 202-Turbojets
Leistungen:	Höchstgeschwindigkeit 1143 km/h; Dienstgipfelhöhe 15.240 m; Reichweite 966 km
Gewicht:	leer 9525 kg; max. Startmasse 15.513 kg
Abmessungen:	Spannweite 11,33 m; Länge 16,87 m; Höhe 4,65 m; Tragflügelfläche 45,06 qm
Bewaffnung:	vier 30-mm-Aden-Kanonen, vier 454 kg-Bomben oder vier Bullpup-Luft-Boden-Raketen oder vier Sidewinder-Luft-Luft-Raketen oder Abwurftanks

Tupolew Tu-16 „Badger-A"

Die „Badger-A" war die erste einsatzfähige Version des mittelschweren Bombers Tu-16 und erhielt in prototypischer Form die Bezeichnung Tu-88. Die Tu-88 wurde erstmals im Winter 1952 geflogen. Die Serienproduktion lief 1953 an. Der Einsatz bei sowjetischen Langstreckeneinheiten begann 1955. Das Flugzeug wurde zum sowjetischen Gegenstück der Boeing B-52. Die Technologie stammt von der Boeing B-29, welche Tupolew in großer Anzahl als Tu-4 gekauft hatte. Das neue Flugzeug verband Pfeilflügel mit einem Dreibein-Fahrgestell und im eigenen Betrieb hergestellten Mikulin-Turbojets. Die erste „Badger-A"-Version hatte eine verglaste Rumpfnase und ist an einem großen Radom unter der Rumpfnase zu erkennen, welches das blind bombende Radar verdeckt. Der Typ wurde auch an den Irak geliefert. In China wurde eine Lizenzversion gebaut – die Xian H-6.

Herkunftsland:	UdSSR
Typ:	mittelschwerer Bomber
Triebwerk:	zwei 9.500-kg-Mikulin-RD-3M-Turbojets
Leistungen:	Höchstgeschwindigkeit in 6.000 m Höhe 960 km/h; Dienstgipfelhöhe 15.000 m; Operationsradius mit max. Waffenzuladung 4.800 km
Gewicht:	leer 40.300 kg; max. Startmasse 75.800 kg
Abmessungen:	Spannweite 32,99 m; Länge 34,8 m; Höhe 10,36 m; Tragflügelfläche 164,65 qm
Bewaffnung:	ein vorderer und ein hinterer Kasten am Rumpfbauch mit je einer 23-mm-NR-23-Kanone; zwei 23-mm-NR-23-Kanonen in radargesteuerter Heckposition; ein interner Bombenschacht mit Aufsatz für bis zu bis 9.000 kg frei fallende Bomben

Tupolew Tu-16 „Badger-B"

Die Tu-16 „Badger-B" war eine Weiterentwicklung der „Badger-A", die die KS-1-Komet III(AS-1-„Kennel")-Luft-Boden-Rakete in einer Station unter jedem Flügel tragen sollte. Wie die „Badger-A" ist das Flugzeug mit einer nach vorne gerichteten Kanone in der Steuerbordseite der Spitze ausgerüstet, um die Geschütztürme am Rumpfbauch, -rücken und -heck zu ergänzen. Ein großes, ausfahrbares Radar-Leitradom ist unter dem Mittelrumpf angebracht. Das Flugzeug behielt – als es bei der sowjetischen Luftwaffe im Dienst trat – die Kapazität frei fallender Bomben und wurde als Mittelstreckenbomber in Afghanistan eingesetzt. Zwei Staffeln dieses Flugzeuges wurden an die indonesische Luftwaffe gegeben, mit KS-1-Komet-II-(AS-1-„Kennel")-ASM-Geschützen für Angriffe auf Schiffe. Alle indonesischen Flugzeuge, darunter auch das abgebildete, wurden schließlich auf unbestimmte Zeit eingelagert. Auffällig ist die Größe der AS-1 verglichen mit der Tu-16.

Herkunftsland:	UdSSR
Typ:	mittelschwerer Bomber und Raketenabschussplattform
Triebwerk:	zwei 9.500-kg-Mikulin-RD-3M-Turbojets
Leistungen:	Höchstgeschwindigkeit 960 km/h; Dienstgipfelhöhe 15.000 m; Reichweite mit max. Waffenzuladung 4.800 km
Gewicht:	leer 40.300 kg; max. Startmasse 75.800 kg
Abmessungen:	Spannweite 32,93 m; Länge 34,8 m; Höhe 10,82 m; Tragflügelfläche 164,65 qm
Bewaffnung:	sieben 23-mm-NR-23-Kanonen; ein interner Bombenschacht mit Aufsatz für bis zu 9.000 kg konventioneller oder nuklearer Bomben; Flügelstationen für zwei KS-1-Komet-III(AS-1 „Kennel")-Luft-Boden-Raketen

Tupolew Tu-16 „Badger-G"

Die sowjetische Marineluftwaffe spielte eine wichtige Rolle in der Verteidigungsstrategie der früheren UdSSR und ist immer noch bedeutend. Obwohl die Tu-26 „Backfire-B" das wichtigste Angriffs- und Aufklärungsflugzeug der Marine ist, bildete die davor lange Zeit eingesetzte Tu-16 „Badger" einen wesentlichen Teil der Flotte. Die Marineluftwaffe flog fast jede Variante der Tu-16, und zwar als ECM-, Beobachtungs- sowie elektronisches Nachrichtenflugzeug, als Lufttanker und als Schiffsbekämpfungsflugzeug. Auf der Abbildung ist eine veränderte „Badger-G" zu sehen, die der standardmäßigen „Badger-G" und deshalb auch der „Badger-A" ähnlich ist, sie war jedoch zum Tragen der beiden AS-6-„Kingfish"-Luft-Boden-Raketen an den beiden Unterflügelstationen optimiert. Diese Maschine hat die ägyptischen Farben und trägt die beiden AS-5-„Kelt"-Raketen.

Herkunftsland:	UdSSR
Typ:	Marine-Angriffsflugzeug/Raketenabschussplattform
Triebwerk:	zwei 9.500-kg-Mikulin-RD-3M-Turbojets
Leistungen:	Höchstgeschwindigkeit in 6.000 m Höhe 992 km/h; Dienstgipfelhöhe 12.300 m; Operationsradius mit 3.790 kg Waffenzuladung 5.925 km
Gewicht:	leer 37.200 kg; max. Startmasse 75.000 kg
Abmessungen:	Spannweite 32,99 m; Länge 34,8 m; Höhe 10,36 m; Tragflügelfläche 164,65 qm
Bewaffnung:	ein vorderer und ein hinterer Kasten am Rumpfbauch mit je einer 23-mm-NR-23-Kanone; zwei 23-mm-NR-23-Kanonen in radargesteuerter Heckposition; zwei Flügelstationen mit Vorrichtungen für zwei AS-6-„Kingfish"-Luft-Boden-Raketen

Tupolew Tu-16R „Badger-D"

Die Tu-16R ist eine Marine- bzw. elektronische Aufklärerversion des mittelschweren Tupolew-Bombers. Zwei unterschiedliche Typen wurden entwickelt. Der erste basierte auf der „Badger-C", die ein auffällig breites Radom statt der Verglasung an der Spitze trägt und die NATO-Kennung „Puff Ball" erhielt. Sie war die erste der Schiffsbekämpfungsversionen. Die „Badger-D" hat ein ähnliches Radom an der Spitze, ein vergrößertes Radom in Kinnposition und drei Radoms in Tandemanordnung unter dem Waffenschacht. Die anderen Varianten der Tu-16R, die „Badger-E" und die „Badger-F", hatten wieder die verglaste Rumpfnase der „Badger-A". Die „Badger-E" hat Vorrichtungen für ein Fotoaufklärungslager im Waffenschacht und passive Elint-Fähigkeit. Die „Badger-F" ist ähnlich, trägt jedoch gewöhnlich Elektronische Signal-Überwachungs-Stationen unter dem Flügeln. Diese Flugzeuge trafen regelmäßig über dem Baltikum auf NATO-Abfangstaffeln.

Herkunftsland:	UdSSR
Typ:	mittelschwerer Bomber
Triebwerk:	zwei 9.500-kg-Mikulin-RD-3M-Turbojets
Leistungen:	Höchstgeschwindigkeit in 6.000 m Höhe 960 km/h; Dienstgipfelhöhe 15.000 m; Operationsradius mit max. Waffenlast 4.800 km
Gewicht:	leer 40.300 kg; max. Startmasse 75.800 kg
Abmessungen:	Spannweite 32,99 m; Länge 36,5 m; Höhe 10,36 m; Tragflügelfläche 164,65 qm
Bewaffnung:	ein vorderer und ein hinterer Kasten am Rumpfbauch mit je einer 23-mm-NR-23-Kanone; zwei 23-mm-NR-23-Kanonen in radargesteuerter Heckposition

Tupolew Tu-22 „Blinder-A"

Als Antwort auf die wachsende Leistungsfähigkeit westlicher, bemannter Abfangjäger und Boden-Luft-Raketensysteme in den frühen 50er Jahren baute man die „Blinder-A". Die Planer in der sowjetischen Luftfahrtindustrie waren überzeugt, dass die Tage der Tupolew Tu-16 als wirksamer strategischer Bomber gezählt waren. Das Ergebnis war die Tu-22, von der ein Prototyp wahrscheinlich 1959 den ersten Flug machte. Westliche Experten bemerkten dieses Flugzeug nicht, bis 10 von ihnen 1961 an einer Flugschau in Tushino teilnahmen. Die Tu-22 ist auf den ersten Blick von ähnlicher Gestalt wie die Tu-16, mit einem Pfeilflügel in Mittelstellung und einem Dreibein-Fahrgestell, dessen Hauptteile sich in Flügelstationen einziehen lassen. Trotzdem unterscheidet sich der Flügel wesentlich von dem der Tu-16, da er einen zusammengesetzten Bogen an den Führungskanten hat und die umgekehrte V-Stellung der Flügel nicht so ausgeprägt ist.

Herkunftsland:	UdSSR
Typ:	mittelschwerer Bomber und Raketenabschussplattform
Triebwerk:	zwei 16.000-kg-Koliesow-VD-7M-Turbojets
Leistungen:	Höchstgeschwindigkeit 1.487 km/h; Dienstgipfelhöhe 18.300 m; Reichweite mit max. Treibstoff 3.100 km
Gewicht:	leer 40.000 kg; max. Startmasse 84.000 kg
Abmessungen:	Spannweite 23,75 m; Länge 40,53 m; Höhe 10,67 m; Tragflügelfläche 162 qm
Bewaffnung:	eine 23-mm-NR-23-Kanone in der Heckkanzel; ein interner Bombenschacht mit Aufsatz für bis zu 12.000 kg konventioneller oder nuklearer Bomben oder eine AS-4 „Kitchen"-Luft-Boden-Rakete, halb unter dem Rumpf eingezogen

Tupolew Tu-22K „Blinder-B"

Der Irak kaufte 1974 ebenfalls 12 Tu-22K-Maschinen und verwendete sie dann in Einsätzen gegen den Iran im ersten Golfkrieg. Das Flugzeug wurde auch zur Bombardierung kurdischer Dörfer eingesetzt. Die Avionik dieser Flugzeuge war vermutlich – verglichen mit den sowjetischen Flugzeugen und Raketenausrüstung – von verhältnismäßig niedrigem Standard, und die technische Unterstützung durch die Sowjetunion wurde in den 80er Jahren stetig verringert. Im Zuge der fast vollständigen Zerstörung der irakischen Luftwaffe während des zweiten Golfkrieges ist wahrscheinlich keines der irakischen Flugzeuge einsatzfähig. Auffällig ist die Fensterreihe am Rumpfboden hinter dem Radom für den Navigator.

Herkunftsland:	UdSSR
Typ:	mittelschwerer Bomber und Raketenabschussplattform
Triebwerk:	zwei 16.000-kg-Koliesow-VD-7M-Turbojets
Leistungen:	Höchstgeschwindigkeit 1.487 km/h; Dienstgipfelhöhe 18.300 m; Reichweite mit max. Treibstoff 3.100 km
Gewicht:	leer 40.000 kg; max. Startmasse 84.000 kg
Abmessungen:	Spannweite 23,75 m; Länge 40,53 m; Höhe 10,67 m; Tragflügelfläche 162 qm
Bewaffnung:	eine 23-mm-NR-23-Kanone in der Heckkanzel, ein interner Bombenschacht mit Aufsatz für bis zu 12.000 kg Bomben

Tupolew Tu-22K „Blinder-B"

Die „Blinder-B" ähnelt äußerlich dem ersten Serienmodell, der „Blinder-A", ist jedoch leistungsfähiger. Die Tu-22, ursprünglich für frei fallende Bomben konzipiert, konnte als „Blinder-B" die riesige AS-4 „Kitchen"-Rakete tragen. Die Tu-22K mit Raketenausrüstung hatte auch ein vergrößertes Radom mit dem „Down-Beat"-Raketenleitradar und eine Verkleidung über der Rumpfnase, in der sich ein halb einziehbarer Tankstutzen befand. Die Türen des Waffenschachtes wurden herausgeschnitten, damit die Rakete unter der Mittellinie eingezogen werden konnte, und es wurden eine verbesserte Abwehr und Avionik eingebaut. Libyen bekam in den 70er Jahren 24 Tu-22K-Maschinen ohne Raketenkapazität oder Luftbetankungsanlage. Diese wurden bei der Bombardierung Tansanias zur Unterstützung der ugandischen Streitkräfte verwendet. 1986 bombardierte eine Maschine den N'Djamena-Flughafen im Tschad.

Herkunftsland:	UdSSR
Typ:	mittelschwerer Bomber und Raketenabschussplattform
Triebwerk:	zwei 16.000-kg-Koliesow-VD-7M-Turbojets
Leistungen:	Höchstgeschwindigkeit 1.487 km/h; Dienstgipfelhöhe 18.300 m; Reichweite mit max. Treibstoff 3.100 km
Gewicht:	leer 40.000 kg; max. Startmasse 84.000 kg
Abmessungen:	Spannweite 23,75 m; Länge 40,53 m; Höhe 10,67 m; Tragflügelfläche 162 qm
Bewaffnung:	eine 23-mm-NR-23-Kanone in der Heckkanzel, ein interner Bombenschacht mit Aufsatz für bis zu 12.000 kg konventioneller oder nuklearer Bomben oder eine AS-4-„Kitchen"-Luft-Boden-Rakete, halb unter dem Rumpf eingezogen

Tupolew Tu-22R „Blinder-C"

Wie oben erwähnt, wurde die Tu-22 zuerst 1961 an einer Flugschau in Tushino identifiziert. Sie wurde in den späten 50er Jahren für eine Ausschreibung der sowjetischen Luftwaffe für einen Nachfolger der Tu-16 konstruiert, die angesichts einer neuen Generation westlicher Abfangjäger und Raketensysteme endgültig veraltet war. Die Tu-22 „Blinder" wurde für Einflüge in feindlichen Luftraum bei hoher Geschwindigkeit und in großer Höhe entworfen. Die hinten angebrachten Motoren reduzieren den durch die langen Einlasskanäle verursachten Luftwiderstand. Als Tu-22 wurde das Flugzeug in Betrieb genommen und bekam in den frühen 60er Jahren die NATO-Kennung „Blinder-A". Die Tu22R „Blinder-C" war eine Seeaufklärungsversion der „A" – ihr zwar ähnlich, aber mit Kameras und Sensoren im Waffenschacht sowie einer Luftbetankungsanlage ausgestattet. Von den ungefähr 60 gebauten Maschinen sind heute nur noch weniger als 20 bei Marineflugeinheiten im Dienst.

Herkunftsland:	UdSSR
Typ:	Langstrecken-Seeaufklärer/Patrouillenflugzeug
Triebwerk:	zwei (geschätzt) 14.028-kg-Koliesow-VD-7-Turbojets
Leistungen:	Höchstgeschwindigkeit 1.487 km/h; Dienstgipfelhöhe 18.300 m; Operationsradius mit internem Treibstoff 3.100 km
Gewicht:	leer 40.000 kg; max. Startmasse 84.000 kg
Abmessungen:	Spannweite 23,75 m; Länge 40,53 m; Höhe 10,67 m; Tragflügelfläche 162 qm
Bewaffnung:	eine zweiläufige 23-mm-NR-23-Kanone in einem radargesteuerten Heckkasten; ein interner Waffenschacht mit Vorrichtungen für 12.000 kg Bombenzuladung, geeignet für nukleare Waffen und frei fallende Bomben oder eine AS-4-Rakete, halb eingezogen unter dem Rumpf

Tupolew Tu-22M „Backfire-A"

Die Tu-22M „Backfire" entstand aus dem Ultraschallbomber und Marine-Patrouillenflug-zeug Tu-22 „Blinder", hatte jedoch Schwenkflügel. Da dieses Kurzstreckenflugzeug keine strategischen Missionen in die USA fliegen konnte, baute Tupolew den „Backfire-A"-Prototyp, der als Tu-22M wurde. Die Auswertung dieses Flugzeuges machte deutlich, dass es weit hinter den Erwartungen zurückblieb, sowohl was Geschwindigkeit als auch was Reich-weite betraf. Es wurden daher Veränderungen vorgenommen, aus denen die Tu-22M-2 entstand. Dieser Typ trat 1975 in Dienst und hat die NATO-Kennung „Backfire-B". Etwa 360 Stück wurden als M-2 und M-3 für Langstreckenflüge und Marine-Lufteinheiten gebaut und werden auch noch im nächsten Jahrzehnt im Dienst sein. Die hellblaue Farbgebung wurde seit der Auflösung der Sowjetunion beibehalten.

Herkunftsland:	UdSSR
Typ:	mittelschwerer strategischer Bomber und Seeaufklärer/Patrouillen-flugzeug
Triebwerk:	zwei (geschätzt) 20.000-kg-Kuznetzow-NK-144-Strahltriebwerke
Leistungen:	Höchstgeschwindigkeit 2.125 km/h; Dienstgipfelhöhe 18.000 m; Operationsradius mit internem Treibstoff 4.000 km
Gewicht:	max. Startmasse 130.000 kg
Abmessungen:	Spannweite 34,3 m ohne und 23,4 m mit Pfeilung; Länge 36,9 m; Höhe 10,8 m; Tragflügelfläche gespreizt 183,58 qm
Bewaffnung:	zwei zweiläufige 23-mm-GSh-23-Kanonen in einem radargesteuer-ten Heckkasten; interner Waffenschacht für 12.000 kg, geeignet für nukleare Waffen und frei fallende Bomben oder zwei AS-4-„Kit-chen"-Raketen unter den Flügeln oder eine AS-4-Rakete, halb eingezogen unter dem Rumpf, oder bis zu drei AS-16-Raketen

Tupolew Tu-22M-3 „Backfire C"

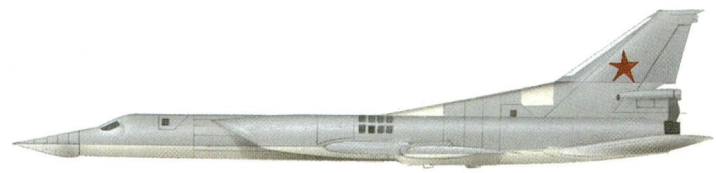

Die neueste Version der Tu-22, die bei der Langstrecken- und bei der Marineluftfahrt im Einsatz war, ist die M-3. Dieses Flugzeug unterscheidet sich äußerlich durch seine keilförmigen Lufteinlässe und einem nach oben gekehrten Rumpfkonus, an dessen Ende sich eine kleine Waffenstation befindet. Es hat ein neues „Down-Beat"-Radar, einen neuen Heckturm und eine rotierende Startanlage im Bombenschacht. Das Flugzeug wurde 1985 von der sowjetischen Luftwaffe in Dienst genommen und wird immer noch in großer Zahl bei den früheren Sowjetstaaten geflogen. Die Abwehrbewaffnung ist auf eine einzige zweiläufige Kanone beschränkt, und die meisten Maschinen haben nicht den Luftbetankungsstutzen der „Backfire-B". Etwa 350 sind in Betrieb, 240 von ihnen bei der Langstreckenluftwaffe und der Rest bei Marine-Lufteinheiten. Die Flugzeuge in sowjetischem Dienst tragen selten Kennzeichen.

Herkunftsland:	UdSSR
Typ:	mittelschwerer strategischer Bomber und Seeaufklärer/Patrouillenflugzeug
Triebwerk:	zwei (geschätzt) 20.000-kg-Kuznetzow-NK-144-Strahltriebwerke
Leistungen:	Höchstgeschwindigkeit 2.125 km/h; Dienstgipfelhöhe 18.000 m; Operationsradius mit internem Treibstoff 4.000 km
Gewicht:	max. Startmasse 130.000 kg
Abmessungen:	Spannweite 34,3 m gepreizt und 23,4 m in Pfeilstellung; Länge 36,9 m; Höhe 10,8 m; Tragflügelfläche (gespreizt) 183,58 qm
Bewaffnung:	zwei zweiläufige 23-mm-GSh-23-Kanonen in einem radargesteuerten Heckkasten; interner Waffenschacht für 12.000 kg, geeignet für nukleare Waffen und frei fallende Bomben oder zwei AS-4-„Kitchen"-Raketen unter den Flügeln oder eine AS-4-Rakete, halb eingezogen unter dem Rumpf, oder bis zu drei AS-16-Raketen

Tupolew Tu-28P „Fiddler-B"

Die Tu-22 aus der Familie der Überschallflugzeuge, deren Technologie Tupolew mit den „Backfire"-Flugzeugen begonnen hatte, war als Langstrecken-Allwetter-Abfangjäger für die sowjetische Luftwaffe konstruiert und sollte der speziellen Bedrohung durch westliche, mit Raketen bewaffnete Langstreckenflugzeuge entgegegentreten. Die beiden Prototypen wurden erstmals 1961 öffentlich gesehen. Sie hatten die Bezeichnung Tu-102 und wurden von der NATO mit der Kennung „Fiddler-A" identifiziert. Diese Flugzeuge bildeten die Grundlage für die Tu-128, die in den frühen 60er Jahren mit der Bezeichnung Tu-28P in Produktion gegangen war. Der Typ wurde nicht enthüllt bis zum „Tag der Luftfahrt" 1967. Danach erhielten die Maschinen bei der NATO den Namen „Fiddler-B". Die zwei Besatzungsmitglieder wurden in Tandemcockpits untergebracht. Die Maschine war das größte gebaute Abfangflugzeug. 1992 wurden alle Maschinen ausgetauscht.

Herkunftsland:	UdSSR
Typ:	Langstrecken-Allwetter-Abfangjäger
Triebwerk:	zwei 11.200-kg-Lyul'ka-AL-21F-Turbojets
Leistungen:	Höchstgeschwindigkeit in 11.000 m Höhe 1.850 km/h; Dienstgipfelhöhe 20.000 m; Operationsradius mit internem Treibstoff 5.000 km
Gewicht:	leer 25.000 kg; max. Startmasse 40.000 kg
Abmessungen:	Spannweite 18,1 m; Länge 27,2 m; Höhe 7 m
Bewaffnung:	vier Flügelstationen für vier AA-5 „Ash"-Langstrecken-Luft-Luft-Raketen

Tupolew Tu-160 „Blackjack-A"

Das jüngste und ohne Zweifel stärkste Flugzeug aus dem Konstruktionsbüro Tupolev ist
der strategische Langstreckenbomber Tu-160. Wie schon die viel kleinereRockwell-B1-
B-Lancer hat das Flugzeug verstellbare Außenflügel und zwei Paar Nachbrenner-Strahltrieb-
werke in Gondeln unter den Flügeln. Es ist für Flüge in sehr großen Höhen optimiert, besitzt
aber auch die Fähigkeit, im Tiefflug dem Gelände zu folgen. Außerdem hat die Maschine
eine höhere Geschwindigkeit und größere Reichweite ohne Neubetankung als die B-1. Die
Produktion des Flugzeuges, das seit 1988 geflogen wird, wurde durch Waffenbegrenzungs-
verträge eingeschränkt. Im Dienst befindliche Maschinen hatten oft Probleme mit der Betriebsfähigkeit und mit dem Flugkontrollsystem. Wahrscheinlich wird die Tu-160 kein besonders lange Laufbahn im Einsatz haben.

Herkunftsland:	UdSSR
Typ:	strategischer Langstrecken-Einflugbomber und Raketenplattform
Triebwerk:	vier 25.000-kg-Kuznetzow-NK-321-Strahltriebwerke
Leistungen:	Höchstgeschwindigkeit in 11.000 m Höhe 2.000 km/h; Dienstgipfel-höhe 18.300 m; Operationsradius mit internem Treibstoff 14.000 km
Gewicht:	leer 118.000 kg; max. Startmasse 275.000 kg
Abmessungen:	Spannweite 55,7 m ohne und 35,6 m mit Pfeilung; Länge 54,10 m; Höhe 13,1 m; Tragflügelfläche 360 qm
Bewaffnung:	Aufsatz bis 16.500 kg in zwei internen Waffenschächten und an Unterflügelstationen, geeignet für nukleare und/oder frei fallende Bomben und/oder Raketen: bis zu 12 RK-55-(AS-15-„Kent")-Marsch-flugkörper oder 24 RKV-500B-(AS-16-„Kickback")-Kurzstrecken-An-griffs-Raketen

VFW-Fokker Vak 191B

In den späten 60er Jahren gingen die westdeutschen Flugtechnischen Werke eine Partner-schaft mit der holländischen Fokker-Gesellschaft ein. Eines der ersten geplanten Flugzeuge war die VAK 191B V/STOL, ein Aufklärungs-/Angriffsflugzeug, das mit der Yak-38 „Forger" und der BAe (HS) Harrier zu vergleichen ist. Die 191B war eines der ehrgeizigsten Programme der deutschen Flugzeugindustrie der Nachkriegszeit. Die Konstruktion war ein konventioneller Schwenkflügel-Eindecker mit einem hohen Flügel und einem zweiradartigen Fahrwerk mit einziehbarem Ausleger in den Flügelspitzen. Die Kraft stammte von zwei Rolls-Royce-Hebe-düsen und einem Rolls-Royce/MTU-Strahltriebwerk mit Radarleitsystem und Schub. Der erste von drei Prototypen flog 1971 zum ersten Mal, doch stellte sich der kleine Flügel als Hindernis für den Kurzstart und für die Kurzlandung heraus. Das Projekt wurde schließlich Mitte der 70er Jahre beendet.

Herkunftsland:	Deutschland/Holland
Typ:	experimentelles V/STOL-Flugzeug
Triebwerk:	zwei Rolls-Royce-R.B-162-81-Hebedüsen und ein Rolls-Royce/MTU-R.B-193-12-Strahltriebwerk mit Radarleitsystem und Schub für den Vorderantrieb
Leistungen:	Höchstgeschwindigkeit (geschätzt) 1.046 km/h; Dienstgipfelhöhe (geschätzt) 15.250 m; Reichweite mit max. Treibstoff nach einem Senkrechtstart 500 km
Gewicht:	max. Senkrecht-Startmasse 8.000 kg
Abmessungen:	Spannweite 6,16 m; Länge 13 m; Höhe 4 m

Vickers Valiant B.Mk 1

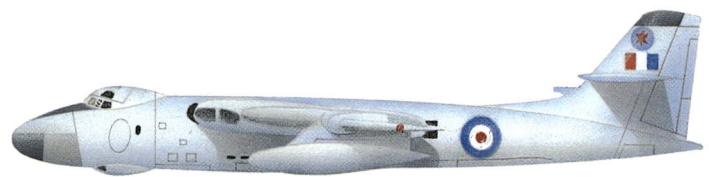

Obwohl mit denselben B.35/46-Vorgaben wie die Avro Vulcan und die Handley Page Victor konstruiert, erfüllte der Prototyp Vickers 660 die komplizierten Anforderungen des Dokumentes nicht völlig. Da die Produktion schnell anlaufen und ein geringeres Risiko darstellen würde als bei der Vulcan oder Victor, wurde es dennoch unter der eingeschränkten Vorgabe B.9/48 in Auftrag gegeben. Der Prototyp 660 machte seinen Erstflug im Mai 1951; das erste Serienmodell flog im Dezember 1953. Die Lieferungen begannen im August des folgenden Jahres. Die meisten Maschinen wurden mit weißer Anti-Leuchtfarbe versehen und besaßen einen gedehnten Heckkonus, in dem sich die Avionik befand. Die Flugzeuge wurden in der Suez-Krise eingesetzt. Sie führten alle Rücktriften mit britischen Nuklearwaffen, wurden jedoch 1.963 Tiefeinsätzen zugeteilt. Die ganze Flotte wurde ein Jahr später außer Dienst gestellt.

Herkunftsland:	Großbritannien
Typ:	strategischer Bomber
Triebwerk:	vier 4.559-kg-Rolls-Royce-Avon-204-Turbojets
Leistungen:	Höchstgeschwindigkeit 912 km/h; Dienstgipfelhöhe 16.460 m; max. Reichweite 7.242 km
Gewicht:	leer 34.4191 kg; max. Zuladung mit Abwurftanks 79.378 kg
Abmessungen:	Spannweite 34,85 m; Länge 33 m; Höhe 9,8 m; Tragflügelfläche 219,43 qm
Bewaffnung:	interner Waffenschacht mit Aufsatz für bis zu 9.525 kg konventionelle oder nukleare Waffen

Vought A-7D Corsair II

Obwohl sie aus den Vought F-8 Crusader entstand, ist die Corsair ein völlig anderes Flugzeug. Dadurch, dass man es auf hohe Geschwindigkeit unter der Schallgrenze beschränkte, war es möglich, das Gewicht drastisch zu reduzieren; folglich erhöhte sich auch die Reichweite erheblich. Auch die Waffenzuladung konnte um fast das Vierfache erhöht werden. Die Entwicklung verlief recht schnell; der erste Flug fand im September 1965 statt. Nur gut zwei Jahre später wurde die erste A-7A-Maschine im Golf von Tonkin eingesetzt. Im Vietnamkrieg flogen die 27 A-7-Staffeln über 90.000 Kampfeinsätze. Wenn sie auch in erster Linie ein Marineflugzeug war, beschloss die amerikanische Luftwaffe, auch die A-7 zu übernehmen. Die Version A-7D hatte einen aus dem Rolls-Royce Spey entwickelten Allison-Motor, M61-Kanonenbewaffnung, eine Luftbetankungsanlage, moderne Navigations-/Angriffssysteme und von 1978 an ein Laser-Spürgerät. Sie wurde 1993 aus dem Verkehr gezogen.

Herkunftsland:	USA
Typ:	einsitziges Angriffsflugzeug
Triebwerk:	ein 6.465-kg-Allison-TF41-1-(Rolls-Royce-Spey)-Strahltriebwerk
Leistungen:	Höchstgeschwindigkeit im Tiefflug 1.123 km/h; Operationsradius mit typischer Waffenzuladung 1.150 km
Gewicht:	leer 8.972 kg; max. Startmasse 19.050 kg
Abmessungen:	Spannweite 11,8 m; Länge 14,06 m; Höhe 4,9 m; Tragflügelfläche 34,84 qm
Bewaffnung:	eine 20-mm-M61-Vulcan mit 1.000 Schuss, externe Stationen mit Aufsatz bis 6.804 kg, geeignet für gelenkte und konventionelle Bomben, Splitterbomben, Napalmtanks, Luft-Boden-Raketen und Abwurftanks

Vought A-7H Corsair II

Einige Staaten interessierten sich schon früh für die Vought A-7, doch das erste Land, das einen Auftrag für das Jagdflugzeug erteilte, war Griechenland. Sechzig einsitzige Versionen der A-7E mit der Bezeichnung A-7H wurden bis in die 70er Jahre geliefert. Diese Lieferungen wurden 1977 abgeschlossen. Die griechische Luftwaffe hat drei A-7-Staffeln bei zwei Geschwadern. Das 115. Geschwader hat seinen Stützpunkt in der Bucht von Soúdas auf Kreta mit zwei Staffeln. Die A-7H-Maschinen werden sowohl für Tiefangriffe als auch für die Luftverteidigung benutzt und können mit AIM-9L-Sidewinder-Geschützen ausgerüstet werden. Diese Flugzeuge werden bei der taktischen Luftunterstützung von Marineeinsätzen verwendet. Die Corsair in Griechenland wird noch bis weit ins nächste Jahrhundert hinein im Dienst sein.

Herkunftsland:	USA
Typ:	einsitziges taktisches Jagdflugzeug
Triebwerk:	ein 6.804-kg-Allison-TF-41-A-400-Strahltriebwerk
Leistungen:	Höchstgeschwindigkeit auf Meereshöhe 1.112 km/h; Dienstgipfelhöhe 15.545 m; Reichweite mit typischer Zuladung 1.127 km
Gewicht:	leer 8.841 kg; max. Startmasse 19.051 kg
Abmessungen:	Spannweite 11,81 m; Länge 14,06 m; Höhe 4,9 m; Tragflügelfläche 34,.84 qm
Bewaffnung:	eine vielläufige 20-mm-M61A1-Kanone; acht externe Stationen mit Aufsatz bis 6.804 kg, geeignet für Bomben, Splitterbomben, Raketenstationen und/oder Luft-Luft-Raketen

Vought F-8D Crusader

Vought begann 1955 mit der Entwicklung einer völlig neuen Crusader. Mit der Bezeichnung XF8U-3 Crusader III wurden die drei Prototypen dieses Flugzeug von verschiedenen J75-Motoren mit bis zu 13.064 kg Schub angetrieben. Sie waren imstande, 2.543 km/h schnell auf einer Höhe von bis zu 21.335 m zu fliegen. Doch zum Bedauern vieler Piloten der amerikanischen Marine wurde das potenzielle Weltrekordflugzeug zugunsten der Phantom II abgelehnt. Vought fuhr damit fort, die F-8 durch diverse Entwicklungsstadien zu führen. Dabei wurde die Flugzeugzelle zwar kaum geändert, die Maschine jedoch stetig verbessert, so dass sie konkurrenzfähig blieb. Die leistungsfähigste dieser Versionen war die F-8D, die einen J57-P-20-Turbojet, zusätzlichen Treibstoff statt des Zuni-Raketenbündels unter dem Rumpf und ein neues Radar für die eigens produzierte AIM-9C-Sidewinder-Luft-Luft-Rakete mit Radar besaß. Insgesamt wurden 152 F-8D-Maschinen gebaut.

Herkunftsland:	USA
Typ:	einsitziges, trägergestütztes Jagdflugzeug
Triebwerk:	ein 8.165-kg-Pratt-&-Whitney-J57-P-20-Turbojet
Leistungen:	Höchstgeschwindigkeit in 12.192 m Höhe 1.975 km/h; Dienstgipfelhöhe 17.983 m; Operationsradius in großer Höhe 966 km
Gewicht:	leer 9.038 kg; max. Startmasse 15.422 kg
Abmessungen:	Spannweite 10,72 m; Länge 16,61 m; Höhe 4,8 m
Bewaffnung:	vier 20-mm-Colt-Mk-12-Kanonen mit 144 Schuss pro Waffe, bis zu vier Motorola-AIM-9C-Sidewinder-Luft-Luft-Raketen oder zwei AGM-12A- oder AGM-12B-Bullpup-Luft-Boden-Raketen

Vought F-8E Crusader

Die letzte Version der Crusader-Familie erschien zu einer Zeit, als die McDonnell F-4 Phantom II der Maßstab war, an dem alle anderem Kampfflugzeuge gemessen wurden. Trotzdem gelang es Vought, sich einen Vertrag für 286 F-8E-Maschinen zu sichern. Dies geschah vor allem aufgrund ihrer vergrößerten Luftkampffähigkeit, die durch das Magnavox-APQ-94-Radar (das auch die F-8D hatte) gewährleistet wurde. Genau über dem vergrößerten Radom, das das Element verdeckte, befand sich ein AAS-15-Wärmespürgerät, das mit den Infrarot-Köpfen der Raketen verbunden war. Ziemlich früh während der Produktion wurden zwei Unterflügelstationen für Luft-Boden-Raketen zusammen mit der Leitelektronik in einer flachen Kuppel am Rumpfrücken angebracht. Insgesamt lieferte Vought 1.261 Crusaders, die acht Jahre lang in Produktion blieben. Die letzte Serie der 48 F-8E(FN)-Maschinen wurde 1965 für den Gebrauch auf den Trägern Foch und Clemenceau geliefert.

Herkunftsland:	USA
Typ:	einsitziges, trägergestütztes Jagdflugzeug
Triebwerk:	ein 8.165-kg-Pratt-&-Whitney-J57-P-20-Turbojet
Leistungen:	Höchstgeschwindigkeit in 12.192 m Höhe 1.800 km/h; Dienstgipfelhöhe 17.983.m; Operationsradius in großer Höhe 966 km
Gewicht:	leer 9.038 kg; max. Startmasse 15.422 kg
Abmessungen:	Spannweite 10,72 m; Länge 16,61 m; Höhe 4,8 m
Bewaffnung:	vier 20-mm-Colt-Mk-12-Kanonen mit 144 Schuss pro Waffe, bis zu vier AIM-9-Sidewinder-Luft-Luft-Raketen, oder 12 115-kg-Bomben oder acht 230-kg-Bomben, oder zwei AGM-12A- oder AGM-12B-Bullpup-Luft-Boden-Raketen

Vought F-8E (FN) Crusader

Obwohl es Vought nicht gelang, Exportaufträge für die F-8 Crusader für die britische Marine oder für eine zweisitzige Version für die amerikanische Marine an Land zu ziehen, schloss das Unternehmen ein Geschäft mit der französischen Marine für eine Version der F-8E ab, auch wenn man glaubte, dass deren Träger Foch und Clemenceau zu klein für die Flugzeuge waren. Für die Konstruktion der F-8E (FN) gestaltete Vought den Flügel und das Heck neu, um die Steigleistung und die Handhabung bei niedriger Geschwindigkeit zu verbessern. Die erste FN flog am 26. Juni 1964, und alle 42 Maschinen waren zum folgenden Januar ausgeliefert. Fast 25 Jahre nach der Indienstnahme waren die Flugzeuge der Clemenceau am Golfkrieg beteiligt. Mitte der 90er Jahre wurden die Maschinen leicht verändert, um ihre Kampffähigkeit aufrechtzuerhalten, bis die Dassault Rafale-M erschien. Das abgebildete Flugzeug gehörte der Flottille 12F an.

Herkunftsland:	USA
Typ:	einsitziges trägergestütztes Abfang- und Angriffsflugzeug
Triebwerk:	ein 8.165-kg-Pratt-&-Whitney-J57-P-20A-Turbojet
Leistungen:	Höchstgeschwindigkeit in 10.975 m Höhe 1.827 km/h; Dienstgipfelhöhe 17.680 m; Operationsradius 966 km
Gewicht:	leer 9.038 kg; max. Startmasse 15.420 kg
Abmessungen:	Spannweite 10,87 m; Länge 16,61 m; Höhe 4,8 m; Tragflügelfläche 32,51 qm
Bewaffnung:	vier 20-mm-M39-Kanonen mit 144 Schuss pro Waffe; externe Stationen mit Aufsätzen für bis zu 2.268 kg, geeignet für zwei Matra-R530-Luft-Luft-Raketen oder acht 127-mm-Raketen

Vought F-8H Crusader

Die meisten F-8-Maschinen durchliefen gründliche Änderungs- und Verbesserungsprogramme während ihrer gesamten Einsatzzeit. Die Gesamtflugzeit der Crusader überschritt in den späten 70er Jahren drei Millionen Stunden, wodurch der Typ zu einer der kosteneffektivsten Jagdflugzeugserien nach dem Krieg wurde. Die französische Marine flog den Typ bis weit in die 90er Jahre hinein, bis ihre stark aufgerüsteten F-8E(FN)-Maschinen durch die Dassault Rafale ersetzt wurden. Von 1966 bis 1970 baute Vought 551 Crusaders zu einer Vielzahl von verschiedenen Typen um. Die meist gebaute Variante war die F-8H, von der 89 wieder hergerichtet wurden – als F-8D-Modelle mit verstärkter Flugzeugzelle, aufgeblasenen Landeklappen und neuer Avionik. Diese Flugzeuge waren erfolgreich im Luftkampf gegen nordvietnamesische MiGs. 1975 erhielt die philippinische Luftwaffe eine Staffel erneuerter F-8H-Maschinen.

Herkunftsland:	USA
Typ:	einsitziges, trägergestütztes Jagdflugzeug
Triebwerk:	ein 8.165-kg-Pratt-&-Whitney-J57-P-20-Turbojet
Leistungen:	Höchstgeschwindigkeit in 12.192 m Höhe 1.800 km/h; Dienstgipfelhöhe etwa 17.983 m; Operationsradius in großer Höhe 966 km
Gewicht:	leer 9.038 kg; max. Startmasse 15.422 kg
Abmessungen:	Spannweite 10,72 m; Länge 16,61 m; Höhe 4,8 m
Bewaffnung:	vier 20-mm-Colt Mk 12-Kanonen mit 144 Schuss pro Waffe, bis zu vier AIM-9-Sidewinder-Luft-Luft-Raketen oder 12 113-kg-Bomben oder acht 226-kg-Bomben oder zwei AGM-12A- oder AGM-12B-Bullpup-Luft-Boden-Raketen

Xian H-6IV

Die Xian H-6 ist eine Kopie der Tu-16 „Badger-A" und bildet das Rückgrat der chinesischen Bomberflotte. Die Pläne für die Lizenzproduktion in China waren schon weit fortgeschritten, als 1960 der politische Bruch mit Moskau erfolgte. Das Programm wurde 1962 ohne sowjetische Hilfe wieder aufgenommen. 1963 begannen dann die Lieferungen der Xian H-6 an die chinesische Luftwaffe. Das Flugzeug wird von einer nachgebauten Version des Mikulin-RD-3M-Motors angetrieben, gebaut von Xian als Wopen-8. Die Maschinen sind optimal für den Abwurf nuklearer Waffen konstruiert und waren an dem chinesischen Atomwaffen-Testprogramm in Lop Nur beteiligt. Die Avionik ist verschieden von der der sowjetischen Flugzeuge, ein großes trommelförmiges Radar ist zusätzlich angebracht, und die vorwärts gerichtete Waffe wurde entfernt. Auf dem Bild ist eines der ungefähr 150 in Dienst stehenden Flugzeuge in weißer Anti-Leuchtfarbe und mit zwei C-601-Raketen zu sehen.

Herkunftsland:	China
Typ:	mittelschwerer Bomber und Raketenabschussplattform
Triebwerk:	zwei 9.500-kg-Wopen-8-Turbojets
Leistungen:	Höchstgeschwindigkeit 960 km/h; Dienstgipfelhöhe 15.000 m; Reichweite mit max. Waffenzuladung 4.800 km
Gewicht:	leer 40.300 kg; max. Startmasse 75.800 kg
Abmessungen:	Spannweite 32,93 m; Länge 34,8 m; Höhe 10,82 m; Tragflügelfläche 164,65 qm
Bewaffnung:	sechs Kanonen; interner Bombenschacht mit Aufsatz für bis zu 9.000 kg konventioneller oder nuklearer Bomben; Flügelstationen für zwei C-601-Luft-Boden-Raketen

Yakowlew Yak-26 „Mandrake"

Nur wenige Details dieses Flugzeuges, dem sowjetischen Gegenstück der Lockheed U-2, wurden bekannt, obwohl die Konflikte des Kalten Krieges der Vergangenheit angehören. Da beide direkt aus dem Aufklärer Yak-25R entstanden, sind der Rumpf und das Radom der Flugzeuge ähnlich. Das tandemsitzige Cockpit der Yak-25 „Flashlight" wurde umgestaltet zu einem Sitz, und die „Mandrake" hat einen komplett neuen Flügel, der keine Pfeilform mehr hat und offensichtlich für Einsätze in großer Höhe konzipiert ist. Das zweirädrige Fahrgestell hat zwei Ausleger in Stationen an den Flügelspitzen. Die Indienstnahme war 1957. Die Maschine war an Einsätzen über Ostasien, dem Mittleren Osten und an den Grenzen der ehemaligen Sowjetunion beteiligt, bevor sie in den frühen 70er Jahren außer Dienst gestellt wurde. Das Nachfolgemodell war die MiG-25 „Foxbat". Das abgebildete Flugzeug ist im Monino-Museum außerhalb Moskaus ausgestellt.

Herkunftsland:	UdSSR
Typ:	einsitziger Höhenaufklärer
Triebwerk:	zwei 2.803-kg-Tumanskii-RD-9-Turbojets
Leistungen:	Höchstgeschwindigkeit 755 km/h; Dienstgipfelhöhe etwa 19.000 m; Reichweite 4.000 km
Gewicht:	leer 8.165 kg; max. Startmasse 13.600 kg
Abmessungen:	Spannweite 22 m; Länge 15,5 m; Höhe 4 m

Yakowlew Yak-28P „Firebar"

Der zweisitzige Allwetter-Abfangjäger Yak-28P hat eine ähnliche Gestalt wie die frühere Yak-25/26-Familie, doch einen hohen Flügel mit einer nach vorne verlängerten Führungskante, eine höhere Flosse und ein höheres Ruder, ein verändertes Triebwerk in verschiedenen Gondeln unter den Flügeln und einen anderen Konus an der Spitze. Die Yak-28 wurde in den späten 50er Jahren als Mehrzweck-Flugzeug konstruiert und in den Funktionen taktischer Angriff („Brewer-A", -B" und -C"), Aufklärung (Yak-28R „Brewer-D"), elektronische Gegenmaßnahmen (Yak-28E „Brewer-E") und Übungsversionen (Yak-28U „Maestro") neben der Yak-28P „Firebar" gebaut. Der Zusatz-„P" bedeutet, dass die Konstruktion an die Rolle des Abfangjägers angepasst wurde, anstatt schon von Anfang an dafür konzipiert worden zu sein. Nach der Inbetriebnahme 1962 waren 1990 noch ungefähr 60 im Dienst, die mittlerweile alle ausgetauscht wurden.

Herkunftsland:	UdSSR
Typ:	zweisitziger Allwetter-Abfangjäger
Triebwerk:	zwei 6.206-kg-Tumanskii-R-11-Turbojets
Leistungen:	Höchstgeschwindigkeit 1.180 km/h; Dienstgipfelhöhe 16.000 m; max. Operationsradius 925 km
Gewicht:	max. Startmasse 19.000 kg
Abmessungen:	Spannweite 12,95 m; Länge (späte Produktion mit langer Spitze) 23 m; Höhe 3,95 m; Tragflügelfläche 37,6 qm
Bewaffnung:	vier Unterflügelstationen für zwei AA-2(„Atoll")-, AA-2-2(„Advanced Atoll")- oder AA-3(„Anab")-Luft-Luft-Raketen

Yakowlew Yak-38 „Forger-A"

Abgesehen von der Harrier-Familie, ist die Yak-38 das einzige andere Einsatz-VTOL-Flugzeug mit Düsenantrieb weltweit. Die Entwicklung des Yak-36MP-Prototyps begann in den späten 60er Jahren; einsatzfähig war der Typ 1976. Anders als die Harrier benutzt die Yak-38 für die Steigung zwei fest in Tandemstellung hinter dem Cockpit angebrachte Turbojets, die oben am Rumpf Hilfseinlässe haben. Diese werden von einer dritten Schubeinheit im Hinterrumpf unterstützt, die für den geraden Flug verwendet wird. Der Flügel faltet sich in der Mitte für die Transportladung, und an den Enden befinden sich Reaktionskontrolldüsen. Ein kleiner Heckkonus hat eine Reaktionskontrolldüse an jeder Seite. Obwohl VTOL-Einsätze möglich sind, ermöglicht ein Start mit beiden Steigungsdüsen eine günstigere Waffenzuladung. Die Produktion war auf etwa 90 Flugzeuge beschränkt, von denen 37 in Unfällen verloren gingen.

Herkunftsland:	UdSSR (CIS)
Typ:	trägergestützter V/STOL-Jagdbomber
Triebwerk:	zwei 3.050-kg-Rybinsk-RD-36-35VFR-Turbojets; ein 6.950-kg-Tumanskii-R-27V-300-Turbojet mit Radarleitsystem und Schub
Leistungen:	Höchstgeschwindigkeit in großer Höhe 1.009 km/h; Dienstgipfelhöhe 12.000 m; Operationsradius mit max. Waffenzuladung 370 km
Gewicht:	leer 7.485 kg; max. Startmasse 11.700 kg
Abmessungen:	Spannweite 7,32 m; Länge 15,5 m; Höhe 4,37 m; Tragflügelfläche 18,5 qm
Bewaffnung:	vier externe Stationen mit Vorrichtungen für 2.000 kg Zuladung, geeignet für Luft-Luft-Raketen, Luft-Boden-Raketen, Bomben, Raketenstartanlagen, Kanonenaufhängungen und Abwurftanks

Yakowlew Yak-41 „Freestyle"

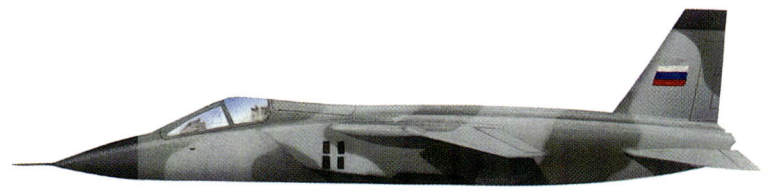

Wie so oft bei modernen Kampfflugzeugen war ein Nachfolgemodell für die Yak-38 schon in der Planung, bevor das Flugzeug überhaupt in Betrieb genommen war. Der erste von zwei Prototypen flog im März 1989 mit der Bezeichnung Yak-141. Yakowlew hatte ernste Finanzierungsprobleme bei dem Projekt, obwohl das Flugzeug 1991 der Harrier fast alle FIA-V/STOL-Rekorde abgenommen hatte. Die Probleme verschlimmerten sich noch, als der zweite Prototyp bei der Landung auf dem Flugzeugträger Gorschkow 1991 schwer beschädigt wurde. Der erste Prototyp wird immer noch entwickelt. Er hat einen einzigen Motor mit Radarleitsystem und Schub, verstärkt durch zwei Steigdüsen, die in Tandemstellung angebracht sind. Die Kontrolle erfolgt durch ein dreifaches, digitales Fly-by-Wire-System, das angeblich dem Flugzeug einen Grad an Manövrierbarkeit wie bei der MiG 29 gibt. Das Flugzeug hat noch weitere moderne Avionik, wie etwa das Sichtsystem der Su-27.

Herkunftsland:	UdSSR (CIS)
Typ:	trägergestützter V/STOL-Jagdbomber
Triebwerk:	zwei 4.264-kg-RKBM-RD-41-Turbojets; ein 10.989-kg-MNPK-„Soyuz"-R-79V-300-Turbojet mit Radarleitsystem und Schub
Leistungen:	Höchstgeschwindigkeit in 11.000 m Höhe 1.800 km/h; Dienstgipfelhöhe 15.000 m; Operationsradius nach STO 1.400 km
Gewicht:	max. Startmasse 19.500 kg
Abmessungen:	Spannweite 10,1 m; Länge 18,3 m; Höhe 5 m
Bewaffnung:	eine 30-mm-GSh-30-1-Kanone mit 120 Schuss pro Waffe; vier Flügelstationen mit Aufsätzen für bis zu 2.600 kg, geeignet für Luft-Luft-Raketen wie die AA-10-„Alamo", die AA-11-„Archer" oder die Vympel AAM-AE, dazu Luft-Boden-Raketen, Bomben, Raketenstartanlagen, Kanonenaufhängungen; eine 5. Station unter dem Rumpf für einen Abwurftank

Glossar

AAM: Luft-Luft-Rakete

Abwurftank: zusätzlicher Treibstofftank, der abgeworfen werden kann, wenn er leer ist

ADV: Luftverteidigungsvariante

AEW: bordgestütztes Frühwarnsystem

AFB: Stützpunkt der Luftstreitkräfte

AGM: Luft-Boden-Rakete

AMRAAM: hoch entwickelte Luft-Luft-Mittelstreckenrakete

ANG: Air National Guard

ASM: Schiffsbekämpfungsrakete

Avionik: elektronische Flugkontrolle

Doppler-Radar: Radar, das den Doppler-Effekt nutzt (die Frequenzverschiebung sich fortpflanzender elektromagnetischer Energie, die durch die relative Bewegung der Energiequelle und eines reflektieren-den Objektes, d. h. durch das Ziel, ver-ursacht wird)

ECM: elektronische Gegenmaßnahmen

Elint: elektronische Nachrichtenüber-mittlung

EW: Elektronische Kriegsführung

HUD: Head-Up-Display

IDF: israelische Verteidigungsstreitkräfte

IFF: Identifikation, Freund oder Feind

IR: Infrarot

JASDF: japanische Luftverteidigung

Konventionelle Waffen: keine nuklearen Waffen

MAC: militärisches Luftbrücken-Kommando

Napalm: Napthensäure und Palmitat, ein Brandstoff, mit dem Bomben gefüllt werden

NATO: Nordatlantikpakt

RAF: Royal Air Force (britische Luftwaffe)

SAAF: südafrikanische Luftwaffe

SAC: Strategisches Luftkommando

Splitterbombe: frei fallendes, aus der Luft abgeworfenes Geschütz, das aus vielen kleinen, explosiven Teilen besteht

SRAM: Kurzstrecken-Angriffsgeschütz

STATION: Aufhängepunkt an den Flügeln oder am Rumpf, an dem eine externe Ladung angebracht werden kann

STOL: Kurzstart und -landung

USAF: Luftwaffe der Vereinten Nationen

USMC: Marine-Korps der Vereinten Nationen

V/STOL: Senkrecht-/Kurzstart und -landung

Register

Fett gedruckte Seitenzahlen verweisen
auf den jeweiligen Hauptartikel

2. Weltkrieg
  Fi 103 Reichenburg IV 103
  Me 163B Komet 1 190
  Me 262 A-2a 192
  Me 262A-1a 191, 7ff.
  Me 262B-1a/U1 193
  Meteor F. Mk 1 9
  Meteor F. Mk 8 108

A21R 258
A3 Skywarrior 96
A-4F Skyhawk **163**
A-4K Skyhawk **164**
A-4P Skyhawk **166**
A-4Q Skyhawk **167**
A-5A Vigilante **223**
A-6 Intruder **114**
A-7D Corsair II **301**
A-7H Corsair II **302**
A-10A Thunderbolt II **102**
A-37B Dragonfly **65**
Aeritalia 16
  G91R/1A **17**
  G91R/3 **18**
  G91R/4 **19**
  G91T/1 **20**
  G91T/3 **21**
Aermacchi 16
  M.B.326B **22**
  M.B.326GB **23**
  M.B.326K **24**
  M.B.339K **26**
  M.B.339PAN **25**
Aero
  L-29 Delphin **27**
  L-39C Albatros **28**
  L-39ZA Albatros **29**
Aerospatiale (Fouga) CM.170 Magister **30**
Aero Vodochodny Narodni Podnik siehe
  Aero
Afghanistan 281, 288
AIDC
  AT-3A Tzu Chung **14**
  Ching-Kuo IDF **15**
AJ 37 Viggen **263**
Alpha Jet A **70**
Alpha Jet E **71**
AMX, International AMX **16**
An-72 „Coaler-C" **31**
Antonow An-72 „Coaler-C" **31**
Aquilon 203 **270**

arabisch-israelischer Krieg (1973) 12
Arnold, General „Hap" 52
AT-3A Tzu Chung **14**
Atlas Cheetah **32**
AV-8B Harrier II **44**
Avro
  Vulcan B.Mk 2 **34**
  Vulcan B.Mk 2A **35**
Avro Canada CF-105 Arrow **33**

B57-B **187**
B-1B Lancer **246f.**
B-2 Spirit 13, **231**
B-52G Stratofortress **56**
B-54D Stratofortress **55**
B-57F **189**
B-58A Hustler **67**
B-66 Destroyer **97**
B-70 Valkyrie 11 f.
BAC
  (English Electric)
    Canberra B.Mk 2 **36**
    Canberra PR.Mk 9 **37**
    Lightning F.Mk 1A **38**
    Lightning F.Mk 6 **39**
  TSR.2 **40**
  (Vickers) VC-10 K.Mk 2 **41**
BAe
  (BAC) 167 Strikemaster **51**
  (Hawker Siddeley)
    Harrier GR.Mk 3 **42**
    Hawk T.Mk 1 **47**
    Hawk T.Mk 1A **48**
    Nimrod MR.Mk 2P **50**
  Sea Harrier FRS.Mk 1 **45**
  Sea Harrier FRS.Mk 2 **46**
BAe/McDonnell Douglas
  AV-8B Harrier II **44**
  Harrier GR.Mk 7 **43**
  T-45A Goshawk **49**
Bazzocchi, Ermanno 22
Beaumont, Roland („Bee") 36
Bell Aircraft
  P-59A Airacomet 12, **52**
  P-59B Airacomet **53**
Blackburn Buccaneer S.2B **54**
Bodenkampfunterstützungsflugzeuge
  A-10A Thunderbolt II **102**
  AV-8B Harrier II **44**
  F-1 **212**
  Harrier GR.Mk 3 **42**
  Harrier GR.Mk 7 **43**
  IAR-93A **256**
  M.B.326K **24**

M.B.339PAN **25**
Q-5 „Fantan" **217**
Su-25 „Frogfoot-A" **281**
Boeing
 B-52G Stratofortress 10, **56**
 B-54D Stratofortress **55**
 KC-135E Stratotanker **58**
 RB-47H Stratojet **57**
 RC-135V **59**
Boeing/Lockheed F-22 Rapier **151**
Bomber, *siehe auch* Jagdbomber
 A3 Skywarrior **96**
 A-4F Skyhawk **163**
 A-4K Skyhawk **164**
 A-P Skyhawk **166**
 A-4Q Skyhawk **167**
 B57-B **187**
 B-1B Lancer **246f.**
 B-2 Spirit **231**
 B-52G Stratofortress **56**
 B-54D Stratofortress **55**
 B-58A Hustler **67**
 B-66 Destroyer **97**
 Canberra B.Mk 2 **36**
 EB-57 **188**
 H-6IV **307**
 Il-28 „Beagle" **137f.**
 M-4 „Bison-C" **215**
 M-50 „Bounder" **216**
 Tu-16 „Badger-A" **287**
 Tu-16 „Badger-B" **288**
 Tu-16R „Badger-D" **290**
 Tu-22 „Blinder-A" **291**
 Tu-22K „Blinder-B" **292f.**
 Tu-22M „Backfire-A" **295**
 Tu-22M-3 „Backfire C" **296**
 Tu-160 „Blackjack-A" **298**
 Valiant B.Mk 1 **300**
 Vautour IIB **271**
 Vulcan B.Mk 2 **34**
 Vulcan B.Mk 2A **35**
 XB-70 Valkyrie **225**
Boyd, Alfred 144
Bratt, Erik 260
Buccaneer S.2B **54**

C101EB-01 Aviojet (E.25 Mirlo) **64**
C-1 **140**
C-5A Galaxy **142**
C-141B Starlifter **141**
Camm, Sidney 123f.
Canadair Ltd
 CF-5 Freedom Fighter **60**
 CL-41G-5 Tebuan (CL-41 Tutor) **61**
 Sabre Mk 4 **62**
 Sabre Mk 6 **63**
Canberra B.Mk 2 **36**
Canberra PR.Mk 9 **37**

Carter, George 108
CASA *siehe* Construcciones
 Aeronauticas SA
Cessna A-37B Dragonfly **65**
CF-5 Freedom Fighter **60**
CF-5A **228**
CF-17A Globemaster III **168**
CF-18A Hornet **186**
CF-105 Arrow **33**
Chance Vought F7U-1 Cutlass **66**
Cheetah **32**
Ching-Kuo IDF (AIDC) **15**
CL-41G-5 Tebuan (CL-41 Tutor) **61**
CM.170 Magister **30**
Construcciones Aeronauticas SA
 (CASA), C101EB-01 Aviojet (E.25 Mirlo)
 64
Convair
 B-58A Hustler **67**
 F-102 Delta Dagger 10, **68**
 F-106 Delta Dart **69**
Covington, G.V. 157
CT 114 *siehe* CL-41G-5 Tebuan

Dassault
 Etendard IVP **76**
 M.D. 450 Ouragan **72**
 Mirage Serie **78–87**
 Mystère IIC **73**
 Mystère IVA **74**
 Rafale M **88**
 Super Etendard **77**
 Super Mystère B2 **75**
Dassault, Marcel 10, 73
Dassault/Dornier
 Alpha Jet A **70**
 Alpha Jet E **71**
De Havilland
 Sea Vixen FAW Mk 2 **95**
 Vampire FB.Mk 6 **91**
 Vampire NF.Mk 10 **89**
 Vampire T.Mk 11 **90**
 Venom FB.Mk 4 **93**
 Venom NF.Mk 2A **92**
De Havilland (EFW), Venom FB.Mk 1 **94**
Deutschland, Düsentechnologie 8f.
Dewoitine, Emile 100
Douglas
 A3 Skywarrior **96**
 B-66 Destroyer **97**
 F4D-1 Skyray **98**
Duke, Neville 120

EA-6 Prowler **115**
EB-57 **188**
ECM *siehe* elektronische
 Gegenmaßnahmen
EF-111A Raven **116**

EF-2000 Typhoon (Eurofighter) **99**
elektronische Gegenmaßnahmen (ECM)
Flugzeuge für 12
  EA-6 Prowler **115**
  EB-57 **188**
  EF-111A Raven **116**
  F-4G Phantom II **176**
  F-105G Thunderchief **245**
  Kawasaki C-1 **140**
  MiG-31 „Foxhound-A" **211**
English Electric
  Canberra B.Mk 2 **36**
  Canberra PR.Mk 9 **36**
  Lightning F.Mk 1A **38**
  Lightning F.Mk 6 10, 11, **39**
  TSR.2 **40**
Etendard IVP **76**
Eurofighter, EF-2000 Typhoon **99**
experimentelle Flugzeuge
  He 178 **131**
  He 280 **132**
  Ho IX V2 **133**
  M-50 „Bounder" **216**
  P.1127 **123**
  SR.53 **267**
  Vak 191B **299**
  XF-91 Thunderceptor **241**
  XV-5A **249**

Fairchild Republic A-10A Thunderbolt II
  102
Falklands War (1982) 35, 45, 50, 77
  A-4K Skyhawk 164
  A-4P Skyhawk 166
  A-4Q Skyhawk 167
ferngesteuertes Flugzeug, Meteor
  U.Mk 16 **113**
FH-1 Phantom **156**
Fi 103 Reichenburg IV **103**
Fiat G91T/3 **21**
Fiesler Fi 103 Reichenburg IV **103**
FJ-1 Fury **218**
FJ-3M Fury **221**
FMA
  IA 27 Pulquí **100**
  IA 63 Pampa **101**
Fouga CM.170 Magister **30**
Frankreich, Düsentechnologie 10
Fuji T-1A **104**

G91R/1A **17**
G91R/3 **18**
G91R/4 **19**
G91T/1 **20**
G91T/3 **21**
G-2A Galeb **253**
G-4 Super Galeb **255**
General Dynamics

F-16A **105**
F-16B **106**
F-111 **107**
General Dynamics (Grumman) EF-111A
  Raven **116**
Gloster-Meteor-Serie 9, **108–113**
Gnat T.Mk 1 **129**
Golfkrieg (1991) 13, 54, 84, 102
  A-10A Thunderbolt II 102
  C-141B Starlifter 141
  F-8E (FN) Crusader 305
  F-15E Strike Eagle 183
  F-117 Nighthawk 150
  Su-25UTG „Frogfoot-B" 282
  Tu-22K „Blinder-B" 292
Grumman
  A-6 Intruder **114**
  EA-6 Prowler **115**
  F-14A Tomcat **117**
  F-14D Tomcat **118**
Grumman (General Dynamics) EF-111A
  Raven **116**
Gurewitsch, Mikhail I. 195

H-6IV **307**
Handley Page Victor K.Mk 2 **119**
Harrier II (AV-8B) **44**
Harrier GR.Mk 3 12, **42**
Harrier GR.Mk 7 **43**
Hawk T.Mk 1 **47**
Hawk T.Mk 1A **48**
Hawker
  Hunter F.Mk 1 **120**
  Hunter T.Mk 8M **121**
  P.1127 **123**
  Sea-Hawk-Serie **124ff.**
Hawker Siddeley
  Gnat T.Mk 1 **129**
  Harrier GR.Mk 3 12, **42**
  Hawk T.Mk 1 **47**
  Hawk T.Mk 1A **48**
He 162 Salamander **130**
He 178 **131**
He 280 **132**
Heinemann, Ed 96, 165
Heinkel
  He 162 Salamander **130**
  He 178 7, **131**
  He 280 **132**
Heinkel, Ernst 8
Ho IX V2 **133**
Horton Ho IX V2 **133**
Hunter F.Mk 1 **120**
Hunter T.Mk 8M **121**
Hunting (Percival) P.84 Jet Provost **122**

I-22 Iryda **234**
IA 27 Pulquí **100**

IA 63 Pampa **101**
IAI, Kfir-Serie **134ff.**
IAR-93A **256**
Ikeda, Kenji 213
Il-28 „Beagle" **137f.**
Il-76MD „Candid-B" **139**
Iljuschin
    Il-28 „Beagle" **137f.**
    Il-76MD „Candid-B" **139**

J32B Lansen **259**
J35F Draken **260**
J 35J Draken **262**
J-1 Jastreb **254**
JA37 Viggen **264**
Jagdbomber
    AMX International AMX **16**
    F7U-1 Cutlass **66**
    F-80C-5 Shooting Star **145**
    F-84F Thunderstreak **239**
    F-84G Thunderjet **238**
    F-86F Sabre **220**
    F-100D Super Sabre **222**
    F-105B Thunderchief **242**
    F-105D Thunderchief **243**
    FJ-3M Fury **221**
    Me 262 A-2a **192**
    MiG-23BN „Flogger-F" **205**
    Mirage 5BA **79**
    Mirage 5PA **81**
    Mirage 50C **82**
    Mirage F1EQ5 **84**
    Mirage IIIEA **78**
    Mystère IIC **73**
    Mystère IVA **74**
    P-80A Shooting Star **144**
    Sabre Mk 4 **62**
    Sabre Mk 6 **63**
    Sea Hawk FB.Mk 3 **124f.**
    Sea Hawk FGA.Mk 6 **126**
    Sea Hawk Mk 50 **127**
    Sea Hawk Mk 100 **128**
    Super Mystère B2 **75**
    Vampire FB.Mk 6 **91**
    Venom FB.Mk 4 **93**
    Yak-38 „Forger-A" **310**
    Yak-41 „Freestyle" **311**
Jagdflugzeuge
    siehe auch leichte Angriffsflugzeuge
    A-7H Corsair II **302**
    Aquilon 203 **270**
    Atlas Cheetah **32**
    CF-5 Freedom Fighter **60**
    CF-5A **228**
    CF-18A Hornet **186**
    Ching-Kuo IDF **15**
    EF-2000 Typhoon **99**
    F2H-2 Banshee **157**

F3H-2 Demon **159**
F4D-1 Skyray **98**
F-1 **212**
F-4C Phantom II **169**
F-4D Phantom II **170f.**
F-4E Phantom II **172f.**
F-4EJ Phantom II **174**
F-4F Phantom II **175**
F-4S Phantom II **177**
F-5A Freedom Fighter **227**
F-5E Tiger II **229**
F-8D Crusader **303**
F-8E Crusader **304**
F-8H Crusader **306**
F-14A Tomcat **117**
F-14D Tomcat **118**
F-15A Eagle **180**
F-15E Strike Eagle **183**
F-15J Eagle **182**
F-16A **105**
F-16B **106**
F-22 Rapier **151**
F-101A Voodoo **160**
F-102 Delta Dagger **68**
F-104G Starfighter **149**
F-111 **107**
F/A-18A Hornet **184**
FH-1 Phantom **156**
FJ-1 Fury **218**
Ho IX V2 **133**
Hunter F.Mk 1 **120**
IA 27 Pulquí **100**
J-1 Jastreb **254**
JAS 39 Gripen **266**
Lightning F.Mk 6 **39**
M.D. 450 Ouragan **72**
Me 262A-1a **191**
Meteor F.Mk 8 **108**
MiG-15 „Fagot" **194**
MiG-17F „Fresco-C" **195**
Mig-21bis „Fishbed-N" **197**
MiG-23 „Flogger-E" **203**
MiG-23M „Flogger-B" **199, 201**
MiG-23MF „Flogger-B" **200**
MiG-29 „Fulcrum-A" **209**
MiG-29M „Fulcrum-D" **210**
Mirage 5BR **80**
Mirage 2000C **86**
Mirage 2000H **87**
Mirage F1CK **83**
Mirage F1EQ5 **84**
P-59B Airacomet **53**
Phantom FG.Mk 1 **179**
Q-5 „Fantan" **217**
RF-5E TigerEye **230**
Saab A21R **258**
Sea Vixen FAW Mk 2 **95**
Shenyang J-6 **269**

Su-7B „Fitter-A" **274**
Su-17M-4 „Fitter-K" **275**
Su-24M „Fencer-D" **280**
Su-35 **284**
Vautour IIN **272f.**
YF-23A **232**
Jaguar A **250**
Jaguar E **251**
Jaguar International **252**
JAS 39 Gripen **266**

Kawasaki C-1 **140**
KC-135E Stratotanker **58**
Kfir C1 **134f.**
Kfir C2 **136**
K.Mk 1 TriStar **143**
Koreakrieg 9, 63, 97
F2H-2 Banshee 157
F2H-2P Banshee 158
F-80C-5 Shooting Star 145
F-86F Sabre 220
MiG-15 „Fagot" 194

L-29 Delfin **27**
L-39C Albatros **28**
L-39ZA Albatros **29**
leichte Angriffsflugzeuge
A-37B Dragonfly **65**
CM170 Magister **30**
J-1 Jastreb **254**
L-39ZA Albatros **29**
M.B.326B **22**
M.B.326GB **23**
Lenkraketen,
Fi 103 Reichenburg IV **103**
Lightning F.Mk 1A **38**
Lightning F.Mk 6 10, 11, **39**
Lippisch, Alex 190
Lockheed
C-5A Galaxy **142**
C-141B Starlifter **141**
F-80C-5 Shooting Star **145**
F-94A Starfire **148**
F-104G Starfighter 10, **149**
F-117 Nighthawk **150**
K.Mk 1 TriStar **143**
P-80A Shooting Star **144**
S-3A Viking **152**
S-3B Viking **153**
SR-71 Blackbird **154**
T-1A SeaStar **147**
T-33A **146**
TR-1A **155**
Lockheed/Boeing F-22 Rapier **151**
Lufttanker
KC-135E Stratotanker **58**
K.Mk 1 TriStar **143**
Victor K.Mk 2 **119**

McDonnell
F2H-2 Banshee **157**
F2H-2P Banshee **158**
F3H-2 Demon **159**
F-101A Voodoo **160**
F-101B Voodoo **161**
FH-1 Phantom **156**
RF-101H Voodoo **162**
McDonnell Douglas
A-4F Skyhawk **163**
A-4K Skyhawk **164**
A-4P Skyhawk **166**
A-4Q Skyhawk **167**
CF-17A Globemaster III **168**
CF-18A Hornet **186**
F-4C Phantom II 12, **169**
F-4D Phantom II **170f.**
F-4E Phantom II **172f.**
F-4EJ Phantom II **174**
F-4F Phantom II **175**
F-4G Phantom II 12, **176**
F-4S Phantom II **177**
F-15A Eagle 12, **180**
F-15DJ Eagle **181**
F-15E Strike Eagle **183**
F-15J Eagle **182**
F/A-18A Hornet **184**
F/A-18D Hornet **185**
Phantom FG.Mk 1 **179**
RF-4C Phantom II **178**
TA-4J Skyhawk **165**
McDonnell Douglas/Northrop YF-23A **232**
Martin
B57-B **187**
B-57F **189**
EB-57 **188**
M.B.326B **22**
M.B.326GB **23**
M.B.326K **24**
M.B.339K **26**
M.B.339PAN **25**
M.D. 450 Ouragan **72**
Me 163B Komet 1 **190**
Me 262A-2a **192**
Me 262A-1a 7ff., **191**
Me 262B-1a/U1 **193**
Messerschmitt
Me 163B Komet 1 **190**
Me 262 A-2a **192**
Me 262A-1a 7ff., **191**
Me 262B-1a/U1 **193**
Meteor F.Mk 1 9
Meteor F.Mk 8 **108**
Meteor NF.Mk 11 **110**
Meteor NF.Mk 13 **111**
Meteor NF.Mk 14 **112**
Meteor PR.Mk 10 **109**
Meteor U.Mk 16 **113**

Mielec TS-11 Iskra-bis B **233**
MiG-15 „Fagot" 8f., **194**
MiG-17F „Fresco-C" **195**
MiG-19PM „Farmer-D" **196**
Mig-21bis „Fishbed-N" **197**
Mig-21U „Mongol" **198**
MiG-23 „Flogger-E" 12, **203**
MiG-23BN „Flogger-F" **205**
Mig-23M „Flogger-B" **199, 201**
MiG-23MF „Flogger-B" **200**
MiG-23UB „Flogger-C" **204**
MiG-25P „Foxbat-A" 12, **206**
MiG-25R „Foxbat-D" **208**
MiG-25RB „Foxbat-B" **207**
MiG-27 „Flogger-D" 12, **202**
MiG-29 „Fulcrum-A" **209**
MiG-29M „Fulcrum-D" **210**
MiG-31 „Foxhound-A" **211**
Mikojan-Gurewitsch *siehe* MiG
Mirage 5BA **79**
Mirage 5BR **80**
Mirage 5PA **81**
Mirage 50C **82**
Mirage 2000B **85**
Mirage 2000C **86**
Mirage 2000H **87**
Mirage F1CK **83**
Mirage F1EQ5 **84**
Mirage IIIEA **78**
Mitsubishi
    F-1 **212**
    T-2 **213**
Morame-Saulnier MS.760 Paris **214**
MS.760 Paris **214**
Myaschtschew
    M-4 „Bison-C" **215**
    M-50 „Bounder" **216**
Myaschtschew, Vladimir M. 216
Mystère IIC **73**
Mystère IVA **74**

Nanchang Q-5 „Fantan" **217**
NATO 27, 76
Nimrod MR.Mk 2P **50**
North American
    A-5A Vigilante **223**
    F-84 Sabre 9
    F-86D Sabre **219**
    F-86F Sabre **220**
    F-100D Super Sabre **222**
    FJ-1 Fury **218**
    FJ-3M Fury **221**
    RA-5C Vigilante **224**
    XB-70 Valkyrie 11f., **225**
Northrop
    CF-5A **228**
    F-5A Freedom Fighter **227**
    F-5E Tiger II **229**

RF-5E TigerEye **230**
    T-38A Talon **226**
Northrop-Grumman B-2 Spirit 13, **231**
Northrop/McDonnell Douglas YF-23A **232**

P.84 Jet Provost **122**
P.1127 **123**
P-59A Airacomet 12, **52**
P-59B Airacomet **53**
P-80A Shooting Star **144**
Panavia
    Tornado ADV **237**
    Tornado Gr.Mk 1 12, **235**
    Tornado Gr.Mk 1A **236**
Petter, W.E.W. „Teddy" 36f., 129
Phantom FG.Mk 1 **179**
PZL
    I-22 Iryda **234**
    Mielec TS-11 Iskra-bis B **233**

RA-5C Vigilante **224**
Radarunterdrückungsflugzeug *siehe*
    elektronische Gegenmaßnahmen
Rafale M **88**
RB-47H Stratojet **57**
RC-135V **59**
Republic
    F-84F Thunderstreak **239**
    F-84G Thunderjet **238**
    F-105B Thunderchief **242**
    F-105D Thunderchief **243**
    F-105F Thunderchief **244**
    F-105G Thunderchief **245**
    RF-84F Thunderflash **240**
    XF-91 Thunderceptor **241**
RF-4C Phantom II **178**
RF-5E TigerEye **230**
RF-84F Thunderflash **240**
RF-101H Voodoo **162**
Rockwell
    B-1B Lancer **246f.**
    T-2 Buckeye **248**
Ryan XV-5A **249**

S-3A Viking **152**
S-3B Viking **153**
Saab
    105 **257**
    A21R **258**
    AJ 37 Viggen **263**
    J32B Lansen **259**
    J35F Draken **260**
    J 35J Draken **262**
    JA37 Viggen **264**
    JAS 39 Gripen **266**
    SF37 Viggen **265**
    Sk 35C Draken **261**
Sabre Mk 4 **62**

Sabre Mk 6 **63**
Saunders-Roe SR.53 **267**
Schüfer, Fritz 132
Schweden, Düsentechnologie 11
Scimitar F.Mk 1 **286**
Sea Harrier FRS.Mk 1 **45**
Sea Harrier FRS.Mk 2 **46**
Sea Hawk FB.Mk 3 **124f.**
Sea Hawk FGA.Mk 6 **126**
Sea Hawk Mk 50 **127**
Sea Hawk Mk 100 **128**
Sea Vixen FAW Mk 2 **95**
Sechstagekrieg 12, 30, 134, 173, 273
SEPECAT
    Jaguar A **250**
    Jaguar E **251**
    Jaguar International **252**
SF37 Viggen **265**
Shenyang J-6 **269**
Shenyang JJ-5 **268**
Sk 35C Draken **261**
SOKO
    G-2A Galeb **253**
    G-4 Super Galeb **255**
    J-1 Jastreb **254**
SOKO/Avioane IAR-93A **256**
SR.53 **267**
SR-71 Blackbird **154**
State Aircraft Factory
    Shenyang J-6 **269**
    Shenyang JJ-5 **268**
Stealth-Angriffsflugzeug, F-117
    Nighthawk **150**
Strikemaster 167 **51**
Sud-Ouest
    Aquilon 203 **270**
    Vautour IIB **271**
    Vautour IIN **272f.**
Sukhoi
    Su-7B „Fitter-A" **274**
    Su-15 „Flagon-A" **277**
    Su-15TM „Flagon-F" **278**
    Su-17M-4 „Fitter-K" **275**
    Su-20 „Fitter-C" **276**
    Su-24M „Fencer-D" **280**
    Su-24MR „Fencer-E" **279**
    Su-25 „Frogfoot-A" **281**
    Su-25UTG „Frogfoot-B" **282**
    Su-27UB „Flanker-C" **283**
    Su-35 **284**
Super Etendard **77**
Super Mystère B2 **75**
Supermarine
    Scimitar F.Mk 1 **286**
    Swift FR.Mk 5 **285**
Swift FR.Mk 5 **285**

taktische Unterstützungs- und

Angriffsflugzeuge
    Jaguar A **250**
    Jaguar E **251**
    Jaguar International **252**
Tank, Kurt 100
Tiefangriffsflugzeuge
    A-7D Corsair II **301**
    AJ 37 Viggen **263**
    Alpha Jet A **70**
    F-16A **105**
    F-16B **106**
    F-101A Voodoo **160**
    IAR-93A **256**
    Il-28 „Beagle" **137f.**
    Kfir C1 **134f.**
    Kfir C2 **136**
    L-39ZA Albatros 29
    M.B.339K **26**
    M.D. 450 Ouragan **72**
    MiG-27 „Flogger-D" **202**
    Su-7B „Fitter-A" **274**
    Su-17M-4 „Fitter-K" **275**
    Su-20 „Fitter-C" **276**
    Su-24M „Fencer-D" **280**
Tornado ADV 12, **237**
Tornado Gr.Mk 1 **235**
Tornado Gr.Mk 1A **236**
TR-1A **155**
trägergestützte Flugzeuge
    A3 Skywarrior **96**
    A-5A Vigilante **223**
    A-6 Intruder **114**
    Aquilon 203 **270**
    Buccaneer S.2B **54**
    Etendard IVP **76**
    F2H-2 Banshee **157**
    F2H-2P Banshee **158**
    F3H-2 Demon **159**
    F4D-1 Skyray **98**
    F-4S Phantom II **177**
    F-8D Crusader **303**
    F-8E Crusader **304**
    F-8E (FN) Crusader **305**
    F-8H Crusader **306**
    F-14A Tomcat **117**
    F-14D Tomcat **118**
    FH-1 Phantom **156**
    FJ-1 Fury **218**
    Phantom FG.Mk 1 **179**
    RA-5C Vigilante **224**
    Rafale M **88**
    S-3A Viking **152**
    S-3B Viking **153**
    Scimitar F.Mk 1 **286**
    Sea Harrier FRS.Mk 1 **45**
    Sea Harrier FRS.Mk 2 **46**
    Sea Hawk FB.Mk 3 **124f.**
    Sea Hawk FGA.Mk 6 **126**

Sea Hawk Mk 50 **127**
Sea Hawk Mk 100 **128**
Sea Vixen FAW Mk 2 **95**
Super Etendard **77**
Yak-38 „Forger-A" **310**
Yak-41 „Freestyle" **311**
Transportflugzeuge
    An-72 „Coaler-C" **31**
    C-5A Galaxy **142**
    C-141B Starlifter **141**
    CF-17A Globemaster III **168**
    Il-76MD „Candid-B" **139**
    Kawasaki C-1 **140**
    KC-135E Stratotanker **58**
    K.Mk 1 TriStar **143**
    MS.760 Paris **214**
    VC-10 K.Mk 2 **41**
TSR.2 **40**
Tupolew
    Tu-16 „Badger-A" 10, **287**
    Tu-16 „Badger-B" **288**
    Tu-16 „Badger-G" **289**
    Tu-16R „Badger-D" **290**
    Tu-22 „Blinder-A" 12, **291**
    Tu-22K „Blinder-B" **292f.**
    Tu-22M „Backfire-A" **295**
    Tu-22M-3 „Backfire C" **296**
    Tu-22R „Blinder-C" **294**
    Tu-28P „Fiddler-B" **297**
    Tu-160 „Blackjack-A" **298**

U-Boot-Bekämpfungsflugzeuge,
    Nimrod MR.Mk 2P **50**
Übungsflugzeuge
    167 Strikemaster **51**
    Alpha Jet E **71**
    AT-3A Tzu Chung **14**
    C101EB-01 Aviojet (E.25 Mirlo) **64**
    Cheetah **32**
    CL-41G-5 Tebuan (CL-41 Tutor) **61**
    CM.170 Magister **30**
    F-15DJ Eagle **181**
    F-105F Thunderchief **244**
    F/A-18D Hornet **185**
    G91T/1 **20**
    G91T/3 **21**
    G-2A Galeb **253**
    G-4 Super Galeb **255**
    Gnat T.Mk 1 **129**
    Hawk T.Mk 1 **47**
    Hunter T.Mk 8M **121**
    I-22 Iryda **234**
    IA 63 Pampa **101**
    Il-28 „Beagle" **137f.**
    Kawasaki C-1 **140**
    L-29 Delfin **27**
    L-39C Albatros **28**
    M.B.326B **22**

M.B.339K **26**
M.B.339PAN **25**
Mig-21U „Mongol" **198**
MiG-23UB „Flogger-C" **204**
Mirage 2000B **85**
P.84 Jet Provost **122**
P-59A Airacomet **52**
Saab 105 **257**
Shenyang JJ-5 **268**
Sk 35C Draken **261**
Su-25UTG „Frogfoot-B" **282**
Su-27UB „Flanker-C" **283**
T-1A **104**
T-1A SeaStar **147**
T-2 **213**
T-2 Buckeye **248**
T-33A **146**
T-38A Talon **226**
T-45A Goshawk **49**
TA-4J Skyhawk **165**
TS-11 Iskra-bis B **233**
Vampire T.Mk 11 **90**

Vak 191B **299**
VFW-Fokker Vak 191B **299**
Vickers Armstrong, TSR.2 **40**
Vickers Valiant B.Mk 1 **300**
Victor K.Mk 2 **119**
Vought
    A-7D Corsair II **301**
    A-7H Corsair II **302**
    F-8D Crusader **303**
    F-8E Crusader **304**
    F-8E (FN) Crusader **305**
    F-8H Crusader **306**
Vulcan B.Mk 2 **34**
Vulcan B.Mk 2A **35**

Wamstrom, Frid 258
Warsitz, Erich 131
Whittle, Sir Frank 7f.

XB-70 Valkyrie 11–12, **225**
XF-91 Thunderceptor **241**
Xian H-6IV **307**
XV-5A **249**

Yakowlew
    Yak-26 „Mandrake" **308**
    Yak-28P „Firebar" **309**
    Yak-38 „Forger-A" **310**
    Yak-41 „Freestyle" **311**
YF-23A **232**
Yom-Kippur-Krieg 134, 150, 173